量子電磁力学

量子電磁力学

——ゲージ構造を中心として——

横山寛一 著

岩波書店

まえがき

量子電磁力学は場の量子論の典型であり，そこには場の量子論の本質的要素がほとんど含まれている．そのため，両者はしばしば同義語のように使われるが，量子電磁力学にはそれ自体に固有なゲージ構造の問題がある．古典電磁場と量子化した電磁場とが本質的に異なることはいうまでもないが，特に述べておきたい差違は，前者がMaxwell方程式に従うのに対し，後者は，明白にLorentz共変な形式をとる限り，演算子方程式としてはそうは有り得ない，ということである．つまり，電磁場の量子論は，初めからMaxwell方程式を犠牲にした上で出発することになるわけである．この事情は，しばしば“ゲージを固定してから量子化する”とも表現されている．電磁場の量子論で他の場合と異なる最も重要な点は，不定計量をもつベクトル空間の導入ということである．これは，電磁ポテンシャルが4元ベクトルであることからMinkowski空間の構造と密接に関連して，通常のHilbert空間では理論に必要な枠組が得られぬためである．この点も，明白にLorentz共変な形式に従う限り，避けることはできない．

以上は比較的最近になって明確に把握されたことである．著者の知る限りでは，従来の教科書のほとんどが，そのような問題を正面から取り上げることをせずに，ただ通常のGupta-Bleuler形式に終始しているようである．さらに，量子電磁力学に特徴的なことは，“くりこみによるゲージのずれ”という事実である．このゲージのずれを正しく考慮してくりこみ理論を適用するためには，実はGupta-Bleuler形式では不充分であって，もっと広い枠組をもつ理論形式が要求される．このような状況において，量子電磁力学の理論構成をそのゲージ構造を主眼として考察し，最終的にはGupta-Bleuler形式に代わる新しい理論形式を紹介することが，本書のねらいである．従って，本書は従来の教科書とはその内容を異にし，特殊な問題に重点が置かれている個所が多いはずである．場の量子論一般の問題は，紙数の関係もさることながら，むしろ本書の趣旨に沿って必要最少限の説明に止め，あとは他の適当な教科書にゆだねた．

本書は大別して3つの部分から成る．第1章から第5章までは，電磁場の量子化にともなう問題点を整理して，Gupta-Bleuler形式を基調としてくりこみ理論に及んでいる．ここまでは，新しい理論形式へ移行するための段階部分で，そこで移行への問題提起も盛り込んだつもりである．第6章，第7章で新しい理論形式を採り上げ，結局gaugeonと呼ばれるdipole ghostを導入した理論形式に到達する．第8章は，そのgaugeonによる形式を，さらに中性ベクトル場の場合に拡張する部分である．そこでは，従来の中性ベクトル場の理論とは異なり，ベクトル場の質量をゼロにした極限が，第7章の場合につながるように，理論のゲージ構造が与えられている．本書を通して，文中の[　]内の数字は，該当事項に関する巻末の引用文献の番号を示している．

本書の原稿は，一部著者が広島大学で大学院修士課程の物理学専攻の学生を対象にして行った講義メモを参考にしてはいるが，その大部分は今回のための書き下しである．そのため，著者の偏見や誤謬があるかも知れないことを怖れる．また，繁簡宜しきを得ないところや未熟な記述もあることと思う．読者諸賢の御教示御叱正を仰ぐ次第である．

早稲田大学の並木美喜雄先生は，本書の出版をおすすめ下さり，原稿を通読されて貴重な御意見も寄せられた．広島大学の久保礼次郎氏には，原稿内容について度々議論をして頂いた．また，出版に至るまでの手続きでは，岩波書店の小川豊氏に御世話になった．ここに記して，それらの方々に感謝する．

1978年5月

横　山　寛　一

目　次

第1章　Lorentz 共変性と量子化

場の量子論は，素粒子の体系を記述するうえで現在知られている最も整備された正統的理論といえる．この理論は，1929年に Heisenberg と Pauli とによって与えられた正準理論形式を基点として発展してきた[1]．場の量子論の原形となるものが，光子と電子とから成る体系を対象とした量子電磁力学である．量子電磁力学は，その理論構成の美しさと実験値をきわめて高い精度で予言する点で美事な成功をおさめたが，その反面，電磁場に固有のゲージ(gauge)の問題について，つい最近まで明確な解決なしにあいまいな状態で看過されてきた．この事実は，光子がスピン1でしかも質量0の素粒子であることから生ずるいろいろなわずらわしさに起因しているが，ゲージの問題は量子電磁力学の理論構成の上で決してなおざりにしてはならないものである．本書では，このゲージの問題がいかなる処方で解決され，またその処方が関連するゲージ場一般の問題にいかに拡張され，その結果，未解決または解決不充分な事柄がいかに解消されるか，ということを学んでいく．本書の前半は，そのための準備として，従来の量子電磁力学の理論構成についての復習と再整理にあてる．

§1.1　単位と記号法

本書では，光速度 c および Planck 定数を 2π で割った量 $\hbar$ をともに

$$c=1, \qquad \hbar=1 \tag{1.1.1}$$

ととる自然単位(natural units)を採用する．この単位系では，時間，質量の次元(dimension)は，$[\hbar]=[ML^2T^{-1}]=1$，$[c]=[LT^{-1}]=1$ から，$[T]=[M]^{-1}=[L]$ となり，すべての物理量が長さの次元だけによって書き表わされる．

相対論上の記法については，4次元 Minkowski 空間での座標をギリシャ添字を用い

$$x_\mu=(x_1, x_2, x_3, x_4)=(\boldsymbol{x}, it) \tag{1.1.2}$$

で，また任意の4次元ベクトル a の成分を

$$a_\mu=(a_1, a_2, a_3, a_4)=(\boldsymbol{a}, ia_0) \tag{1.1.3}$$

で表わす．a の空間成分を表わすときは，$a_i=(a_1, a_2, a_3)$ のようにラテン添字を用いる．2つのベクトル a と b とのスカラー積は

$$ab = a_\mu b_\mu = a_i b_i - a_0 b_0 \tag{1.1.4}$$

によって定義する．重複した添字はそれぞれについての和(μ は 1, 2, 3, 4, i は 1, 2, 3 について)を表わす．高階テンソルについての記法も同様にして与えられる．この記法では，テンソルの反変成分と共変成分の間に区別はない．

微分記号は

$$\partial_\mu = \left(\frac{\partial}{\partial x_1}, \frac{\partial}{\partial x_2}, \frac{\partial}{\partial x_3}, \frac{\partial}{\partial x_4}\right) = \left(\nabla, -i\frac{\partial}{\partial t}\right) \tag{1.1.5}$$

と略記する．d'Alembertian は

$$\Box = \partial_\mu \partial_\mu = \triangle - \frac{\partial^2}{\partial t^2}, \qquad \triangle = \nabla \cdot \nabla \tag{1.1.6}$$

となる．$\triangle$ は3次元の Laplacian である．変数 x, y 等についての微分を区別する必要のあるときは，$\partial^x{}_\mu, \partial^y{}_\mu$ 等と書く．積分記号は，4次元積分については

$$dx = dx_1 dx_2 dx_3 dx_0 \tag{1.1.7}$$

を，3次元積分については

$$d\boldsymbol{x} = dx_1 dx_2 dx_3 \tag{1.1.8}$$

を用いる．

Dirac 行列 γ は

$$\gamma_\mu \gamma_\nu + \gamma_\nu \gamma_\mu = 2\delta_{\mu\nu} \tag{1.1.9}$$

をみたし，γ_μ は Hermite($\gamma_\mu{}^* = \gamma_\mu$)である．記号 $*$ は Hermite 共役あるいは複素共役を示す．Pauli のスピン行列

$$I = \begin{pmatrix} 1 & 0 \\ 0 & 1 \end{pmatrix}, \quad \sigma_1 = \begin{pmatrix} 0 & 1 \\ 1 & 0 \end{pmatrix}, \quad \sigma_2 = \begin{pmatrix} 0 & -i \\ i & 0 \end{pmatrix}, \quad \sigma_3 = \begin{pmatrix} 1 & 0 \\ 0 & -1 \end{pmatrix} \tag{1.1.10}$$

と γ_μ との関係は，例えば

$$\gamma_i = \begin{pmatrix} 0 & -i\sigma_i \\ i\sigma_i & 0 \end{pmatrix}, \quad \gamma_4 = \begin{pmatrix} I & 0 \\ 0 & -I \end{pmatrix} \tag{1.1.11}$$

$$\gamma_5 \equiv \gamma_1 \gamma_2 \gamma_3 \gamma_4 = \begin{pmatrix} 0 & -I \\ -I & 0 \end{pmatrix} \tag{1.1.12}$$

によって与えられる．この表示で Dirac 方程式は

$$(\gamma\partial+m)\psi(x)=0 \tag{1.1.13}$$

となる．ここに，m は Fermi 粒子(fermion)の質量である．

量子論上の記法については，Dirac に従い [2]，任意の量子論的状態 Φ を示す状態ベクトルを $|\Phi\rangle$ で，また $|\Phi\rangle$ に共役(adjoint)なベクトルを $\langle\Phi|$ で表わす．2つの状態ベクトル $|\Phi\rangle$ と $|\Phi'\rangle$ との内積 $\langle\Phi'|\Phi\rangle$ は

$$\langle\Phi'|\Phi\rangle^*=\langle\Phi|\Phi'\rangle \tag{1.1.14}$$

をみたす．$|\Phi\rangle$ の全体が作る空間は，正定値計量(positive definite metric)の Hilbert 空間とは限らず，一般には不定計量(indefinite metric)のベクトル空間である．$|\Phi\rangle$ のノルム(norm)*) $\langle\Phi|\Phi\rangle$ は，

$$\langle\Phi|\Phi\rangle>0,\ \langle\Phi|\Phi\rangle=0,\ \langle\Phi|\Phi\rangle<0 \tag{1.1.15}$$

の3通りの場合のいずれかになる．Hilbert 空間の場合と異なり，$|\Phi\rangle$ のノルムが0でも，$|\Phi\rangle=0$ とは限らない．

この空間上の線型演算子 Ω に対して，その共役演算子は，記号 † を付して $\Omega^\dagger$ と表わし，

$$\langle\Phi'|\Omega^\dagger|\Phi\rangle=\langle\Phi|\Omega|\Phi'\rangle^* \tag{1.1.16}$$

によって定義される．特に

$$\Omega^\dagger=\Omega \tag{1.1.17}$$

をみたす Ω を自己共役(self-adjoint)であるという．この † 記法で，$\langle\Phi|$ は

$$\langle\Phi|=(|\Phi\rangle)^\dagger \tag{1.1.18}$$

である．次の関係

$$U^\dagger U=UU^\dagger=1 \tag{1.1.19}$$

を満足する演算子 U は pseudo-unitary(擬ユニタリー)であるという．自己共役および pseudo-unitary 演算子は，それぞれ Hilbert 空間上の Hermite および unitary 演算子に準じたものである．

すべてのベクトルに直交するベクトルが存在するような空間**)は考えない．

§1.2 古典電磁場

量子化をしていない電磁場を古典電磁場と呼ぶ．もちろん，古典電磁場は通

*) この呼称は数学上のものではなく，物理上の慣例による．

**) このような空間を縮退(degeneracy)のある空間と呼ぶ．

常の数，つまり c 数(c-number)で表わされ，Maxwell 方程式に従う．c 数に対して，量子化された量を q 数(q-number)とも呼ぶ．古典電磁場は相対論的に不変な内容をもっている．通常のベクトル・ポテンシャル $\boldsymbol{A}(\boldsymbol{x},t)$ とスカラー・ポテンシャル $\phi(\boldsymbol{x},t)$ とから，4次元電磁ポテンシャルを

$$A_\mu(x)=(\boldsymbol{A},i\phi) \tag{1.2.1}$$

によって導入すると，真空中に電荷分布があるときの Maxwell 方程式は，Lorentz 変換に対して共変な形で*)

$$F_{\mu\nu}=\partial_\mu A_\nu-\partial_\nu A_\mu \tag{1.2.2}$$

$$\partial_\nu F_{\nu\mu}=-j_\mu \tag{1.2.3}$$

と書ける．$F_{\mu\nu}(x)$ は4次元2階反対称テンソル ($F_{\mu\nu}=-F_{\nu\mu}$) で，電場 $\boldsymbol{E}(\boldsymbol{x},t)$，磁場 $\boldsymbol{H}(\boldsymbol{x},t)$ と

$$F_{4j}=iE_j,\qquad F_{ij}=\varepsilon_{ijk}H_k \tag{1.2.4}$$

の関係で結ばれている．ただし，ε_{ijk} は3次元の完全反対称単位テンソルである．$j_\mu(x)$ は4次元電流密度ベクトルで，電荷密度 $\rho(\boldsymbol{x},t)$ と電荷の3次元速度 $\boldsymbol{v}(\boldsymbol{x},t)$ とから

$$j_\mu(x)=(\rho\boldsymbol{v},i\rho) \tag{1.2.5}$$

によって与えられ，電荷の保存則として連続の方程式

$$\partial_\mu j_\mu=0 \tag{1.2.6}$$

をみたす．実際，(1.2.2)と(1.2.4)から，

$$\operatorname{div}\boldsymbol{H}=0,\qquad \operatorname{rot}\boldsymbol{E}+\frac{\partial\boldsymbol{H}}{\partial t}=0 \tag{1.2.7}$$

が得られ，(1.2.3)と(1.2.4)から，

$$\operatorname{div}\boldsymbol{E}=\rho,\qquad \operatorname{rot}\boldsymbol{H}-\frac{\partial\boldsymbol{E}}{\partial t}=\rho\boldsymbol{v} \tag{1.2.8}$$

が得られる．A_μ を消去したければ，(1.2.2)の代りに

$$\partial_\mu\varepsilon_{\mu\nu\rho\sigma}F_{\rho\sigma}=0 \tag{1.2.9}$$

とすればよい．ここに $\varepsilon_{\mu\nu\rho\sigma}$ は Levi-Civita の完全反対称擬テンソルである．

電磁場についてのゲージの問題は，電磁ポテンシャル A_μ が存在することか

---

*) Lorentz 変換 $a_\mu'=l_{\mu\nu}a_\nu$ において，$\det(l_{\mu\nu})=1$ および $l_{44}>1$ をみたす場合を本義順時的(proper and orthochronous) Lorentz 変換と呼ぶ．本書で単に Lorentz 変換という場合は，この本義順時的変換をさす．

ら発生する．(1.2.2)の代りに(1.2.9)を採用しても，逆に(1.2.9)から，(1.2.2)の形で A_μ の存在が主張されることに変りはない．直接に観測にかかる量は $F_{\mu\nu}$ であるが，基本的な量は A_μ と考えられる．さて，(1.2.2)および(1.2.3)は，任意のスカラー場を $\Lambda(x)$ とすると，変換

$$A_\mu \to \hat{A}_\mu = A_\mu + \partial_\mu \Lambda \tag{1.2.10}$$

に対して不変である．電場や磁場は，A_μ からでも，$\hat{A}_\mu$ からでも同じ値を得る．変換(1.2.10)をゲージ変換と呼び，このように基礎方程式がゲージ変換に対して不変であることをゲージ不変性(gauge invariance)という．

この段階では，Λ は任意であるから，ゲージは全く自由である．しかし，これでは A_μ は求められない．このことは，(1.2.3)を書き直した式

$$(\Box \delta_{\mu\nu} - \partial_\mu \partial_\nu) A_\nu = -j_\mu \tag{1.2.11}$$

からも自明である．この式で j_μ から A_ν への寄与が求まるためには，適当な境界条件のもとで，

$$(\Box \delta_{\mu\nu} - \partial_\mu \partial_\nu) G_{\nu\alpha}(x-x') = \delta_{\mu\alpha} \delta(x-x') \tag{1.2.12}$$

を満足する Green 関数 $G(x)$ が存在し，その寄与は

$$-\int dx' G_{\nu\alpha}(x-x') j_\alpha(x') \tag{1.2.13}$$

によって与えられるはずである．ところが，微分演算子 $(\Box \delta_{\mu\nu} - \partial_\mu \partial_\nu)$ は ∂_μ と直交してしまうので，(1.2.12)は $\partial_\alpha \delta(x-x') = 0$ という矛盾した結果を導くことになる．これは(1.2.11)そのものについては Green 関数が存在しないことを意味し，いくら j_μ が与えられても A_μ は求まらない．(1.2.2)，(1.2.3)だけで方程式を放置するのは無意味である．

そこで，A_μ に対して条件

$$\partial_\mu A_\mu = 0 \tag{1.2.14}$$

を課する．これを Lorentz 条件と呼び，この条件をみたす場合のゲージを Lorentz ゲージという．(1.2.14)のもとでのゲージ変換の自由度は

$$A_\mu \to \hat{A}_\mu = A_\mu + \partial_\mu \Lambda \qquad (\Box \Lambda = 0) \tag{1.2.15}$$

のように，$\Box \Lambda = 0$ をみたすスカラー場の範囲に制限されることになる．この場合，A_μ に対する方程式は

$$\Box A_\mu = -j_\mu \tag{1.2.16}$$

となり，今度は Green 関数が存在する．Lorentz 条件(1.2.14)は，Lorentz 変換に対し不変な形をしていることに注意する．

Lorentz ゲージとともによく用いられるゲージとして Coulomb ゲージがある．この場合は A_μ に対する条件として

$$\mathrm{div}\,\boldsymbol{A} = 0 \tag{1.2.17}$$

が課せられる．$\phi=-iA_4$ に対する方程式は，(1.2.17), (1.2.2), (1.2.3) から，

$$\triangle\phi = -j_0 \tag{1.2.18}$$

となり，Coulomb ポテンシャルの解

$$\phi(x) = \frac{1}{4\pi}\int d\boldsymbol{y}\frac{j_0(\boldsymbol{y}, x_0)}{|\boldsymbol{x}-\boldsymbol{y}|} \tag{1.2.19}$$

を導く．Coulomb ゲージの場合は，場の量子論に移行したとき，理論の Lorentz 変換に対する共変性が明白(manifest)でなくなってしまう難点がある．

電荷分布がないとき，すなわち $j_\mu=0$ ならば，Coulomb ゲージは Lorentz ゲージの特殊な場合となる．ゲージ変換(1.2.15)のおかげで任意の Lorentz 系で

$$A_4 = 0, \qquad \mathrm{div}\,\boldsymbol{A} = 0 \tag{1.2.20}$$

が成立するように A を選ぶことができる．従って，(1.2.20)は見かけにかかわらず Lorentz 共変な意味をもち，電磁波は横波で偏極の自由度が 2 であることを示している．(1.2.20)の場合のゲージを radiation ゲージとも呼ぶ．

§1.3　量子化にともなう問題点

場の量子論が相対論的不変な内容をもつためには，理論は Lorentz 変換に対して共変な形で構成されているべきである．それだけではなく，Lorentz 座標の原点はどこにとってもよいはずであるから，理論は座標の平行移動(並進)に対しても不変な内容になっていなければならない．Lorentz 変換と平行移動との積変換が非斉次(inhomogeneous) Lorentz 変換である．つまり，理論は非斉次 Lorentz 群(Poincaré 群とも呼ぶ)に対して不変でなければならない．

以上の要請にもとづき，素粒子 1 個の量子論的状態を Poincaré 群の既約表現の基底(base)に対応させることは，きわめて自然なことである．ここで群論についての詳細には立ち入らないが，この対応は可能である．すなわち，Poincaré 群の既約表現の中には，現実の粒子の運動量，質量，スピン等に対応するパラメターによって分類できるものが存在する．質量0の粒子の場合は，それに対応する既約表現には，スピンの値に関係なく2つの基底だけが存在する*)．光子は質量0，スピン1の素粒子であるから，それは2つの独立成分から成る．古典電磁波は横波であったが，他の系と相互作用のない場合の電磁場(つまり自由場)の量子論でも横波に対応する横光子だけが物理的意味のある独立成分となる．

光子を記述する場つまり量子化された自由場 $A_\mu(x)$ は，時空点 x で光子を作ったり消したりする能力をもつものである．この生殺の能力は，光子の数を1個変化させるだけであると仮定する．従って，A_μ は光子の生成・消滅演算子について1次である**)．何も粒子が存在しない状態すなわち真空(vacuum)に A_μ を1度作用させることにより，光子1個の状態が得られるわけである．A_μ は4成分あるから，そこから2つの独立成分を抽出するためには，何らかの条件が必要である．この条件が Lorentz 条件(1.2.14)に相当するものである．A_μ について1次で Lorentz 不変な条件はこの形だけである．しかし, Lorentz 条件をどんな形式で理論に組み込むかを考える前に，まず Maxwell 方程式そのものの量子論的内容を検討しておく必要がある．

電磁場の量子論が，A_μ を場の基礎演算子とする形で求まったとする．自由場の演算子 A_μ に対しては，(1.2.11)で $j_\mu=0$ とおいた式

$$\Box A_\mu - \partial_\mu \partial_\nu A_\nu = 0 \tag{1.3.1}$$

が成立するものとしよう．ところが，明白に Lorentz 共変な場の量子論の立場では，(1.3.1)は，光子場に対する演算子方程式としては意味をなさないことが以下の考察により示されるのである [3]．

A_i, A_0 は当然自己共役演算子として与えられる．Poincaré 群に対する理論の不変性から，次の変換

$$x \to x' = \Lambda x + a, \qquad \Lambda = (l_{\mu\nu}) \tag{1.3.2}$$

に対し

---

*) 例えば，大貫義郎：ポアンカレ群と波動方程式(岩波書店，東京，1976)参照．

**) この仮定を破る場合は現在の場の量子論では複雑すぎて手に負えないし，定性的にも意味があるとは思えない．

$$U(\Lambda, a)A_\mu(x)U^{-1}(\Lambda, a) = A_\mu'(x+\Lambda a) \tag{1.3.3}$$

$$A_\mu'(\Lambda x) = l_{\mu\nu}A_\nu(x) \tag{1.3.4}$$

をみたすような pseudo-unitary 演算子 $U(\Lambda, a)$ が存在するはずである．ただし，a は任意の4次元定数ベクトルである．真空 $|0\rangle$ は Poincaré 群に対して不変なものであるべきだから，

$$U(\Lambda, a)|0\rangle = |0\rangle \tag{1.3.5}$$

と仮定する．$U(\Lambda, a)$ として並進だけに対する $U(1, a)$ を選べば，(1.3.5) により，任意の時空点 x, y について

$$\langle 0|A_\mu(x+a)A_\nu(y+a)|0\rangle = \langle 0|A_\mu(x)A_\nu(y)|0\rangle \tag{1.3.6}$$

が導かれる．従って，この真空期待値は $x-y$ だけの関数でなければならない．同様にして，$U(\Lambda, 0)$ について

$$\begin{aligned}\langle 0|A_\mu'(\Lambda x)A_\nu'(\Lambda y)|0\rangle &= \langle 0|A_\mu(\Lambda x)A_\nu(\Lambda y)|0\rangle \\ &= l_{\mu\alpha}l_{\nu\beta}\langle 0|A_\alpha(x)A_\beta(y)|0\rangle\end{aligned} \tag{1.3.7}$$

が成立する．この式は $\langle 0|A_\mu(x)A_\nu(y)|0\rangle$ の Lorentz 変換による変化が $x-y$ の変化だけによって引き起こされることを示しているから，結局

$$\langle 0|A_\mu(x)A_\nu(y)|0\rangle = \delta_{\mu\nu}f(x-y)+\partial_\mu\partial_\nu g(x-y) \tag{1.3.8}$$

のような形に書ける．ここに $f(x), g(x)$ は Lorentz スカラーである*)．

さて，(1.3.8) に (1.3.1) を適用すれば，

$$(\Box\delta_{\mu\nu}-\partial_\mu\partial_\nu)f(x) = 0 \tag{1.3.9}$$

を得る．ここで $\mu=\nu$ として μ について和をとれば，

$$\Box f(x) = 0 \tag{1.3.10}$$

となる．それ故，

$$\partial_\mu\partial_\nu f(x) = 0 \tag{1.3.11}$$

である．(1.3.11) を満足する Lorentz スカラーは定数だけである．$f(x)$ を定数として (1.3.8) を用いれば，

$$\langle 0|F_{\mu\nu}(x)A_\alpha(y)|0\rangle = \langle 0|F_{\mu\nu}(x)F_{\alpha\beta}(y)|0\rangle = 0 \tag{1.3.12}$$

が任意の時空点 x, y について成立してしまう．ただし

$$F_{\mu\nu} = \partial_\mu A_\nu-\partial_\nu A_\mu \tag{1.3.13}$$

---

*) ここまでの段階では，A_μ は自由場である必要はない．

である．観測可能量(observable)として取り扱うべき $F_{\mu\nu}$ に対する(1.3.12)は量子論として全く無意味である．

状態ベクトルの全空間は不定計量の空間であるとしても，observable $F_{\mu\nu}$ によって作られた状態ベクトル $F_{\mu\nu}(x)|0\rangle$ は，確率解釈が可能な状態として，正定値計量の Hilbert 空間(全空間の部分空間)に属するものとせざるを得ない．ここまで条件をつめれば，(1.3.12)はさらに

$$F_{\mu\nu}(x)|0\rangle = 0 \tag{1.3.14}$$

を強要する．また，(1.3.12)から，

$$\langle 0|[F_{\mu\nu}(x), A_\alpha(y)]|0\rangle = \langle 0|[F_{\mu\nu}(x), F_{\alpha\beta}(y)]|0\rangle = 0 \tag{1.3.15}$$

である．

一方，A_μ は生成・消滅演算子について1次であることを仮定しているから，上の交換関係は c 数で与えられる．それ故，(1.3.15)は

$$[F_{\mu\nu}(x), A_\alpha(y)] = [F_{\mu\nu}(x), F_{\alpha\beta}(y)] = 0 \tag{1.3.16}$$

を意味する．従って，observable $F_{\mu\nu}$ は q 数としての意味をもたない．c 数に対する(1.3.14)は

$$F_{\mu\nu} = 0 \tag{1.3.17}$$

を導く*)．この解は，$A_\mu = \partial_\mu A$ (A はスカラー場)となり，A_μ がスピン1の粒子の場とはなり得ないことを示している．

以上の結論は，A_μ に対する演算子方程式として

$$\Box A_\mu = 0, \qquad \partial_\mu A_\mu = 0 \tag{1.3.18}$$

が成立している場合でも変らない．(1.3.18)により(1.3.1)がやはり満足されているからである．

それでは，A_μ を用いることを止めてしまって，演算子方程式として $F_{\mu\nu}$ に対する(1.2.9)と(1.2.3)から出発したらどうであろうか．古典論では(1.2.2)がその解であるが，量子論ではもはやそれは解とはなり得ないとするわけである．しかし，この立場もうまくいかない．$F_{\mu\nu}$ だけでは電磁場と荷電粒子場との相互作用を局所的(local)に正しく作ることができないからである．

これまでの考察から，電磁場の量子論では，明白な共変性か演算子方程式と

---

*)　一般に，Hilbert 空間上の局所演算子 $\varphi(x)$ が $\varphi(x)|0\rangle=0$ を満足すれば，$\varphi(x)=0$ にほかならないことが公理論的に証明される．

してのMaxwell方程式のいずれかを捨てなければならないことがわかる．共変性の方を犠牲にした場合が§1.5で述べるCoulombゲージでの量子化である．しかし，明白な共変性が成立しないと，通常場の量子論で行なわれる一般的議論のほとんどがその正当性の根拠を失ってしまう．場の量子論では共変性をあだやおろそかにするわけにはいかない．それ故，Maxwell方程式を犠牲にせざるを得ない．この立場での定式化の最も簡単な場合が，次章から述べるGupta-Bleuler形式である．

物理的観測にかかる量はobservableの期待値である．$F_{\mu\nu}$の期待値の形では(1. 2. 2), (1. 2. 3)は厳然として成立している．従って，Lorentz条件(1. 2. 14)もその意味で必要である．そこで，1度捨てたMaxwell方程式をLorentz条件とともに期待値の形で復活させるような理論構造が必要となる．この中でA_μの余分な成分を消去する問題も処理されるはずである．

§1.4　ゲージ変換の自由度

われわれはA_μに対して(1. 3. 1)に代る何か別の方程式を設定することになるのだから，ゲージ不変性もまた問題となる．しかし，期待値の形でのMaxwell方程式は現存するから，ゲージ変換の自由度も何らかの意味で生き残っているものと考えられる．電磁場の量子論ができたとすれば，そこでは，場の演算子に対する方程式や交換関係と同時に，observableとして必要ないろいろな物理量が，1つの理論形式に基づき定義されていなくてはならない．場の方程式と交換関係とが定まっているということは，量子論的意味でのゲージが指定されていることと考える．この意味でのゲージを本書ではq数ゲージと呼ぶことにする．

あるq数ゲージでの量子論のもとで，ゲージ変換

$$A_\mu \to \hat{A}_\mu = A_\mu + \partial_\mu \Lambda \tag{1.4.1}$$

を想定する．このとき，Λがc数の場合とq数の場合とが考えられる．c数の場合はこの変換によって交換関係は不変だから，場の方程式を不変にするための制限がΛに課せられる．Λをどんなに制限しても場の方程式が不変にならない場合は，その理論はゲージ不変ではない．ある制限されたΛについて，場の方程式もobservablesも不変ならば，その理論はその種のc数ゲージ変換に

対して不変であるという．Λ が q 数の場合でも，ある Λ については上の c 数の場合と全く同様のことが成立するかも知れない．ただし，この場合はその q 数 Λ が場の演算子として理論の枠内ではっきり定義されていなくてはならない．このとき，その理論はその q 数ゲージ変換に対して不変である．

q 数 Λ に対して交換関係を不変にするという条件は非常にきびしいから，q 数ゲージ変換に対する不変性は成立しない場合が多い．一般には，q 数ゲージ変換により場の方程式も交換関係も変換を受ける．交換関係の変化について考えてみよう．A_μ に対する，生成・消滅演算子についての，1次性の仮定は $\hat{A}_\mu$ に対しても適用されるから，$[A_\mu(x), A_\nu(y)]$，$[A_\mu(x), \Lambda(y)]$，$[\Lambda(x), \Lambda(y)]$ はみな c 数で与えられる．前節の Lorentz 共変性と並進不変性の議論に基づき，それらの一般形は

$$[A_\mu(x), A_\nu(y)] = \delta_{\mu\nu}F(x-y)+\partial_\mu\partial_\nu G(x-y) \qquad (1.4.2)$$

$$[A_\mu(x), \Lambda(y)] = \partial_\mu H(x-y) \qquad (1.4.3)$$

$$[\Lambda(x), \Lambda(y)] = K(x-y) \qquad (1.4.4)$$

と書ける．q 数ゲージが決まっていれば，Lorentz スカラー F, G, H, K はそれに応じて定まっている．(1.4.1)～(1.4.4) から，

$$[\hat{A}_\mu(x), \hat{A}_\nu(y)] = \delta_{\mu\nu}F(x-y)+\partial_\mu\partial_\nu \hat{G}(x-y)$$

を得る．ただし，

$$\hat{G}(x) = G(x)-2H(x)-K(x) \qquad (1.4.5)$$

である．つまり，1度 q 数ゲージが指定されていれば，いくら q 数ゲージ変換をやっても F は不変である．

(1.4.1) に対して場の方程式も不変とは限らない．Λ はもともと理論の枠内で定義されている演算子だから，A_μ や $\hat{A}_\mu$ に対する方程式が Λ を含んでいてもかまわない．ただし，このとき observables が不変であると同時に，その理論形式が A_μ と $\hat{A}_\mu$ とに対して区別なく適用可能であるという条件が必要である*)．この条件が満足されなければ，(1.4.1) はゲージ変換としての意味がない．以上のように，ある q 数ゲージ変換に対して場の方程式や交換関係が不変でなくても，理論形式自体は不変であるとき，その理論はゲージ共変であると呼ぶ

*)　例えば，Lagrange 形式に基づく理論であれば，その Lagrangian は，A_μ についてだけでなく，$\hat{A}_\mu$ について表現しても正しく機能するということである．

ことにする*)．一般に，ゲージ共変な理論では，q 数ゲージ変換によって互いに移り変れる q 数ゲージの集合が考えられる．この集合は1つの不変集合を作り，その中のどの q 数ゲージもみな量子論的意味で等価である．このような q 数ゲージの集合を不変ゲージ族(invariant gauge family)と呼んでいる．同じ不変ゲージ族に属する q 数ゲージに対しては(1.4.2)の F は共通である．

q 数ゲージ変換に対して不変または共変な理論では，都合のよい演算子 Λ が必要である．そのような Λ は，A_μ 以外に理論構成上必要な補助場(auxiliary fields)として導入されるのが普通である．何も補助場を含まない理論形式では，Λ を A_μ だけから作らねばならないので，上の不変性や共変性を保つことはほとんど無理である．その場合は，c 数ゲージ変換に対する不変性だけを問題にするが，それでは相異なる q 数ゲージの理論の間で，量子論的等価性を主張することはできないことを銘記する必要がある．

§1.5 Coulomb ゲージでの量子化

これまでは Lagrange 形式によらぬ一般的考察をした．本節では，具体的 Lagrangian に基づき，Maxwell 方程式のもとで明白な共変性がそこなわれる量子化の実例に触れる．

自由電磁場に対する Lagrangian 密度を，古典論からの類推で，

$$\mathcal{L}_0 = -\frac{1}{4}F_{\mu\nu}F_{\mu\nu} \tag{1.5.1}$$

によって与えてみる．ただし，$F_{\mu\nu}$ は(1.3.13)で定義され，A_k $(k=1,2,3)$，A_0 は Hermite である**)．A_μ の各成分を独立なものとみなして，$\mathcal{L}_0$ に対して変分原理を適用すれば，Euler 方程式として(1.3.1)を得る．ただし，Lorentz 条件は変分原理からは導出されないことに注意する．

A_μ を正準変数とみなして，正準量子化の処方を試みる．A_μ に対する正準共役変数を

$$\pi_\mu = \partial\mathcal{L}_0/\partial\dot{A}_\mu \tag{1.5.2}$$

---

*) これも本書での造語である．

**) A_k, A_0 は一般には自己共役であるが，Coulomb ゲージの場合は不定計量の導入は必要がないので，自己共役すなわち Hermite である．

によって求めると，

$$\pi_k = iF_{4k} = \dot{A}_k - i\partial_k A_4 \qquad (k=1,2,3) \tag{1.5.3}$$

$$\pi_4 = 0 \tag{1.5.4}$$

となる．(1.5.4)により A_4 に対する正準共役変数は存在しないから，正準交換関係は

$$[A_\mu(x), \pi_k(y)]_0 = i\delta_{\mu k}\delta(\boldsymbol{x}-\boldsymbol{y}) \tag{1.5.5}$$

$$[A_\mu(x), A_\nu(y)]_0 = [\pi_k(x), \pi_l(y)]_0 = 0 \tag{1.5.6}$$

と設定するのが自然であろう．ここに，交換関係 $[A(x), B(y)]_0$ についての添字 $_0$ は x と y が同時刻 $x_0=y_0$ であることを示すためのもので，以下本書ではこの略記法を用いる．(1.5.5), (1.5.6)により A_4 はすべての演算子と同時刻で可換なので，それは他の成分 A_k と異なり c 数と考える．この点から，明白な共変性がくずれてくる．しかも，ただ A_4 を c 数とするだけでよいわけではない．(1.5.3), (1.3.1)により，

$$\partial_k\pi_k = i\partial_k F_{4k} = i\partial_\mu F_{4\mu} = 0 \tag{1.5.7}$$

が成立する．ところが，(1.5.7)と(1.5.5)とは両立しない $[\partial_l\delta(\boldsymbol{x}-\boldsymbol{y}) \neq 0]$．そこで，(1.5.5)を修正する操作をする．

(1.5.5)の $\mu=l$ の場合に対して，その右辺を，$\partial^y{}_k$ を作用させれば0となるように，次の置き換えをする．

$$\begin{aligned}\delta_{kl}\delta(\boldsymbol{x}-\boldsymbol{y}) &= \frac{1}{(2\pi)^3}\int d\boldsymbol{p}\,\delta_{kl}e^{i\boldsymbol{p}(\boldsymbol{x}-\boldsymbol{y})} \\ &\longrightarrow \frac{1}{(2\pi)^3}\int d\boldsymbol{p}\left(\delta_{kl}-\frac{p_k p_l}{\boldsymbol{p}^2}\right)e^{i\boldsymbol{p}(\boldsymbol{x}-\boldsymbol{y})} \\ &= \left(\delta_{kl}-\frac{\partial_k\partial_l}{\triangle}\right)\delta(\boldsymbol{x}-\boldsymbol{y})\end{aligned} \tag{1.5.8}$$

ただし，

$$\frac{1}{\triangle}\delta(\boldsymbol{x}) \equiv -\frac{1}{(2\pi)^3}\int d\boldsymbol{p}\frac{1}{\boldsymbol{p}^2}e^{i\boldsymbol{p}\boldsymbol{x}} = -\frac{1}{4\pi|\boldsymbol{x}|} \tag{1.5.9}$$

である．この置き換えにより，

$$[A_k(x), \pi_l(y)]_0 = i\left(\delta_{kl}-\frac{\partial_k\partial_l}{\triangle}\right)\delta(\boldsymbol{x}-\boldsymbol{y}) \tag{1.5.10}$$

を得る．すると今度は，(1.5.10), (1.5.6)より $\partial_k A_k$ もすべての演算子と同時刻で可換となるから，これも A_4 と同じく c 数とする．このような c 数は適当

なゲージ変換で 0 にすることができる.

A_4 を 0 にするためには, A_μ を

$$A_\mu(x) \to \hat{A}_\mu(x) = A_\mu(x)+\partial_\mu \int_0^t dt' A_0(\boldsymbol{x}, t') \tag{1.5.11}$$

と変換すればよい. このとき, (1.5.7)により, $\partial_k \hat{A}_k$ は t に依存しない. それ故, さらに $\hat{A}_\mu$ を

$$\hat{A}_\mu \to \hat{\hat{A}}_\mu = \hat{A}_\mu+\partial_\mu \frac{1}{4\pi}\int d\boldsymbol{x}' \frac{\partial_k' \hat{A}_k(\boldsymbol{x}')}{|\boldsymbol{x}-\boldsymbol{x}'|} \tag{1.5.12}$$

によって $\hat{\hat{A}}_\mu$ に変換すれば, $\partial_k \hat{\hat{A}}_k=0$, $\hat{\hat{A}}_4=\hat{A}_4=0$ となる.

このようにして, 次の内容

$$\operatorname{div} \boldsymbol{A} = 0, \qquad A_4 = i\phi = 0 \tag{1.5.13}$$

$$[A_k(x), \dot{A}_l(y)]_0 = i\left(\delta_{kl}-\frac{\partial_k \partial_l}{\triangle}\right)\delta(\boldsymbol{x}-\boldsymbol{y}) \tag{1.5.14}$$

$$[A_k(x), A_l(y)]_0 = [\dot{A}_k(x), \dot{A}_l(y)]_0 = 0 \tag{1.5.15}$$

をもつ Coulomb ゲージ(または radiation ゲージ)での量子論が組み立てられる. ただし, 相互作用がある場合は(1.2.19)により $\phi=0$ ととることはできない. この場合は, もともと ϕ は c 数ではなく, その量子論的性質が電荷密度 j_0 によって規定される演算子である.

第2章　Gupta-Bleuler 形式 I——自由場

A_μ に対する場の方程式を，古典論での Lorentz ゲージの場合に対応して，d'Alembert 方程式とした Lorentz 共変な電磁場の量子論が Gupta-Bleuler 形式である．ただし，この形式では，演算子に対する等式としての Lorentz 条件は存在しない．場の方程式として d'Alembert 方程式を設定することは，質量をもつ粒子の場に対する Klein-Gordon 方程式の場合と同様に，きわめて自然なこといえる．この形式の本質は，1950 年 Gupta によって提出され [4]，Bleuler によってより完全なものとなった [5]．Gupta-Bleuler 形式は電磁場の量子論としてさまざまな基本的要素を含んでおり，長い間，量子電磁力学はこの形式 1 本で統一されていたといえる．

§2.1　理論形式の枠組

出発点となるのは，(1.5.1) を改良した次の Fermi 型の Lagrangian 密度である [6].

$$\mathcal{L}_0 = -\frac{1}{4}F_{\mu\nu}F_{\mu\nu} - \frac{1}{2}(\partial_\mu A_\mu)^2 \tag{2.1.1}$$

ここに，$F_{\mu\nu}=\partial_\mu A_\nu - \partial_\nu A_\mu$ で，$A_k\,(k=1,2,3)$，A_0 はもちろん自己共役な場である*)．変分原理により，(2.1.1) に対する Euler 方程式は

$$\Box A_\mu = 0 \tag{2.1.2}$$

を導く．

(2.1.1) の Lagrangian 密度では，その第 2 項の存在のため，正準量子化が都合よく遂行される．A_μ を正準変数とみなすと，その正準共役変数は

---

*)　(2.1.1) を変形すると $-\frac{1}{2}\partial_\nu A_\mu \partial_\nu A_\mu - \frac{1}{2}\partial_\nu(A_\nu \partial_\mu A_\mu - A_\mu \partial_\mu A_\nu)$ となるが，この第 2 項は 4 次元発散の形をしているので，作用 $\int dx \mathcal{L}_0$ に寄与しない．それ故，(2.1.1) は

$$\mathcal{L}_0 = -\frac{1}{2}\partial_\nu A_\mu \partial_\nu A_\mu$$

と等価である．

$$\pi_k = \partial\mathcal{L}_0/\partial\dot{A}_k$$
$$= iF_{4k} = \dot{A}_k - i\partial_k A_4 \qquad (2.1.3)$$
$$\pi_4 = \partial\mathcal{L}_0/\partial\dot{A}_4$$
$$= i\partial_\mu A_\mu = i\partial_k A_k + \dot{A}_4 \qquad (2.1.4)$$

で与えられる．正準交換関係は

$$[A_\mu(x), \pi_\nu(y)]_0 = i\delta_{\mu\nu}\delta(\boldsymbol{x}-\boldsymbol{y}) \qquad (2.1.5)$$
$$[A_\mu(x), A_\nu(y)]_0 = 0 \qquad (2.1.6)$$
$$[\pi_\mu(x), \pi_\nu(y)]_0 = 0 \qquad (2.1.7)$$

である．(2.1.5) と (2.1.7) は，(2.1.3), (2.1.4), (2.1.6) を用いて，

$$[A_\mu(x), \dot{A}_\nu(y)]_0 = i\delta_{\mu\nu}\delta(\boldsymbol{x}-\boldsymbol{y}) \qquad (2.1.8)$$
$$[\dot{A}_\mu(x), \dot{A}_\nu(y)]_0 = 0 \qquad (2.1.9)$$

のように書き直すことができる．(2.1.8), (2.1.9), (2.1.6) の 3 つの同時刻交換関係は A_μ の各成分について全く対称な形になっていることに注意する．

場の方程式 (2.1.2) と上で得られた同時刻交換関係とを使用すると，A_μ に対する 4 次元交換関係は

$$[A_\mu(x), A_\nu(y)] = i\delta_{\mu\nu}D(x-y) \qquad (2.1.10)$$

として与えられることがわかる．ここに

$$D(x) \equiv -\frac{i}{(2\pi)^3}\int dk\varepsilon(k)\delta(k^2)e^{ikx}$$
$$= -\frac{1}{2\pi}\varepsilon(x)\delta(x^2) \qquad (2.1.11)$$
$$\Box D(x) = 0 \qquad (2.1.12)$$

である*)．一般に不変 $\varDelta$ 関数を

$$\varDelta(x\,;m^2) \equiv -\frac{i}{(2\pi)^3}\int dk\varepsilon(k)\delta(k^2+m^2)e^{ikx} \qquad (2.1.13)$$

によって定義すれば，$D(x)=\varDelta(x\,;0)$ である．$\varDelta(x\,;m^2)$ は次のような性質をもっている．

$$(\Box - m^2)\varDelta(x\,;m^2) = 0 \qquad (2.1.14)$$
$$\varDelta^*(x\,;m^2) = \varDelta(x\,;m^2) \qquad (2.1.15)$$
$$\varDelta(-x\,;m^2) = -\varDelta(x\,;m^2) \qquad (2.1.16)$$

*) $\varepsilon(x) \equiv x_0/|x_0|$.

$$\Delta(\boldsymbol{x}, 0; m^2) = 0 \qquad (2.1.17)$$

$$\dot{\Delta}(\boldsymbol{x}, 0; m^2) = -\delta(\boldsymbol{x}) \qquad (2.1.18)$$

(2.1.10) は次のようにして簡単に求められる．まず，(2.1.2) を

$$A_\mu(x) = -\int d\boldsymbol{y} D(x-y)\overleftrightarrow{\partial}^{y}{}_0 A_\mu(y) \qquad (2.1.19)$$

のような積分形に書き直す．ここに，

$$f\overleftrightarrow{\partial}^{y}{}_0 g = f\frac{\partial g}{\partial y_0} - \frac{\partial f}{\partial y_0}g \qquad (2.1.20)$$

で，y_0 は任意である．(2.1.19) の右辺を y_0 で微分すれば，(2.1.2) と (2.1.12) のため，0 となる．それ故，右辺は y_0 に依存しないから，特に $y_0 = x_0$ ととれば，左辺が導かれる．(2.1.19) を用いると，

$$[A_\mu(x), A_\nu(y)] = -\int d\boldsymbol{z} D(x-z)\overleftrightarrow{\partial}^{z}{}_0 [A_\mu(z), A_\nu(y)]_0 \qquad (2.1.21)$$

が得られ，(2.1.6)，(2.1.8) および (2.1.18) から，ただちに (2.1.10) が求まる．以上は，正準量子化により 4 次元交換関係を求める標準的処方である．

場の方程式 (2.1.2) と交換関係 (2.1.10) とによって指定される q 数ゲージを Feynman ゲージと呼ぶ．

§2.2 Gupta の補助条件

§1.3 での考察から，Lorentz 条件が演算子に対する等式としては成立し得ないことは明瞭である．いまの場合，その事実は交換関係 (2.1.10) の形にはっきり表示されている．その両辺に ∂_μ を作用させれば，

$$[\partial_\mu A_\mu(x), A_\nu(y)] = i\partial_\nu D(x-y) \neq 0 \qquad (2.2.1)$$

となるからである．しかし，期待値の形では Lorentz 条件が実現されなければならないから，そのために残る手段は状態ベクトルの側に制限を課すことである．

最初は

$$\partial_\mu A_\mu(x)|\Phi_{\mathrm{P}}\rangle = 0 \qquad (2.2.2)$$

のような補助条件 (supplementary condition, subsidiary condition, constraint) が考えられた．いろいろな状態ベクトルの中で上の条件を満足する $|\Phi_{\mathrm{P}}\rangle$ だけが物理的に許される状態であるとするわけである．(2.2.2) を Fermi

の補助条件と呼ぶ[6]. しかし，Fermi の補助条件は無意味である. (2.2.1) の $|\Phi_P\rangle$ についての期待値は，あらゆる物理的状態に対して $\langle\Phi_P|\Phi_P\rangle=0$ が成立しない限り，矛盾を引き起すからである. Fermi の補助条件では具合が悪いことは，物理的状態ベクトルの空間上では (1.3.18) が演算子方程式として再現されてしまうことからも推測できる.

$\partial_\mu A_\mu$ の期待値を 0 とする条件

$$\langle\Phi_P|\partial_\mu A_\mu|\Phi_P\rangle = 0 \tag{2.2.3}$$

は，(2.2.2) のように強い制限のものでなくても可能である. $\partial_\mu A_\mu$ を正振動部分(消滅演算子の部分)と負振動部分(生成演算子の部分)とに分割して

$$\partial_\mu A_\mu(x) = [\partial_\mu A_\mu(x)]^{(+)} + [\partial_\mu A_\mu(x)]^{(-)} \tag{2.2.4}$$

のように書き，$|\Phi_P\rangle$ に対する補助条件として

$$[\partial_\mu A_\mu(x)]^{(+)}|\Phi_P\rangle = 0 \tag{2.2.5}$$

を採用する. すると，これに対する共役な式は

$$\langle\Phi_P|[\partial_\mu A_\mu(x)]^{(-)} = 0 \tag{2.2.6}$$

となり，(2.2.5) と (2.2.6) とを合わせて，(2.2.3) を得る. (2.2.5) を Gupta の補助条件と呼ぶ[4]. Gupta の補助条件は交換関係 (2.1.10) と何ら矛盾しない. これで，$|\Phi_P\rangle$ での期待値の形で Maxwell 方程式の成立が保証される.

§2.3 不定計量の導入

交換関係 (2.1.10) をみたす A_μ によって作られる状態ベクトルの全空間は不定計量のベクトル空間となる. $A_\mu(x)$ の運動量表示を

$$A_\mu(x) = \frac{1}{(2\pi)^{3/2}}\int d\boldsymbol{k}\frac{1}{\sqrt{2k_0}}[a_\mu(\boldsymbol{k})e^{ikx} + \bar{a}_\mu(\boldsymbol{k})e^{-ikx}] \tag{2.3.1}$$

のように書く. ただし (2.1.2) により $k_\mu=(\boldsymbol{k}, ik_0)$, $k_0=|\boldsymbol{k}|$ であり，また $\bar{a}_\mu(\boldsymbol{k})$ は

$$\bar{a}_\mu(\boldsymbol{k}) \equiv \begin{cases} a_j{}^\dagger(\boldsymbol{k}) & (\mu=j \text{ に対し}) \\ ia_0{}^\dagger(\boldsymbol{k}) & (\mu=4 \text{ に対し}) \end{cases} \tag{2.3.2}$$

である. (2.3.1), (2.1.10) から，

$$[a_\mu(\boldsymbol{k}), \bar{a}_\nu(\boldsymbol{k}')] = \delta_{\mu\nu}\delta(\boldsymbol{k}-\boldsymbol{k}') \tag{2.3.3}$$

$$[a_\mu(\boldsymbol{k}), a_\nu(\boldsymbol{k}')] = [\bar{a}_\mu(\boldsymbol{k}), \bar{a}_\nu(\boldsymbol{k}')] = 0 \tag{2.3.4}$$

を得る.

(2.3.3)は

$$[a_j(\boldsymbol{k}), a_j{}^\dagger(\boldsymbol{k}')] = \delta(\boldsymbol{k}-\boldsymbol{k}') \tag{2.3.5}$$

$$[a_0(\boldsymbol{k}), a_0{}^\dagger(\boldsymbol{k}')] = -\delta(\boldsymbol{k}-\boldsymbol{k}') \tag{2.3.6}$$

となるから, $a_j(\boldsymbol{k})$ を運動量 $\boldsymbol{k}$ の j 光子の消滅演算子, $a_j{}^\dagger(\boldsymbol{k})$ をその生成演算子と解釈できる. 真空 $|0\rangle$ は Lorentz 不変でなければならないから, それは, すべての μ に対して,

$$A_\mu{}^{(+)}(x)|0\rangle = 0 \tag{2.3.7}$$

あるいは

$$a_\mu(\boldsymbol{k})|0\rangle = 0 \tag{2.3.8}$$

によって定義される. 従って, $a_j(\boldsymbol{k})$ を消滅演算子とする以上, $a_0(\boldsymbol{k})$ も 0 光子の消滅演算子とせざるを得ない. (2.3.6)において, 生成・消滅演算子の間の交換関係は, (2.3.5)の場合と符号が逆である. それ故, 真空に各生成演算子を作用させて得られるベクトルのノルムは, そのベクトルが奇数個の 0 光子を含むとき負となる. このようにして作られたベクトルの全体を普通は Fock 空間と呼んでいる*).

以上が不定計量のベクトル空間が導入される機構であるが, この事実は, 明白に共変な形で電磁場の量子化を行なう限り, 回避することはできない. 不定計量の導入が不可避であることは, Minkowski 空間の構造に密接に関係していることに注目すべきである [3, 7].

なお, (2.3.6)から $a_0(\boldsymbol{k})$ を消滅演算子ではなく生成演算子として解釈すれば, 交換関係の符号の問題は解消し, 不定計量を導入せずにすむようにみえるが, そうではない. そのときは, 真空の Lorentz 不変性が破られるだけでなく, Hamiltonian の固有値が正定値をとらなくなることにも注意する. $a_0(\boldsymbol{k})$ を生成演算子として,

$$H_0|0\rangle = 0 \tag{2.3.9}$$

---

*) 厳密には, Fock 空間とは, 個数演算子 $\int d\boldsymbol{k} a_\mu{}^\dagger(\boldsymbol{k}) a_\mu(\boldsymbol{k})$ の有限固有値に属する固有ベクトルを基底にもつ正定値計量のベクトル空間である. しかし, 物理ではあまりうるさいことはいわずに, Fock 空間の呼称をその定義に厳密に合致しない場合にも乱用している.

の条件により0点エネルギーを消去すれば，(2. 1. 1)から導かれる Hamiltonian は

$$H_0=\int d\boldsymbol{k}|\boldsymbol{k}|[a_j{}^\dagger(\boldsymbol{k})a_j(\boldsymbol{k})-a_0(\boldsymbol{k})a_0{}^\dagger(\boldsymbol{k})] \tag{2.3.10}$$

となる．従って，この場合0光子を含む H_0 の固有状態に対して，その固有値は0光子の数に応じていくらでも負になってしまう．$a_0(\boldsymbol{k})$ を消滅演算子として不定計量を導入すれば，この困難は生じない．今度の正しい Hamiltonian は，(2. 3. 9)のもとで，

$$H_0=\int d\boldsymbol{k}|\boldsymbol{k}|[a_j{}^\dagger(\boldsymbol{k})a_j(\boldsymbol{k})-a_0{}^\dagger(\boldsymbol{k})a_0(\boldsymbol{k})] \tag{2.3.11}$$

となり，$-\int d\boldsymbol{k}|\boldsymbol{k}|a_0{}^\dagger(\boldsymbol{k})a_0(\boldsymbol{k})$ の固有値は常に正となるからである．

不定計量の導入によって状態ベクトルのノルムは一般に正定値とは限らなくなった．この事実は，量子論的確率解釈の問題に困難を生じそうに思える．しかし，Gupta の補助条件をみたす物理的状態ベクトルの空間では，その困難は回避されていることが次節で示される．不定計量をもたらす元凶は，負ノルムの状態を生み出す0光子である．このような粒子を ‘ghost’ と呼んでいる*)．Gupta の補助条件は ghost がこの世に現われないようにするだけでなく，物理的観測に関係する光子は横光子だけであることを保証するものである．

Gupta–Bleuler 形式において現われる不定計量のベクトル空間は，明らかに縮退していない．それ故，この空間 $\mathcal{V}$ 中で直交条件

$$\langle n|m\rangle=\varepsilon_n\delta_{n,m} \qquad (\varepsilon_n=\pm1) \tag{2.3.12}$$

が成立するように基底 $\{|n\rangle\}$ を選ぶことができる．このとき，完全条件から

$$\sum_n \varepsilon_n|n\rangle\langle n|=1 \tag{2.3.13}$$

である**)．$\mathcal{V}$ 上での線型演算子 T に対して，(2. 3. 13)から，

$$T|n\rangle=\sum_m t_{mn}|m\rangle, \qquad t_{mn}\equiv\varepsilon_m\langle m|T|n\rangle \tag{2.3.14}$$

を得る．$(t)_{mn}=t_{mn}$ である行列 t によって T の行列表現を定義する．そうす

---

*) ghost の呼称は，必ずしも不定計量に関係する場合だけでなく，一般にその性質が物理的に許容できないある例外を除いては通常の粒子のようなものに対して用いられるのが通例である．

**) 簡単のため，n は離散的なものとして取り扱う．不定計量のベクトル空間では，一般に ε_n が必要なことに注意．

れば，演算子 S に対応する行列を s として，

$$ST|n\rangle = \sum_{l,m} s_{lm}t_{mn}|l\rangle = \sum_m (st)_{mn}|m\rangle \tag{2.3.15}$$

を得るから，ST の行列表現は st になっている．行列表現は，もちろん基底 $\{|n\rangle\}$ の選び方に依存する．

一般の不定計量空間では，自己共役演算子 P の固有値は実数とは限らない．$P|p\rangle=p|p\rangle$，$\langle p|P=p^*\langle p|$ において

$$(p-p^*)\langle p|p\rangle = 0 \tag{2.3.16}$$

ではあるが，$\langle p|p\rangle=0$ であれば，$p=p^*$ を結論することができないからである*)．2つの固有状態 $|p\rangle, |p'\rangle$ に対しては，

$$(p^*-p')\langle p|p'\rangle = 0 \tag{2.3.17}$$

を得るから，$p^*\neq p'$ ならば，$\langle p|p'\rangle=0$ となり，$|p\rangle$ と $|p'\rangle$ とは直交する．もちろん，$p^*=p'$ ならば，$\langle p|p'\rangle=0$ は結論できない．しかし，いまの場合の空間 $\mathcal{V}$ は，このような複素固有状態を含まないもっと素直なものである．一般に，量子電磁力学における状態ベクトルの空間には，複素固有状態を導入する必要性は見当らない．それ故，本書では，自己共役演算子の固有値が実数の場合だけを取り扱う．なお，第6章でみるように，一般には自己共役演算子の固有状態だけでは完全系は作れない．この事実は，不定計量空間の1つの特徴であるが，いまの $\mathcal{V}$ はもっと単純なもので，そのわずらわしさからも免れている．例えば，Hamiltonian(2.3.11)の固有状態の全体から，完全規格化直交系を作ることができる．

§2.4 物理的状態ベクトルの構造

Gupta の補助条件(2.2.5)が課せられた物理的状態ベクトル $|\Phi_{\mathrm{P}}\rangle$ の構造を調べよう．(2.1.10), (2.1.12) から，

$$[\partial_\mu A_\mu(x), \partial_\nu A_\nu(y)] = 0 \tag{2.4.1}$$

を得る．それ故，$|\Phi_{\mathrm{P}}\rangle$ が(2.2.5)をみたせば，

$$[\partial_\mu A_\mu(x)]^{(+)} f[\partial_\nu A_\nu(y)]|\Phi_{\mathrm{P}}\rangle = 0 \tag{2.4.2}$$

が成立し，$f(\partial_\nu A_\nu)|\Phi_{\mathrm{P}}\rangle$ もまた物理的状態ベクトルである．f は任意の関数形

---

*) 複素固有値に属する状態を complex ghost 状態と呼んでいる．

を表わす.

運動量表示では, (2.1.10) は各運動量 $\boldsymbol{k}$ について

$$c(\boldsymbol{k})|\Phi_{\rm P}\rangle = 0, \qquad c(\boldsymbol{k}) \equiv k_\mu a_\mu(\boldsymbol{k}) \tag{2.4.3}$$

となる. $k^2=0$ であるから, (2.3.3) から

$$[c(\boldsymbol{k}), c^\dagger(\boldsymbol{k}')] = 0 \tag{2.4.4}$$

を得る $[c^\dagger(\boldsymbol{k})=k_\mu \bar{a}_\mu(\boldsymbol{k})]$. 従って, (2.4.3) をみたすある状態 $|T\rangle$ に対して,

$$|\boldsymbol{k}_1, n_1; \boldsymbol{k}_2, n_2; \cdots; \boldsymbol{k}_i, n_i\rangle_T \equiv [c^\dagger(\boldsymbol{k}_1)]^{n_1}[c^\dagger(\boldsymbol{k}_2)]^{n_2}\cdots[c^\dagger(\boldsymbol{k}_i)]^{n_i}|T\rangle \tag{2.4.5}$$

もまた (2.4.3) をみたす. ここに $n_1, n_2, \cdots, n_i$ は任意の整数である. すべての n_i が 0 でない限り, $|\boldsymbol{k}_1, n_1; \cdots; \boldsymbol{k}_i, n_i\rangle_T$ は, $|T\rangle$ のノルムに関係なく, (2.4.4) によりゼロ・ノルムの状態である.

ある特定な運動量 $\boldsymbol{k}$ に着目しよう. z 軸が $\boldsymbol{k}$ に平行であるような Lorentz 系を選べば, $k_\mu=(0, 0, k, ik)$, $[k=|\boldsymbol{k}|]$ であるから, このとき $c(\boldsymbol{k})$ は

$$c(\boldsymbol{k}) = k[a_3(\boldsymbol{k})-a_0(\boldsymbol{k})] \tag{2.4.6}$$

となる. この系では, i 光子 $(i=1, 2)$ が横光子で, 3 光子が縦光子である*).

(2.4.6) は横光子に関係しないから, $|T\rangle$ として横光子だけを含む状態(真空も含めて)を選ぶことができる. 状態ベクトル $|\boldsymbol{k}, n\rangle_T$ を

$$|\boldsymbol{k}, n\rangle_T \equiv [c^\dagger(\boldsymbol{k})]^n|T\rangle \tag{2.4.7}$$

によって与えれば, 真空に $\bar{a}_\mu(\boldsymbol{k})$ を作用させて得られる状態ベクトルで (2.4.3) を満足するものは, この形に限られる. 従って, $|T\rangle$ を横光子状態に対するある完全系内のベクトルに選べば, この場合の物理的状態ベクトルは一般に

$$|\Phi_{\rm P}(\boldsymbol{k})\rangle = |\Phi_T(\boldsymbol{k})\rangle + \sum_T \sum_{n=1}^{\infty} f_T(n)|\boldsymbol{k}, n\rangle_T \tag{2.4.8}$$

のような構造をもつ. ここに, $|\Phi_T(\boldsymbol{k})\rangle$ は $|T\rangle$ の任意の 1 次結合で, $f_T(n)$ は任意関数である. $|\boldsymbol{k}, n\rangle_T\,(n\neq 0)$ は

$${}_T\langle\boldsymbol{k}, n|\boldsymbol{k}, m\rangle_{T'} = {}_T\langle\boldsymbol{k}, n|T'\rangle = 0 \tag{2.4.9}$$

をみたすゼロ・ノルムのベクトルである. それ故, $|\Phi_{\rm P}(\boldsymbol{k})\rangle$ のノルムは横光子だけからなる状態ベクトルのノルム $\langle\Phi_T(\boldsymbol{k})|\Phi_T(\boldsymbol{k})\rangle$ に等しい. (2.4.7) で与え

---

*) 0 光子をスカラー光子と呼んでいるが, スカラーの意味は, もちろん 3 次元のスカラー・ポテンシャルに由来している.

られる状態ベクトルの n についての集合 $\{|\boldsymbol{k}, n\rangle_T; n \neq 0\}$ を Lorentz set という.

(2.4.3) をみたす一般の $|\Phi_{\rm P}\rangle$ は, a, b を任意定数として,

$$\left.\begin{aligned} |\Phi_{\rm P}\rangle &= a|\Phi_T\rangle + b|\Phi_0\rangle \\ |\Phi_T\rangle &\in \mathcal{H}, \qquad |\Phi_0\rangle \in \mathcal{V}_0 \end{aligned}\right\} \tag{2.4.10}$$

によって与えられる. ここに, $\mathcal{H}$ は真空と横光子の状態ベクトルだけからなる正定値計量の Hilbert 空間で, $\mathcal{V}_0$ は (2.4.5) で少なくとも1つの n_i は0でないような $(i, \boldsymbol{k}_i, n_i, T)$ についての可能な組合せによって得られるベクトルの全体によって張られるゼロ・ノルム空間である. ある横光子状態に対する $|\Phi_{\rm P}\rangle$ としては, $|\Phi_T\rangle$ だけでなく, 常に $\mathcal{V}_0$ 内のベクトルを不定な付加項としてともなうことができる. しかし, その付加的状態ベクトルは

$$\langle\Phi_0|\Phi_0\rangle = \langle\Phi_0|\Phi_T\rangle = 0 \tag{2.4.11}$$

のように, $|\Phi_T\rangle$ と直交するゼロ・ノルムのベクトルである. 従って, $|\Phi_{\rm P}\rangle$ のノルムは, $|\Phi_0\rangle$ の存在とは関係なく, 常に横光子だけを含む状態ベクトルのノルムに等しい. $|\Phi_{\rm P}\rangle$ の全体によってはられる物理的状態ベクトルの空間 $\mathcal{V}_{\rm P}$ は, (2.4.10) に示されるように, $\mathcal{H}$ と $\mathcal{V}_0$ との直和空間

$$\mathcal{V}_{\rm P} = \mathcal{H} \oplus \mathcal{V}_0 \tag{2.4.12}$$

になっている. $\mathcal{V}_0$ 内のすべてのベクトルは互いに直交している. すなわち,

$$\langle\Phi_0|\Phi_0'\rangle = 0 \qquad (|\Phi_0\rangle \in \mathcal{V}_0,\ |\Phi_0'\rangle \in \mathcal{V}_0) \tag{2.4.13}$$

Lagrangian 密度 (2.1.1) から通常の処方で導かれるエネルギー運動量演算子は

$$T_\mu = \int d\boldsymbol{k} k_\mu \bar{a}_\nu(\boldsymbol{k}) a_\nu(\boldsymbol{k}) \tag{2.4.14}$$

である. 次の恒等式

$$\begin{aligned} \bar{a}_\nu(\boldsymbol{k}) a_\nu(\boldsymbol{k}) = \sum_{i=1,2} a_i^\dagger(\boldsymbol{k}) a_i(\boldsymbol{k}) &+ \frac{1}{2}[a_3^\dagger(\boldsymbol{k}) + a_0^\dagger(\boldsymbol{k})][a_3(\boldsymbol{k}) - a_0(\boldsymbol{k})] \\ &+ \frac{1}{2}[a_3^\dagger(\boldsymbol{k}) - a_0^\dagger(\boldsymbol{k})][a_3(\boldsymbol{k}) + a_0(\boldsymbol{k})] \end{aligned} \tag{2.4.15}$$

から明らかなように, (2.4.10) における T_μ の期待値 $\langle\Phi_{\rm P}|T_\mu|\Phi_{\rm P}\rangle$ には, 各運動量 $\boldsymbol{k}$ について横光子だけが寄与し,

$$\langle\Phi_{\rm P}|T_\mu|\Phi_{\rm P}\rangle = |a|^2 \langle\Phi_T|T_\mu|\Phi_T\rangle \tag{2.4.16}$$

が成立する. 以上のことから推測されるように, 物理的結果においては $\mathcal{V}_{\rm P}$ を

用いた場合と $\mathcal{H}$ の場合とでその差はない．

ゼロ・ノルム空間 $\mathcal{V}_0$ 自体は縮退しているが，状態ベクトル $|\Phi\rangle$ の全体である全空間 $\mathcal{V}$ はそうではない．$\mathcal{V}$ 上には $c(\boldsymbol{k})$ と非可換な演算子が存在するので，$\mathcal{V}_0$ は $\mathcal{V}$ とは直交していない．

§2.5　c 数ゲージ変換と真空

Lagrangian 密度 (2.1.1) は，c 数ゲージ変換

$$A_\mu \to \hat{A}_\mu = A_\mu + \partial_\mu \Lambda \qquad (\Box \Lambda = 0) \tag{2.5.1}$$

に対して不変である．場の方程式 (2.1.2) も交換関係 (2.1.10) も (2.5.1) のもとで不変である．この変換は次の generator $G(\Lambda)$ によって引き起こされる．すなわち，

$$G(\Lambda) \equiv \int d\boldsymbol{y} \Lambda(y) \overleftrightarrow{\partial}_0 \partial_\mu A_\mu(y) \tag{2.5.2}$$

$$U(\Lambda) = \exp[-iG(\Lambda)] \tag{2.5.3}$$

$$U(\Lambda) A_\mu(x) U^{-1}(\Lambda) = A_\mu(x) + \partial_\mu \Lambda(x) \tag{2.5.4}$$

である．(2.5.2) は

$$G^\dagger(\Lambda) = G(\Lambda), \qquad \dot{G}(\Lambda) = 0 \tag{2.5.5}$$

を満足している．それ故，そこで y_0 は任意だから，$y_0 = x_0$ ととり，同時刻交換関係 (2.1.6), (2.1.8) を使用することによって，

$$[A_\mu(x), G(\Lambda)] = -i\partial_\mu \Lambda(x) \tag{2.5.6}$$

が導かれる．次の公式

$$e^{-iG} A e^{iG} = A + i[A, G] - \frac{1}{2!}[[A, G], G] + \cdots \tag{2.5.7}$$

と (2.5.6) から，ただちに (2.5.4) が証明される．

真空 $|0\rangle$ は (2.3.7) によって定義されるが，$\hat{A}_\mu$ については

$$\hat{A}_\mu^{(+)}(x)|0\rangle \neq 0 \tag{2.5.8}$$

である．しかし，

$$\hat{A}_\mu^{(+)}(x)|\hat{0}\rangle = 0 \tag{2.5.9}$$

$$|\hat{0}\rangle \equiv U(\Lambda)|0\rangle \tag{2.5.10}$$

が成立する．$U(\Lambda)$ は $f(\partial_\mu A_\mu)$ の形をしているから，$|\hat{0}\rangle$ も $|0\rangle$ と同様に物理的

状態を表わす．$\partial_\mu A_\mu$ は横光子に関係しないから，$|\hat{0}\rangle$ も横光子を含まない．それ故，

$$|\hat{0}\rangle = |0\rangle + |\Omega\rangle \tag{2.5.11}$$

と置けば，$|\Omega\rangle$ は(2.4.10)で $|T\rangle = |0\rangle$ ととったときの $|\Phi_0\rangle$ になる．もちろん，

$$\langle\hat{0}|\hat{0}\rangle = \langle 0|0\rangle \tag{2.5.12}$$

$$\langle 0|\Omega\rangle = \langle\Omega|\Omega\rangle = 0 \tag{2.5.13}$$

である．物理的には $|\hat{0}\rangle$ と $|0\rangle$ とを区別できないから，$|\hat{0}\rangle$ もまた真空と解釈することができる．

以上のように，c 数ゲージ変換のもとで真空は，Lorentz set 内の付加的状態だけに関する変化を受ける．しかし，A_μ から $\hat{A}_\mu$ に移れば，そのときは(2.5.9)で定義される $|\hat{0}\rangle$ が存在するから，真空の概念は Gupta の補助条件と両立するゲージ不変なものといえる．

Gupta-Bleuler 形式は A_μ 以外に何も補助場を含まないから，q 数ゲージ変換として考えられるのは $\Lambda = a\partial_\mu A_\mu$ (a は定数) ととる場合だけである．しかし，そうするとその変換を通して Lagrangian 密度に A_μ の高階微分が含まれてこの形式の枠をはみ出してしまう*)．それ故，Gupta-Bleuler 形式は，それを Lagrange 形式としてとらえる限りでは，q 数ゲージ変換に対してゲージ不変でもゲージ共変でもない．

§2.6 不定計量と場の量子論

不定計量をもつベクトル空間の具体的な問題に接したところで，不定計量と場の量子論との関わりについて簡単に述べておこう．場の量子論において，不定計量の概念は新しいものではない．その導入の可能性は，はじめ Dirac によって指摘され[1942年, 8]，Pauli によっていろいろ検討された[1943年, 9]．その後，不定計量はさまざまな形で場の量子論に登場してくるが[10〜13]**)，それらは目的によって次の 2 つの場合に大別される．

その 1 つは，自己矛盾のない(self-consistent)理論を構成するために，不定

*) Lagrangian 密度に場の方程式を代入してはいけない．

**) 文献[10], [11]は 1960 年頃の不定計量理論の解説で，それまでのほとんどの仕事が紹介されている．それ以後の総合報告が[12], [13]である．

計量の導入がどうしても必要な場合である．Gupta-Bleuler形式でみるように，量子電磁力学の定式化の場合がその典型である．Lee 模型の場合も同じ範疇に属する[14].

いま1つは，はじめから意図的に不定計量を導入する場合である．場の量子論に固有の発散の困難(divergence difficulties)を回避するための処方として，不定計量をもたらす補助場を導入する場合がこれに当る．Pauli-Villarsの正規化(regularization)の方法[15]において，補助的質量を有限に保つような場合がその好例で，それがちょうど負ノルムの状態に対応する場を導入したことになっている．一般に，このような意図的場合には，それによって現われるghostの消去に関して新しい困難が派生するのが通例である．しかも，そのような困難は理論上きわめて深刻なもので，それを回避することは不可能に近い．そのため，この種の試みはなかなか成功しない．Guptaの補助条件のように都合のよいものが存在するのは，電磁場の場合の特例といってもよいくらいである．この問題は言及すると切りがないので，これ以上は立ち入らない．

不定計量の記述について，旧くは η 形式と呼ばれるものが用いられた．この η 形式では，直接不定計量のベクトル空間は用いず，Hilbert 空間上で計量演算子と呼ばれる Hermite 演算子 η を導入して話を済ませようとする．そうすれば，Hilbert 空間で成立する種々の数学的定理を適用することができる．それに対して，不定計量のベクトル空間では，数学上の厳密な考察がむずかしいという難点がある．Gupta と Bleuler の原論文[4,5]も，やはり η 形式に基づいている．しかし，η 形式の本質には，さまざまな誤解を生みだす要素があり，物事が繁雑になるだけで，かえって弊害の方が多い．以下に，η 形式の内容を，不定計量空間の場合に対応させて考察しよう．

η 形式での Hilbert 空間 $\mathcal{H}$ に関係する量を太字で表わすことにする．われわれの不定計量空間 $\mathcal{V}$ 内のベクトル $|\Phi\rangle$ に1対1で線型対応する $\mathcal{H}$ 内のベクトルを $|\boldsymbol{\Phi}\rangle$ とする．すなわち，

$$|\Phi\rangle \leftrightarrow |\boldsymbol{\Phi}\rangle, \qquad |\Phi'\rangle \leftrightarrow |\boldsymbol{\Phi}'\rangle \tag{2.6.1}$$

ならば，任意の数 α, β に対して，

$$\alpha|\Phi\rangle+\beta|\Phi'\rangle \leftrightarrow \alpha|\boldsymbol{\Phi}\rangle+\beta|\boldsymbol{\Phi}'\rangle \tag{2.6.2}$$

である．この対応を通して，内積 $\langle\Phi'|\Phi\rangle$ に対して

$$\langle\Phi'|\Phi\rangle \equiv \langle\boldsymbol{\Phi}'|\boldsymbol{\eta}|\boldsymbol{\Phi}\rangle \tag{2.6.3}$$

によって $\boldsymbol{\eta}$ を定義する．$\boldsymbol{\eta}$ は

$$\begin{aligned}\langle\Phi'|\Phi\rangle &= \langle\boldsymbol{\Phi}'|\boldsymbol{\eta}|\boldsymbol{\Phi}\rangle = \langle\Phi|\Phi'\rangle^* \\ &= \langle\boldsymbol{\Phi}|\boldsymbol{\eta}|\boldsymbol{\Phi}'\rangle^* = \langle\boldsymbol{\Phi}'|\boldsymbol{\eta}^*|\boldsymbol{\Phi}\rangle\end{aligned} \tag{2.6.4}$$

によって，Hermite ($\boldsymbol{\eta}^*=\boldsymbol{\eta}$) である．$\mathcal{V}$ 上の演算子 Ω は $\mathcal{H}$ 上の演算子 $\boldsymbol{\Omega}$ と $\Omega|\Phi\rangle\leftrightarrow\boldsymbol{\Omega}|\boldsymbol{\Phi}\rangle$ のように対応するから，

$$\langle\Phi'|\Omega|\Phi\rangle = \langle\boldsymbol{\Phi}'|\boldsymbol{\eta\Omega}|\boldsymbol{\Phi}\rangle \tag{2.6.5}$$

である．次の関係

$$\begin{aligned}\langle\Phi'|\Omega^\dagger|\Phi\rangle &= \langle\Phi|\Omega|\Phi'\rangle^* = \langle\boldsymbol{\Phi}|\boldsymbol{\eta\Omega}|\boldsymbol{\Phi}'\rangle^* \\ &= \langle\boldsymbol{\Phi}'|\boldsymbol{\Omega}^*\boldsymbol{\eta}|\boldsymbol{\Phi}\rangle\end{aligned} \tag{2.6.6}$$

により，$\Omega^\dagger$ に対応する $\mathcal{H}$ 上の演算子を $\boldsymbol{\Omega}^\dagger$ と書けば，$\boldsymbol{\Omega}^\dagger$ は

$$\boldsymbol{\Omega}^\dagger = \boldsymbol{\eta}^{-1}\boldsymbol{\Omega}^*\boldsymbol{\eta} \tag{2.6.7}$$

によって与えられる．それ故，$\mathfrak{H}$ 上の自己共役演算子は，

$$\boldsymbol{\Omega} = \boldsymbol{\eta}^{-1}\boldsymbol{\Omega}^*\boldsymbol{\eta} \tag{2.6.8}$$

によって定義される．η 形式では，すべての observable は (2.6.8) を満足しなければならない．

(2.3.12) をみたす $\mathcal{V}$ 内の完全直交系 $\{|n\rangle\}$ に対応する $\mathcal{H}$ 内の完全直交系 $\{|\boldsymbol{n}\rangle\}$ を想定すれば，

$$\langle\boldsymbol{n}|\boldsymbol{\eta}|\boldsymbol{m}\rangle = \varepsilon_n\delta_{nm} \qquad (\langle\boldsymbol{n}|\boldsymbol{m}\rangle=\delta_{nm}) \tag{2.6.9}$$

となり，$\boldsymbol{\eta}$ の表示が定まる．$\mathcal{V}$ 内での pseudo-unitary 変換

$$|n\rangle' = U|n\rangle \qquad (U^\dagger U=UU^\dagger=1) \tag{2.6.10}$$

を考えれば，$\mathcal{H}$ 内での対応する変換は

$$|\boldsymbol{n}\rangle' = \boldsymbol{U}|\boldsymbol{n}\rangle \qquad (\boldsymbol{U}^\dagger\boldsymbol{U}=\boldsymbol{U}\boldsymbol{U}^\dagger=1) \tag{2.6.11}$$

である．$\boldsymbol{U}^\dagger$ は (2.6.7) によって定義されている．$\mathcal{V}$ 上での任意の pseudo-unitary 演算子 U に対して，$\boldsymbol{U}$ と $\boldsymbol{\eta}$ とが可換とは限らないから，一般に $\boldsymbol{U}$ は unitary ではない．それ故 $\{|\boldsymbol{n}\rangle'\}$ については，

$$'\langle\boldsymbol{n}|\boldsymbol{\eta}|\boldsymbol{m}\rangle' = \varepsilon_n\delta_{nm} \tag{2.6.12}$$

ではあるが，

$$'\langle\boldsymbol{n}|\boldsymbol{m}\rangle' \neq \delta_{nm} \tag{2.6.13}$$

のように直交条件は一般に成立しなくなってしまう．つまり，$\boldsymbol{\eta}$ の表示式(2.

6. 9)は $\mathcal{V}$ 内の特定な基底に基づいている．この事実は，η 形式の決定的欠点であり，$\mathcal{V}$ 内での種々の変換を考える際，大変なわずらわしさを引き起こし，さまざまな誤解の元となる．

特に，量子電磁力学の場合には，η 形式は好ましくない．Lorentz 変換に対して $\boldsymbol{\eta}$ はある $\boldsymbol{\eta}'$ に変換されるが，この際 $\boldsymbol{\eta}$ と $\boldsymbol{A}_\mu$ との間の交換関係が Lorentz 共変性を破ることがわかっている[16]．近年不定計量のベクトル空間についての数学的研究も進みつつあり，また，あまり厳密なことをいわなければ，この空間でも Hilbert 空間の場合に準じた考察が可能なので，本書では最初から η 形式は使用していない．

第3章　Gupta-Bleuler 形式 II——相互作用場

場の量子論の本質は，いろいろな場が共存して相互作用をしている場合にある．本章では，電磁場と荷電粒子の場が相互作用している場合における Gupta-Bleuler 形式の構造を考察する．荷電粒子の種類は，何であっても本質に変りはないが，標準的立場で電子(および陽電子)とする．電子を相対論的に記述する場は，もちろん Dirac のスピノル(spinor)場 $\psi_\alpha(x)$ $(\alpha=1,2,3,4)$ である．

§3.1　相互作用 Lagrangian

相互作用系での Lagrangian 密度は

$$\mathcal{L} = -\frac{1}{4}F_{\mu\nu}F_{\mu\nu}-\frac{1}{2}(\partial_\mu A_\mu)^2-\overline{\psi}(\gamma\partial+m_0)\psi+j_\mu A_\mu \qquad (3.1.1)$$

によって与えられる．ただし，$\overline{\psi}\equiv\psi^\dagger\gamma_4$,

$$j_\mu \equiv ie\overline{\psi}\gamma_\mu\psi \qquad (3.1.2)$$

である．ψ は電子に対するスピノル場，m_0 は電子の‘はだか’の質量(bare mass), e はその‘はだか’の電荷(bare charge)を表わす．

一般の荷電粒子場 φ について，その自由 Lagrangian 密度 $\mathcal{L}_0(\varphi,\partial_\mu\varphi)$ で，次の置き換え

$$\partial_\mu\varphi \to (\partial_\mu-ieA_\mu)\varphi, \qquad \partial_\mu\varphi^\dagger \to (\partial_\mu+ieA_\mu)\varphi^\dagger \qquad (3.1.3)$$

を行なうことによって得られる電磁相互作用を，極小相互作用(minimal interaction)という．(3.1.1)の相互作用部分

$$\mathcal{L}_{\rm int} = j_\mu A_\mu \qquad (3.1.4)$$

は極小相互作用を表わしている．極小相互作用だけを相互作用項とする Lagrangian 密度は，c 数ゲージ変換

$$A_\mu \to \hat{A}_\mu = A_\mu+\partial_\mu\Lambda \qquad (\Box\Lambda=0) \qquad (3.1.5a)$$

$$\varphi \to \varphi = e^{ie\Lambda}\varphi, \qquad \varphi^\dagger \to \varphi^\dagger e^{-ie\Lambda} \qquad (3.1.5b)$$

に対して不変である．変換(3.1.5b)を第2種ゲージ変換ともいう．これに対し，

Λ を φ 場の電荷に比例する定数で置き換えた相変換(phase transformation)を第1種ゲージ変換という．本書では，(3.1.5a)と(3.1.5b)とを総称して相互作用がある場合の c 数ゲージ変換と呼ぶ．(3.1.5)に対し不変な Lagrangian 密度は，極小相互作用だけを含むとは限らないが，普通はそれ以上余分なことは考えない．

変分原理によって(3.1.1)から導出される場の方程式は

$$\Box A_\mu = -j_\mu \tag{3.1.6}$$

$$(\gamma\partial + m_0)\psi = ie\gamma_\mu A_\mu \psi \tag{3.1.7}$$

$$\bar{\psi}(\gamma\overleftarrow{\partial} - m_0) = -ie\bar{\psi}\gamma_\mu A_\mu \tag{3.1.8}$$

となる．これらは Heisenberg 演算子に対する方程式である*)．(3.1.7)，(3.1.8)から，電流密度 j_μ の保存則

$$\partial_\mu j_\mu = 0 \tag{3.1.9}$$

が得られる．(3.1.9)のおかげで，相互作用がある場合でも，

$$\Box\partial_\mu A_\mu = 0 \tag{3.1.10}$$

が成立する．

Lagrangian 密度(3.1.1)を用いて§2.1のときと同様に正準量子化を行えば，$\mathcal{L}_{\text{int}}$ は場の量の時間微分を含まないから，Heisenberg 演算子 A_μ に対して(2.1.3)～(2.1.9)と全く同じ結果を得る．$\psi, \bar{\psi}$ についての正準反交換関係は

$$\{\psi_\alpha(x), \psi_\beta{}^\dagger(y)\}_0 = \delta_{\alpha\beta}\delta(\boldsymbol{x}-\boldsymbol{y}) \tag{3.1.11}$$

$$\{\psi_\alpha(x), \psi_\beta(y)\}_0 = \{\psi_\alpha{}^\dagger(x), \psi_\beta{}^\dagger(y)\}_0 = 0 \tag{3.1.12}$$

となる．また，

$$[A_\mu(x), \psi(y)]_0 = [A_\mu(x), \psi^\dagger(y)]_0 = 0 \tag{3.1.13}$$

$$[\dot{A}_\mu(x), \psi(y)]_0 = [\dot{A}_\mu(x), \psi^\dagger(y)]_0 = 0 \tag{3.1.14}$$

である．A_μ, ψ は自由場の方程式に従わないから，Heisenberg 演算子間の4次元交換または反交換関係は，§2.1のときのように簡単には求まらない．原理的には摂動計算でそれらを求めることは可能なはずであるが，その結果は非常に複雑な q 数となり，一括した表式の形には書けない．

---

*) 相互作用がある場合の Heisenberg 表示での演算子を Heisenberg 演算子と呼ぶ．

§3.2 Heisenberg 演算子による補助条件

(3.1.10) は Heisenberg 演算子 A_μ についても Gupta の補助条件

$$[\partial_\mu A_\mu(x)]^{(+)}|\Phi_{\mathrm{P}}\rangle = 0 \tag{3.2.1}$$

の設定が可能であることを保証するうえで，きわめて重要である．一般に，ある場 $\phi(x)$ に対して，

$$\phi^{(+)}(x)|\Phi_{\mathrm{P}}\rangle = 0 \tag{3.2.2}$$

のような補助条件を設定することができるためには，次の 2 つのことが必要である．すなわち，

1 $\phi(x)$ の正振動部分 $\phi^{(+)}(x)$ が Lorentz 不変に定義される．

2 ある時刻 t_0 において適当な初期条件を与えれば，任意の時空点 x に対して (3.2.2) が成立する．

1 は，$\phi(x)$ を

$$\phi(x) \sim \int dk\theta(k)[\phi_+(k)e^{ikx} + \phi_-(k)e^{-ikx}] \tag{3.2.3}$$

のように 4 次元運動量表示で正，負振動部分に分けて書いたとき*)，その分割が Lorentz 不変な意味をもつということである．$\theta(k)$ は k_0 だけに依存するから，$\phi(x)$ がどんな量であってもよいというわけにはいかない．k 空間での Lorentz 変換に対して，空間的 (space-like) 領域 ($k^2>0$) にある点の k_0 の符号は確定していない．k_0 の符号がどんな Lorentz 変換に対しても確定している領域は時間的 (time-like) 領域 ($k^2<0$) と光円錐 (light corn) 上 ($k^2=0$) に限られる．それ故，$\phi_\pm(k)$ が空間的領域で 0 となる場合だけが，(3.2.3) の分割の不変性を保証する．(3.1.10) の場合は，$\partial_\mu A_\mu$ の 4 次元 Fourier 振幅は光円錐上以外では 0 となるから，**1** は満足される．

正，負振動部分を定義する方法として，Schwinger 流のものがある [17]．それに従えば，$\phi^{(\pm)}(x)$ は

$$\phi^{(\pm)}(x) = \frac{1}{2\pi i}\int_C \frac{d\tau}{\tau}\phi(x \mp \tau n) \tag{3.2.4}$$

によって与えられる．積分路 C は，特異点 $\tau=0$ の下側を回って実軸上 $-\infty$ から $+\infty$ までとる．n_μ は $n_0>0$ をみたす時間的ベクトル ($n^2<0$) である．しかし，

---

*) $\theta(k)=[1+\varepsilon(k)]/2.$

(3. 2. 4) が任意の $\phi(x)$ に対して正当性をもつわけではない．一定なベクトル n_μ を導入することは，特定な座標系を指定することであるから，その結果が相対論的不変な内容にとどまるためには，$\phi^{(\pm)}$ の n_μ 無依存性

$$\frac{\partial}{\partial n_\mu}\phi^{(\pm)}(x) = 0 \tag{3.2.5}$$

が保証されていなくてはならない．(3. 2. 5) なしで (3. 2. 4) を安易に使用する場合を見受けることがあるが，これには注意を要する．(3. 2. 5) の意味することは，結局のところ前段の議論と同じ内容になる．

2 も (3. 1. 10) のおかげで満足される．ある t_0 で

$$\left.\begin{aligned} \phi^{(+)}(\boldsymbol{x}, it_0)|\Phi_{\mathrm{P}}\rangle &= 0 \\ \dot{\phi}^{(+)}(\boldsymbol{x}, it_0)|\Phi_{\mathrm{P}}\rangle &= 0 \end{aligned}\right\} \tag{3.2.6}$$

の 2 つの初期条件を与えれば，$\Box\phi^{(+)}=0$ から

$$\partial_0{}^n\phi^{(+)}(x)|\Phi_{\mathrm{P}}\rangle = 0 \tag{3.2.7}$$

がすべての正整数 n について $t=t_0$ で成立する．従って，(3. 2. 2) は任意の時空点 x に対して証明される*)．

相互作用場においても (3. 2. 1) が成立することが Gupta-Bleuler 形式の決め手である．

§3.3 Yang-Feldman 方程式と漸近条件

場の方程式 (3. 1. 6) は次の積分方程式の形に書き直すことができる．すなわち，

$$A_\mu(x) = A^{(\mathrm{in})}{}_\mu(x) + \int dx' D_R(x-x')j_\mu(x') \tag{3.3.1}$$

あるいは

$$A_\mu(x) = A^{(\mathrm{out})}{}_\mu(x) + \int dx' D_A(x-x')j_\mu(x') \tag{3.3.2}$$

ここに，$D_R(x), D_A(x)$ は，それぞれ (2. 1. 11) の $D(x)$ から

$$D_R(x) = -\theta(x)D(x) \tag{3.3.3}$$

$$D_A(x) = \theta(-x)D(x) \tag{3.3.4}$$

によって与えられる Green 関数で，

---

*) **2** についての議論では，正振動部分は本質的ではない．

$$\square D_R(x) = \square D_A(x) = -\delta(x) \tag{3.3.5}$$

を満足する．また，$A^{(\mathrm{in})}{}_\mu$, $A^{(\mathrm{out})}{}_\mu$ は自由場の方程式*)

$$\square A^{(\mathrm{in})}{}_\mu(x) = 0 \tag{3.3.6}$$

$$\square A^{(\mathrm{out})}{}_\mu(x) = 0 \tag{3.3.7}$$

をみたす演算子である．(3.3.1)あるいは(3.3.2)の両辺に□を作用させ，(3.3.5)，(3.3.6)，(3.3.7)を用いると，(3.1.6)にもどることがわかる．もちろん，$\psi, \bar{\psi}$ に対しても，同様の取扱いをする．このような積分方程式を Yang-Feldman 方程式という[18]．

(3.3.1)[(3.3.2)]における x' についての4次元積分の寄与は，(3.3.3)[(3.3.4)]により，$x_0 > x_0'$ [$x_0 < x_0'$] の領域からだけである．従って，形式的に

$$A_\mu(x) \rightarrow A^{(\mathrm{in})}{}_\mu(x) \quad (x_0 \rightarrow -\infty \text{ のとき}) \tag{3.3.8}$$

$$A_\mu(x) \rightarrow A^{(\mathrm{out})}{}_\mu(x) \quad (x_0 \rightarrow +\infty \text{ のとき}) \tag{3.3.9}$$

のような極限過程が成立する．

いま，x_0 が有限な時空点 x において相互作用が存在すると考えているわけであるが，この事情を粒子的描像に立って考え直してみる．いくつかの粒子間の反応を想定する．はじめ，各粒子は互いに充分(3次元的意味で)離れていて，自由粒子として振舞っているであろう．粒子間の距離が接近してある領域内に入ると相互作用が生じて，そこで粒子の生成・消滅現象が起きると考えられる．最後には，存在する粒子はまた充分離れて，自由粒子となるはずである．このような描像に合致するように，はじめの状態を $x_0 \rightarrow -\infty$ での初期状態に，最後の状態を $x_0 \rightarrow +\infty$ での終状態に選び，結合定数(coupling constant) g を(いまの場合 e を)

$$g \rightarrow g e^{-\lambda|t|} \qquad (\lambda > 0) \tag{3.3.10}$$

のように $t \rightarrow \pm\infty$ で0になる因子をつけて置き換える．ただし，λ は有限な t に対してはこの置換えの効果はないくらい充分小さくとる．(3.3.10)は断熱仮説(adiabatic hypothesis)に基づき，相互作用の断熱的開閉(adiabatic switching)を想定していることに当る．

(3.3.8)，(3.3.9)は，あらわに(3.3.10)を用いずに相互作用の断熱的開閉を

---

*) (in)は incoming，(out)は outgoing の意味．

形式的に表現しているものと解釈できる．Heisenberg 演算子に対しこのような極限を設定することを漸近条件と呼び，$A^{(\mathrm{in})}{}_{\mu}$, $A^{(\mathrm{out})}{}_{\mu}$ を漸近場という [19]*⁾.

ここで注意を要することは，初期状態，終状態の粒子がそれぞれ (in), (out) の場に対応するのではないことである．粒子を (in) で表わすか (out) で表わすかは表示の問題である．もし，初期状態の粒子に対して (in) 表示をとるならば，終状態の粒子に対しても一貫して (in) 表示をとらねばならない．漸近条件の意味することは，初期状態も終状態も，ともに自由粒子の状態であるということである．

§3.4　S 行列の unitary 性

(in) 場および (out) 場によって構成される2つの Fock 空間をそれぞれ $\mathcal{V}^{(\mathrm{in})}$ および $\mathcal{V}^{(\mathrm{out})}$ とする．はじめに考えていた状態ベクトルの空間は，その上での演算子が Heisenberg 場 $A_{\mu}, \psi, \bar{\psi}$ によって与えられるような空間 $\mathcal{V}$ である．そこで，次のことを仮定する．すなわち，

$$\mathcal{V} = \mathcal{V}^{(\mathrm{in})} = \mathcal{V}^{(\mathrm{out})} \tag{3.4.1}$$

(3.4.1) により，任意の演算子は，(in) 場，(out) 場，Heisenberg 場のいずれによっても書き表わされることになる．ただし，Heisenberg 演算子によって結合状態 (bound state) が作られるような場合は，(in) 場および (out) 場にさらにその結合状態に対応する場を加えることが必要である [20].

$\mathcal{V}^{(\mathrm{in})}$ 内で

$$\langle \alpha ; \mathrm{in} | \beta ; \mathrm{in} \rangle = \varepsilon_{\alpha} \delta_{\alpha\beta} \qquad (\varepsilon_{\alpha} = \pm 1) \tag{3.4.2}$$

を満足する完全規格化直交系 $\{|\alpha ; \mathrm{in}\rangle\}$ を考える．$\mathcal{V}^{(\mathrm{out})}$ 内でも同様に $\{|\alpha ; \mathrm{out}\rangle\}$ が定義される．このとき，

$$S_{\alpha\beta} \equiv \langle \alpha ; \mathrm{out} | \beta ; \mathrm{in} \rangle \tag{3.4.3}$$

で定義される行列 $(S_{\alpha\beta})$ を S 行列 (S-matrix) という．

$$|\alpha ; \mathrm{in}\rangle = S |\alpha ; \mathrm{out}\rangle \tag{3.4.4}$$

によって演算子 S を定義すれば，完全規格化直交条件より，S は pseudo-unitary である．すなわち，

---

*) Yang-Feldman 方程式による実際の計算で $x_0' \to \pm\infty$ における不定性が問題となるような場合には，やはり (3.3.10) を必要とする．

$$S^{\dagger}S = SS^{\dagger} = 1 \tag{3.4.5}$$

S 行列は演算子 S の (in) あるいは (out) 表示での行列要素

$$S_{\alpha\beta} = \langle \alpha; \mathrm{in} | S | \beta; \mathrm{in} \rangle = \langle \alpha; \mathrm{out} | S | \beta; \mathrm{out} \rangle \tag{3.4.6}$$

によって与えられる．演算子 S のことも，普通は混同した呼称で S 行列と呼んでいる．(in) 場と (out) 場の関係は

$$A^{(\mathrm{out})}{}_{\mu}(x) = S^{\dagger} A^{(\mathrm{in})}{}_{\mu}(x) S \tag{3.4.7}$$

である．もちろん，$\psi, \bar{\psi}$ の漸近場に対しても同様な関係が成立している．

さて，Gupta の補助条件 (3.2.1) は，相互作用中の全時刻を通して成立するから，初期状態で

$$[\partial_{\mu} A^{(\mathrm{in})}{}_{\mu}]^{(+)} | \Phi_{\mathrm{P}} \rangle = 0 \tag{3.4.8}$$

を $|\Phi_{\mathrm{P}}\rangle$ に課せば，終状態でも

$$[\partial_{\mu} A^{(\mathrm{out})}{}_{\mu}]^{(+)} | \Phi_{\mathrm{P}} \rangle = 0 \tag{3.4.9}$$

が成立する．(3.4.9) は (3.4.7) のおかげで

$$[\partial_{\mu} A^{(\mathrm{in})}{}_{\mu}]^{(+)} S | \Phi_{\mathrm{P}} \rangle = 0 \tag{3.4.10}$$

と書ける．つまり，$|\Phi_{\mathrm{P}}\rangle$ が物理的状態ならば，$S|\Phi_{\mathrm{P}}\rangle$ もまた物理的状態であることが保証される．S は pseudo-unitary であるが，正ノルムの物理的状態間の行列要素 $\langle \Phi_{\mathrm{P}}' | S | \Phi_{\mathrm{P}} \rangle$ ($\langle \Phi_{\mathrm{P}} | \Phi_{\mathrm{P}} \rangle = \langle \Phi_{\mathrm{P}}' | \Phi_{\mathrm{P}}' \rangle = 1$) の計算に関しては unitary であることと全く変りがない．このような性質を S の unitary 性 (unitarity) という．

(3.4.10) は，Gupta-Bleuler 形式が相互作用を通して ghost の処理に成功していることを物語っている．ただし，(3.2.1) を保証するための (3.1.10) は (3.1.9) がなければ成立しないから，A_{μ} が非保存 (non-conserved) 電流密度と結合しているような場合には，S 行列の unitary 性は保証されない．

以上は Heisenberg 表示での考察である．漸近場は自由場の方程式に従うが，それらもやはり Heisenberg 表示での量である．Heisenberg 演算子を漸近場によって展開して，(3.4.3) の S 行列を実際に求めることは原理的には可能である．しかし，Heisenberg 演算子の構造が複雑すぎるため，その手続きはきわめて繁雑になる．Heisenberg 表示は場の量子論の理論的考察には適しているが，S 行列の具体的計算には不向きである．実際の摂動計算は相互作用表示によって行うのが便利である．

§3.5　相互作用表示

相互作用表示を相対論的共変な形で取扱う形式が Tomonaga[21] および Schwinger [22, 17] による超多時間理論 (super-many-time theory) である．この理論形式では，相互作用表示の状態ベクトルは，単に時間 t の関数としてではなく，ある空間的超曲面 (space-like hypersurface) σ 上の全時空点の汎関数として定義される．空間的超曲面は，t を一定とする3次元平面の概念を拡張することによって生まれる．Schrödinger 方程式に対応するものとして，σ 上の各点について面の変分を考えた

$$i\frac{\partial}{\partial\sigma(x)}|\Phi(\sigma)\rangle = \mathscr{H}^{(\mathrm{I})}_{\mathrm{int}}(x)|\Phi(\sigma)\rangle \tag{3.5.1}$$

のような汎関数微分方程式 (Tomonaga-Schwinger 方程式) を状態ベクトル $|\Phi(\sigma)\rangle$ に対する基礎方程式とする．ここに $\mathscr{H}^{(\mathrm{I})}_{\mathrm{int}}(x)$ は相互作用表示での相互作用 Hamiltonian 密度である．(3.5.1) を解くことにより，最終的に S 行列が求まることになる．超多時間理論に対して，時間 t に依存した通常の相互作用表示の記述は相対論的共変な形をとっていない．しかし，必要とあらばその結果はいつでも超多時間理論によって導かれる共変な形に翻訳できるし，また S 行列そのものはどちらで求めても同じものが得られる．超多時間理論のような共変形式が存在することは必要であるが，1度それと通常の形式との対応がつけば，どちらを採用してもかまわない．それ故，簡単のため以後は時間依存の記述に従う．

Heisenberg 表示から相互作用表示へ移る手続きは周知のこととして，以下にその結果だけを書く．ある時刻 t_0 で Heisenberg 表示と一致する相互作用表示を考える．相互作用表示での量に対してはすべて上添字 (I) を付けて表わす．そのとき，次の関係が成立している．

$$|\Phi^{(\mathrm{I})}(t)\rangle = U(t, t_0)|\Phi\rangle \qquad [U(t_0, t_0)=1] \tag{3.5.2}$$

$$\Omega^{(\mathrm{I})}(x) = U(t, t_0)\Omega(x)U^{-1}(t, t_0) \qquad (x_0=t) \tag{3.5.3}$$

$$i\frac{\partial}{\partial t}U(t, t_0) = H^{(\mathrm{I})}_{\mathrm{int}}(t)U(t, t_0) \tag{3.5.4}$$

ここに，変換関数 $U(t, t_0)$ は pseudo-unitary で，相互作用 Hamiltonian $H^{(\mathrm{I})}_{\mathrm{int}}(t)$ は

$$H^{(\mathrm{I})}_{\mathrm{int}}(t) = \int d\boldsymbol{x}\, \mathcal{H}^{(\mathrm{I})}_{\mathrm{int}}(x)$$

$$\mathcal{H}^{(\mathrm{I})}_{\mathrm{int}}(x) \equiv -\mathcal{L}^{(\mathrm{I})}_{\mathrm{int}}(x) - \delta m \overline{\psi}^{(\mathrm{I})}(x)\psi^{(\mathrm{I})}(x) \tag{3.5.5}$$

によって与えられ，それは自己共役である．Ω は Heisenberg 場 $A_\mu, \psi, \overline{\psi}$ を代表する．(3.5.5)では，電子の自己質量についての補正項(counter term)をあらかじめ付け加えてある．それによって，はだかの質量 m_0 は物理的質量

$$m = m_0 + \delta m \tag{3.5.6}$$

に書き換えられている*)．$U(t, t_0)$ が pseudo-unitary であることと，$\mathcal{H}^{(\mathrm{I})}_{\mathrm{int}}(t)$ が自己共役であることは同値である．$U(t, t_0)$ は，次を満足する．

$$U(t, t')U(t', t_0) = U(t, t_0) \tag{3.5.7}$$

$$U(t_0, t) = U^{-1}(t, t_0) = U^\dagger(t, t_0) \tag{3.5.8}$$

$A_\mu{}^{(\mathrm{I})}, \psi^{(\mathrm{I})}, \overline{\psi}^{(\mathrm{I})}$ は自由場の方程式に従う．すなわち，

$$\Box A_\mu{}^{(\mathrm{I})} = 0 \tag{3.5.9}$$

$$(\gamma\partial + m)\psi^{(\mathrm{I})} = 0 \tag{3.5.10}$$

$$\overline{\psi}^{(\mathrm{I})}(\gamma\overleftarrow{\partial} - m) = 0 \tag{3.5.11}$$

(3.5.10), (3.5.11)における m は物理的質量である．同時刻における Heisenberg 演算子の交換あるいは反交換関係は自由場の場合と変らないから，$A_\mu{}^{(\mathrm{I})}$, $\psi^{(\mathrm{I})}, \overline{\psi}^{(\mathrm{I})}$ に対しても同様である．従って，(3.5.9)～(3.5.11)から，任意の時空点 x, y に対して

$$[A_\mu{}^{(\mathrm{I})}(x), A_\nu{}^{(\mathrm{I})}(y)] = i\delta_{\mu\nu}D(x-y) \tag{3.5.12}$$

$$\{\psi_\alpha{}^{(\mathrm{I})}(x), \overline{\psi}_\beta{}^{(\mathrm{I})}(y)\} = -iS_{\alpha\beta}(x-y) \tag{3.5.13}$$

$$\{\psi_\alpha{}^{(\mathrm{I})}(x), \psi_\beta{}^{(\mathrm{I})}(y)\} = \{\overline{\psi}_\alpha{}^{(\mathrm{I})}(x), \overline{\psi}_\beta{}^{(\mathrm{I})}(y)\} = 0 \tag{3.5.14}$$

を得る．もちろん，$A_\mu{}^{(\mathrm{I})}(x)$ と $\psi^{(\mathrm{I})}(y), \overline{\psi}^{(\mathrm{I})}(y)$ とは可換である．ここに

$$S(x) = (\gamma\partial - m)\Delta(x; m^2) \tag{3.5.15}$$

$$(\gamma\partial + m)S(x) = (\Box - m^2)\Delta(x; m^2) = 0 \tag{3.5.16}$$

である．(3.5.13)を導くための(3.5.10)に対する積分形は，任意の y_0 について

$$\psi^{(\mathrm{I})}(x) = -i\int d\boldsymbol{y} S(x-y)\gamma_4\psi^{(\mathrm{I})}(y) \tag{3.5.17}$$

---

*)　δm は $O(e^2)$ の形で与えられる．

である．

§3.6　Bleuler の補助条件

相互作用表示における Lorentz 条件は Heisenberg 表示の場合より複雑な形をとる．(3.5.3)～(3.5.5) と A_μ についての同時刻交換関係を用いると，

$$\partial_\mu A_\mu{}^{(\mathrm{I})}(x) = U(t, t_0)\partial_\mu A_\mu(x) U^{-1}(t, t_0) \tag{3.6.1}$$

$$\partial_\mu \dot{A}_\mu{}^{(\mathrm{I})}(x) = U(t, t_0)\partial_\mu \dot{A}_\mu(x) U^{-1}(t, t_0) - j_0{}^{(\mathrm{I})}(x) \tag{3.6.2}$$

を得る．$\partial_\mu A_\mu{}^{(\mathrm{I})}, \partial_\mu A_\mu$ に対して (2.1.19) の形の積分形式を適用すれば，

$$[\partial_\mu A_\mu{}^{(\mathrm{I})}(x)]^{(+)} = -\int d\boldsymbol{y}[D^{(+)}(x-y)\partial^y{}_\mu \dot{A}_\mu{}^{(\mathrm{I})}(y) + \dot{D}^{(+)}(x-y)\partial^y{}_\mu A_\mu{}^{(\mathrm{I})}(y)] \tag{3.6.3}$$

$$[\partial_\mu A_\mu(x)]^{(+)} = -\int d\boldsymbol{y}[D^{(+)}(x-y)\partial^y{}_\mu \dot{A}_\mu(y) + \dot{D}^{(+)}(x-y)\partial^y{}_\mu A_\mu(y)] \tag{3.6.4}$$

と書ける．(3.2.1) から

$$\int d\boldsymbol{y}[D^{(+)}(x-y)\partial^y{}_\mu \dot{A}_\mu(y) + \dot{D}^{(+)}(x-y)\partial^y{}_\mu A_\mu(y)]|\Phi_{\mathrm{P}}\rangle = 0 \tag{3.6.5}$$

である．相互作用表示における物理的状態を

$$|\Phi_{\mathrm{P}}{}^{(\mathrm{I})}(t)\rangle \equiv U(t, t_0)|\Phi_{\mathrm{P}}\rangle \tag{3.6.6}$$

によって定義する．(3.6.3) の右辺に (3.6.1), (3.6.2) を代入し，(3.6.5) を用いれば，

$$\begin{aligned} &\Omega^{(+)}(x; t')|\Phi_{\mathrm{P}}{}^{(\mathrm{I})}(t')\rangle = 0 \\ &\Omega^{(+)}(x; t') \equiv [\partial_\mu A_\mu{}^{(\mathrm{I})}(x)]^{(+)} - \int_{y_0=t'} d\boldsymbol{y} D^{(+)}(x-y) j_0{}^{(\mathrm{I})}(y) \end{aligned} \tag{3.6.7}$$

を得る．ここに x は任意の時空点である．(3.6.7) は Gupta の補助条件を相互作用表示で表現したもので，これを Bleuler の補助条件と呼ぶ[5].

(3.6.7) は

$$\begin{aligned} &\langle\Phi_{\mathrm{P}}{}^{(\mathrm{I})}(t')|\Omega^{(-)}(x; t') = 0 \\ &\Omega^{(-)}(x; t') \equiv [\partial_\mu A_\mu{}^{(\mathrm{I})}(x)]^{(-)} - \int_{y_0=t'} d\boldsymbol{y} D^{(-)}(x-y) j_0{}^{(\mathrm{I})}(y) \end{aligned} \tag{3.6.8}$$

を導く．従って，$t'=t=x_0$ のとき $D(\boldsymbol{x}-\boldsymbol{y},0)=0$ により，

$$\begin{aligned}&\langle \Phi_{\mathrm{P}}{}^{(\mathrm{I})}(t)\,|\,\Omega(x;t)\,|\,\Phi_{\mathrm{P}}{}^{(\mathrm{I})}(t)\rangle\\&\quad=\langle \Phi_{\mathrm{P}}{}^{(\mathrm{I})}(t)\,|\,\partial_\mu A_\mu{}^{(\mathrm{I})}(x)\,|\,\Phi_{\mathrm{P}}{}^{(\mathrm{I})}(t)\rangle=0\end{aligned}\tag{3.6.9}$$

が保証されている．

Bleuler の補助条件が矛盾なく設定されることは，Heisenberg 表示における Gupta の補助条件によって保証されているわけであるが，その事実は相互作用表示だけの範囲でも証明される．そのためには，次の 3 つが主張されれば充分である．すなわち，

$$\Box^x \Omega^{(+)}(x;t')=0\tag{3.6.10}$$

$$[\Omega^{(+)}(x;t'),\Omega^{(+)}(y;t')]=0\tag{3.6.11}$$

$$i\frac{\partial}{\partial t'}\Omega^{(+)}(x;t')+[\Omega^{(+)}(x;t'),H_{\mathrm{int}}^{(\mathrm{I})}(t')]=0\tag{3.6.12}$$

(3.6.10) は自明であるが，その意味するところは，(3.6.7) が場の方程式と矛盾なく任意の x について成立するということである．(3.6.11) も，(3.1.2)，(3.1.11) より導かれる同時刻交換関係

$$[\bar{\psi}^{(\mathrm{I})}(x)O\psi^{(\mathrm{I})}(x),\,j_0{}^{(\mathrm{I})}(y)]_0=0\tag{3.6.13}$$

(O は任意の 4×4 行列) を用いて容易に証明される．(3.6.11) は (3.6.7) が場の演算子間の交換あるいは反交換関係と矛盾しないための条件である．(3.5.12)，(3.6.13) から (3.6.12) を得る．(3.6.12) が成立すれば，(3.5.2)，(3.5.4) を用いて (3.6.7) の t' 無依存性

$$\frac{\partial}{\partial t'}[\Omega^{(+)}(x;t')\,|\,\Phi_{\mathrm{P}}{}^{(\mathrm{I})}(t')\rangle]=0\tag{3.6.14}$$

が保証される．つまり，(3.6.7) は状態ベクトルに対する運動方程式と両立する．以上のように，Bleuler の補助条件は，場の方程式，交換関係，状態ベクトルの運動方程式 (Tomonaga-Schwinger 方程式に対応) と矛盾せずに設定されている．

§3.7 Dyson の S 行列

運動方程式 (3.5.4) は

$$U(t,t_0)=1-i\int_{t_0}^{t}dt'H_{\mathrm{int}}^{(\mathrm{I})}(t')U(t',t_0)\tag{3.7.1}$$

のように，積分方程式の形に書ける．この(3.7.1)の解は逐次代入法(iteration method)によって求めることができる．その結果は

$$U(t,t_0)=\sum_{n=0}^{\infty}(-i)^n\int_{t_0}^{t}dt_1\int_{t_0}^{t_1}dt_2\cdots\int_{t_0}^{t_{n-1}}dt_nH_{\mathrm{int}}^{(\mathrm{I})}(t_1)H_{\mathrm{int}}^{(\mathrm{I})}(t_2)\cdots H_{\mathrm{int}}^{(\mathrm{I})}(t_n)$$
$$=\sum_{n=0}^{\infty}\frac{(-i)^n}{n!}\int_{t_0}^{t}dt_1\cdots\int_{t_0}^{t}dt_nT[H_{\mathrm{int}}^{(\mathrm{I})}(t_1)\cdots H_{\mathrm{int}}^{(\mathrm{I})}(t_n)] \tag{3.7.2}$$

である．この第2式はおなじみの T 積(T-product)すなわち時間順序積(chronological product)によって，第1式を $t_1\cdots t_n$ について対称な形に書き直したものである．Heisenberg 表示が固定されているとすれば，(3.7.2), (3.5.2), (3.5.3)によって異った t_0 に対して異った相互作用表示を得る．$t\to\pm\infty$ で相互作用の断熱的開閉を想定しているが，t_0 は一般に相互作用中の時刻である．

いま，極端な場合として $t_0\to\pm\infty$ の場合を考えてみる．(3.7.2)の $H_{\mathrm{int}}^{(\mathrm{I})}(t)$ に断熱因子 $\exp(-\lambda|t|)$ を付与することにより $U(t,t_0)$ の $t_0\to\pm\infty$ の極限が定義されると仮定する．このとき，(3.5.3)から次の2つの場合

$$\Omega(x)=U^{-1}(t,+\infty)\Omega^{(\mathrm{I})}(x)U(t,+\infty)\ \to\ \Omega^{(\mathrm{I})}(x)\quad(t\to+\infty) \tag{3.7.3}$$

$$\Omega(x)=U^{-1}(t,-\infty)\Omega^{(\mathrm{I})}(x)U(t,-\infty)\ \to\ \Omega^{(\mathrm{I})}(x)\quad(t\to-\infty) \tag{3.7.4}$$

を得る．(3.7.3), (3.7.4)は形式的にそれぞれ漸近条件(3.3.8), (3.3.9)を示しているから，(3.7.3)の場合の $\Omega^{(\mathrm{I})}(x)$ は(out)場，(3.7.4)の場合の $\Omega^{(\mathrm{I})}(x)$ は(in)場と解釈できる．実際に，(3.7.3)または(3.7.4)の $\Omega(x)$ と $\Omega^{(\mathrm{I})}(x)$ との関係を形式的に Yang-Feldman 方程式の形に書くこともできる．この2つの場合は，相互作用の開閉の瞬間と Heisenberg 表示と相互作用表示が一致する瞬間とが同時刻になっている．

t_0 の選び方とは関係なく，初期状態と終状態を結ぶ演算子(S 行列)は $U(t,t_0)$ の $t_0\to-\infty$, $t\to+\infty$ の極限

$$S\equiv U(+\infty,-\infty)$$
$$=\sum_{n=0}^{\infty}\frac{(-i)^n}{n!}\int_{-\infty}^{+\infty}dt_1\cdots\int_{-\infty}^{+\infty}dt_nT[H_{\mathrm{int}}^{(\mathrm{I})}(t_1)\cdots H_{\mathrm{int}}^{(\mathrm{I})}(t_n)] \tag{3.7.5}$$

によって定義される．ただし，断熱因子はあらわに書いていない．S は，相互作用 Hamiltonian 密度を用いて，

$$S=\sum_{n=0}^{\infty}\frac{(-i)^n}{n!}\int dx_1\cdots\int dx_n T[\mathcal{H}_{\rm int}^{(\rm I)}(x_1)\cdots\mathcal{H}_{\rm int}^{(\rm I)}(x_n)] \qquad (3.7.6)$$

のように Lorentz 不変な形に書ける．(3.7.6) で与えられる S を Dyson の S 行列と呼ぶ[23]．Dyson の S 行列と (3.4.4) で定義される S 行列とは，一般には演算子として別物であるが，$t_0\to-\infty$ の相互作用表示をとったとき両者は形式的に一致するものと解釈する．

(3.7.6) は T 積を含むにもかかわらず，Lorentz 不変である．この事実は，場の量子論における局所可換性 (local commutativity) によって保証されている．一般に場の演算子 $A(x)$, $B(y)$ は，x と y とが空間的に離れているとき，互いに可換 (あるいは反可換) である．すなわち，

$$[A(x), B(y)]_{\mp}=0 \qquad [(x-y)^2>0] \qquad (3.7.7)$$

ここに，添字 $\mp$ は，$-$ のとき交換関係を，$+$ のとき反交換関係を表わす．反交換関係は $A(x)$, $B(y)$ が共に Fermi 粒子の場のときだけに成立する．(3.7.7) を局所可換性あるいは微視的因果律 (micro-causality) という．もちろん，(3.5.12)～(3.5.14) は (3.7.7) を満足している．従って，$\mathcal{H}_{\rm int}^{(\rm I)}(x)$ に対しても

$$[\mathcal{H}_{\rm int}^{(\rm I)}(x), \mathcal{H}_{\rm int}^{(\rm I)}(y)]=0 \qquad [(x-y)^2>0] \qquad (3.7.8)$$

が成立する．(3.7.8) は Tomonaga-Schwinger 方程式における積分可能条件 (integrability condition) に相当する．(3.7.7) を満足する演算子，つまり局所演算子の T 積が Lorentz 不変であることは，例えば次の関係

$$\begin{aligned} T[A(x)B(y)] &= \theta(x-y)A(x)B(y)\pm\theta(y-x)B(y)A(x) \\ &= \frac{1}{2}\varepsilon(x-y)[A(x), B(y)]_{\mp}\pm\frac{1}{2}[A(x), B(y)]_{\pm} \end{aligned} \qquad (3.7.9)$$

からも推測できよう．

§3.8　相互作用表示での c 数ゲージ変換

相互作用表示では c 数ゲージ変換は

$$A_\mu^{(\rm I)} \to \hat{A}_\mu^{(\rm I)}=A_\mu^{(\rm I)}+\partial_\mu\Lambda \qquad (\square\Lambda=0) \qquad (3.8.1a)$$

$$\psi^{(\rm I)} \to \hat{\psi}^{(\rm I)}=\psi^{(\rm I)}, \qquad \overline{\psi}^{(\rm I)} \to \hat{\overline{\psi}}^{(\rm I)}=\overline{\psi}^{(\rm I)} \qquad (3.8.1b)$$

となる．この変換に対して場の方程式 (3.5.9)～(3.5.11) および交換関係 (3.5.12)～(3.5.14) は不変である．§2.5 でみたように，$\hat{A}_\mu^{(\rm I)}$, $\hat{\psi}^{(\rm I)}$, $\hat{\overline{\psi}}^{(\rm I)}$ は

$$\hat{\Omega}^{(\mathrm{I})}(x) = e^{-iG}\Omega^{(\mathrm{I})}(x)e^{iG}$$

$$G \equiv \int d\boldsymbol{y}\Lambda(y)\overleftrightarrow{\partial_0}\partial_\mu A_\mu{}^{(\mathrm{I})}(y) \tag{3.8.2}$$

によって与えられる.

相互作用表示では状態ベクトルの変換も考慮しなければならない. そこで, (3.5.2)の $|\Phi^{(\mathrm{I})}(t)\rangle$ を

$$|\Phi^{(\mathrm{I})}(t)\rangle \to |\hat{\Phi}^{(\mathrm{I})}(t)\rangle = e^{iF(t)}|\Phi^{(\mathrm{I})}(t)\rangle$$

$$F(t) \equiv \int_{x_0=t} d\boldsymbol{x} j_0{}^{(\mathrm{I})}(x)\Lambda(x) \tag{3.8.3}$$

によって変換してみる. つまり,

$$U(t, t_0) \to \hat{U}(t, t_0) \equiv e^{iF(t)}U(t, t_0) \tag{3.8.4}$$

である. $\hat{U}(t, t_0)$ の運動方程式は, (3.5.4) から,

$$i\frac{\partial}{\partial t}\hat{U}(t, t_0) = \left[i\frac{d}{dt}e^{iF(t)}\right]U(t, t_0) + e^{iF(t)}H_{\mathrm{int}}^{(\mathrm{I})}(t)U(t, t_0) \tag{3.8.5}$$

である. $\partial_\mu j_\mu{}^{(\mathrm{I})}=0$ から,

$$\frac{dF}{dt} = \int_{x_0=t} d\boldsymbol{x}[\dot{j}_0{}^{(\mathrm{I})}(x)\Lambda(x) + j_0{}^{(\mathrm{I})}(x)\dot{\Lambda}(x)]$$

$$= \int_{x_0=t} d\boldsymbol{x} j_\mu{}^{(\mathrm{I})}(x)\partial_\mu \Lambda(x) \tag{3.8.6}$$

を得る. また, 同時刻交換関係(3.6.13)から,

$$\left[F(t), \frac{dF(t)}{dt}\right] = 0 \tag{3.8.7}$$

である. それ故,

$$i\frac{d}{dt}e^{iF(t)} + e^{iF(t)}H_{\mathrm{int}}^{(\mathrm{I})}(t) = e^{iF(t)}\hat{H}_{\mathrm{int}}^{(\mathrm{I})}(t) \tag{3.8.8}$$

が成立する. ただし

$$\hat{H}_{\mathrm{int}}^{(\mathrm{I})}(t) \equiv -\int_{x_0=t} d\boldsymbol{x}[j_\mu{}^{(\mathrm{I})}(x)\hat{A}_\mu{}^{(\mathrm{I})}(x) + \delta m\overline{\varphi}^{(\mathrm{I})}(x)\varphi^{(\mathrm{I})}(x)] \tag{3.8.9}$$

である. 公式(2.5.7)と(3.6.13)から,

$$e^{iF(t)}\hat{H}_{\mathrm{int}}^{(\mathrm{I})}(t)e^{-iF(t)} = \hat{H}_{\mathrm{int}}^{(\mathrm{I})}(t) \tag{3.8.10}$$

を得る. 従って, (3.8.5)は

$$i\frac{\partial}{\partial t}\hat{U}(t,t_0)=\hat{H}^{(\mathrm{I})}_{\mathrm{int}}(t)\hat{U}(t,t_0) \tag{3.8.11}$$

となる．$\hat{H}^{(\mathrm{I})}_{\mathrm{int}}(t)$ は正にゲージ変換後の相互作用 Hamiltonian であるから，(3.8.3)により状態ベクトルに対する運動方程式もゲージ不変な形をとることがわかる．

もし $U(t_0,t_0)=1$ ならば，$\hat{U}(t_0,t_0)\neq 1$ であるが，この初期条件のとり方はいけない．相互作用表示の理論ではゲージ変換後はその $\hat{U}(t,t_0)$ に対して

$$\hat{U}(t_0,t_0)=1 \tag{3.8.12}$$

としなければならないことを注意する．新しい初期条件(3.8.12)のもとで(3.8.11)を解けば，その解は

$$\begin{aligned}\hat{U}(t,t_0)&=U[\hat{A}_\mu{}^{(\mathrm{I})},\psi^{(\mathrm{I})},\overline{\psi}^{(\mathrm{I})}]\\&=e^{-iG}U(t,t_0)e^{iG}\end{aligned} \tag{3.8.13}$$

となる．

ところで，§3.1で述べた Heisenberg 演算子に対する c 数ゲージ変換

$$A_\mu\rightarrow\hat{A}_\mu=A_\mu+\partial_\mu\varLambda \qquad (\Box\varLambda=0) \tag{3.8.14a}$$

$$\psi\rightarrow\hat{\psi}=e^{ie\varLambda}\psi,\qquad \overline{\psi}\rightarrow\hat{\overline{\psi}}=e^{-ie\varLambda}\overline{\psi} \tag{3.8.14b}$$

は，(3.8.2)と同型の generator G' によって引き起される．すなわち，

$$\hat{\varOmega}(x)=e^{-iG'}\varOmega(x)e^{iG'}$$

$$G'\equiv\int d\boldsymbol{y}\varLambda(y)\overleftrightarrow{\partial}_0\partial_\mu A_\mu(y) \tag{3.8.15}$$

(3.1.10)と $\Box\varLambda=0$ のため，G' は y_0 に依存しない．従って，A_μ についての同時刻交換関係により，(3.8.15)が(3.8.14a)を導くことは明白である．また，(3.1.6), (3.1.11)から，

$$\begin{aligned}[\ddot{A}_\mu(x),\psi(y)]_0&=ie[\overline{\psi}(x)\gamma_\mu\psi(x),\psi(y)]_0\\&=-ie\gamma_4\gamma_\mu\delta(\boldsymbol{x}-\boldsymbol{y})\psi(y)\end{aligned} \tag{3.8.16}$$

を得る．従って，

$$[\partial_\mu A_\mu(x),\psi(y)]_0=0 \tag{3.8.17}$$

$$[\partial_\mu\dot{A}_\mu(x),\psi(y)]_0=-e\delta(\boldsymbol{x}-\boldsymbol{y})\psi(y) \tag{3.8.18}$$

である．これから，

$$[G',\psi(x)]=-e\varLambda(x)\psi(x) \tag{3.8.19}$$

が得られ，公式(2.5.7)により

$$e^{-iG'}\psi(x)e^{iG'} = e^{ieA(x)}\psi(x) \tag{3.8.20}$$

つまり(3.8.14b)が導かれる．

なお，$\partial_\mu A_\mu$ に対する積分形

$$\partial_\mu A_\mu(x) = -\int d\boldsymbol{y} D(x-y)\overleftrightarrow{\partial^y}_0 \partial_\mu A_\mu(y) \tag{3.8.21}$$

と(3.8.17)，(3.8.18)から，$\partial_\mu A_\mu(x)$ と $\psi(y)$ との4次元交換関係

$$[\partial_\mu A_\mu(x), \psi(y)] = eD(x-y)\psi(y) \tag{3.8.22}$$

が導かれる．この式の共役なものは

$$[\partial_\mu A_\mu(x), \overline{\psi}(y)] = -eD(x-y)\overline{\psi}(y) \tag{3.8.23}$$

となる．これにより，

$$[\partial_\mu A_\mu(x), \overline{\psi}(y)O\psi(y)] = 0 \tag{3.8.24}$$

(O は任意の 4×4 行列)が成立する．特に，

$$[\partial_\mu A_\mu(x), j_\nu(y)] = 0 \tag{3.8.25}$$

である．

さて，(3.8.14)と(3.8.1)との関係はどうであろうか．明らかに，$t=t_0$ で $\hat{\psi}$ と $\hat{\psi}^{(\mathrm{I})}$ とは等しくない．Heisenberg 表示と相互作用表示はこの瞬間に一致しているはずであるから，両表示の接続に関して何かからくりがなければならない．そのからくりは $\hat{U}(t, t_0)$ に対する初期条件のとり方にある．(3.8.12)のもとでは $U(t_0, t_0)\neq 1$ だから，(3.8.4)の $U(t, t_0)$ は実は次のような $U'(t, t_0)$ のことである．すなわち，

$$U'(t_0, t_0) = e^{-iF(t_0)} \tag{3.8.26}$$

$$U'(t, t_0) = e^{-iF(t_0)} - i\int_{t_0}^{t} dt' H_{\mathrm{int}}^{(\mathrm{I})}(t')U'(t', t_0) \tag{3.8.27}$$

逐次代入法による(3.8.27)の解は

$$U'(t, t_0) = U(t, t_0)e^{-iF(t_0)} \tag{3.8.28}$$

である．ただし，$U(t, t_0)$ は $U(t_0, t_0)=1$ をみたす解(3.7.2)である．従って，

$$\hat{U}(t, t_0) = e^{iF(t)}U(t, t_0)e^{-iF(t_0)} \tag{3.8.29}$$

を得る．一方，この $U(t, t_0)$ について(3.8.4)で与えられる

$$\hat{U}'(t, t_0) \equiv e^{iF(t)}U(t, t_0) \tag{3.8.30}$$

は,

$$\hat{U}'(t_0, t_0) = e^{iF(t_0)} \tag{3.8.31}$$

$$\hat{U}'(t, t_0) = e^{iF(t_0)} - i\int_{t_0}^{t} dt' \hat{H}^{(\mathrm{I})}_{\mathrm{int}}(t')\hat{U}'(t', t_0) \tag{3.8.32}$$

のようなものである. それ故,

$$\hat{U}'(t, t_0) = \hat{U}(t, t_0)e^{iF(t_0)} = e^{iF(t)}U(t, t_0) \tag{3.8.33}$$

となる. 公式(2.5.7)と同時刻交換関係

$$[j_0^{(\mathrm{I})}(x), \psi^{(\mathrm{I})}(y)]_0 = -e\delta(\boldsymbol{x}-\boldsymbol{y})\psi^{(\mathrm{I})}(y) \tag{3.8.34}$$

を用いれば,

$$e^{-iF(t)}\psi^{(\mathrm{I})}(x)e^{iF(t)} = e^{ie\Lambda(x)}\psi^{(\mathrm{I})}(x) \tag{3.8.35}$$

を得る. 従って, (3.8.30)により

$$\hat{\Omega}(x) = [\hat{U}'(t, t_0)]^{-1}\hat{\Omega}^{(\mathrm{I})}(x)\hat{U}'(t, t_0) \tag{3.8.36}$$

の関係が成立している. $\hat{\Omega}(x)$ と

$$\hat{\Omega}'(x) \equiv \hat{U}^{-1}(t, t_0)\hat{\Omega}^{(\mathrm{I})}(x)\hat{U}(t, t_0) \tag{3.8.37}$$

によって定義される $\hat{\Omega}'(x)$ とは, 時間 t に依存しない一定な pseudo-unitary 変換

$$\hat{\Omega}'(x) = e^{iF(t_0)}\hat{\Omega}(x)e^{-iF(t_0)} \tag{3.8.38}$$

で結ばれている.

以上のような $\hat{\Omega}'$ と $\hat{\Omega}$ との間のずれは場の方程式や交換関係に何も本質的な変化をもたらさないから, そのずれの分を状態ベクトルの方にくり入れてしまうことができる. すなわち,

$$|\hat{\Phi}\rangle = e^{-iF(t_0)}|\Phi\rangle \tag{3.8.39}$$

$$|\hat{\Phi}^{(\mathrm{I})}(t)\rangle = \hat{U}(t, t_0)|\hat{\Phi}\rangle \tag{3.8.40}$$

として改めて $|\hat{\Phi}\rangle$ についての表示に移れば, そのずれは表面的に解消できる. もし $|\Phi\rangle$ が Gupta の補助条件をみたす物理的状態 $|\Phi_{\mathrm{P}}\rangle$ ならば, $|\hat{\Phi}\rangle$ もまたある物理的状態 $|\hat{\Phi}_{\mathrm{P}}\rangle$ である. このことは, 任意の t_0 と x に対して

$$[\partial_\mu A_\mu(x), F(t_0)] = 0 \tag{3.8.41}$$

が成立することによって保証されている*). (3.8.41)は, (3.8.21)で $y_0 = t_0$ にとり, (3.6.1), (3.6.2), (3.6.13), (3.8.34)を適用することによって証明される.

---

*) $\partial_\mu A_\mu$ は Heisenberg 表示の, F は相互作用表示の量であることに注意.

断熱仮説に基づき，$t_0 \to -\infty$ の相互作用表示を選べば，$\hat{\Omega}'$ と $\hat{\Omega}$ とのずれは $F(t_0) \to 0$ によりはじめから形式的に消失する．

Dyson の S 行列(3.7.6)は，c 数ゲージ変換(3.8.1)に対して不変である．断熱仮説に基づき，(3.8.29)の両辺について $t_0 \to -\infty$，$t \to +\infty$ の極限をとれば，$F(t_0) \to 0$，$F(t) \to 0$ により，

$$\hat{S} \equiv \lim \hat{U}(t, t_0) = \lim U(t, t_0) = S \tag{3.8.42}$$

を得る．(3.8.13)を用いれば

$$\hat{S} = e^{-iG} S e^{iG} = S \tag{3.8.43}$$

となるから，

$$[S, G] = 0 \tag{3.8.44}$$

が導かれる．

§3.9　荷電共役変換

理論が電子と陽電子とについて全く対称的な形つまり荷電共役変換(charge conjugation)に対して不変な内容になるためには，Lagrangian 密度がこの変換に対して不変でなければならない．荷電共役変換の具体的形は

$$\left.\begin{aligned} &\psi \to C\overline{\psi}^T, \qquad \overline{\psi} \to -\psi^T C^{-1} \\ &A_\mu \to -A_\mu \end{aligned}\right\} \tag{3.9.1}$$

によって与えられる．ここに，C は

$$\gamma_\mu{}^T = -C^{-1}\gamma_\mu C \tag{3.9.2}$$

をみたす 4×4 行列で，T は転置(transposed)の意味である．

(3.1.1)の Lagrangian 密度では(3.9.1)に対して不変ではないので，(3.1.1)を次の置き換え

$$\left.\begin{aligned} &\overline{\psi}(\gamma\partial + m_0)\psi \to \frac{1}{4}[\overline{\psi}, (\gamma\partial + m_0)\psi] + \frac{1}{4}[\overline{\psi}(-\gamma\overleftarrow{\partial} + m_0), \psi] \\ &j_\mu \to \frac{1}{2} ie[\overline{\psi}, \gamma_\mu \psi] \end{aligned}\right\} \tag{3.9.3}$$

をすることによって定義し直す．再定義された Lagrangian 密度は(3.9.1)に対して不変になっている．このとき，$\mathscr{H}^{(\mathrm{I})}_{\mathrm{int}}(x)$ は(3.5.5)の代りに

$$\mathscr{H}^{(\mathrm{I})}_{\mathrm{int}}(x) = -\frac{1}{2} ie[\overline{\psi}^{(\mathrm{I})}, \gamma_\mu \psi^{(\mathrm{I})}] A_\mu{}^{(\mathrm{I})} - \frac{1}{2}\delta m[\overline{\psi}^{(\mathrm{I})}, \psi^{(\mathrm{I})}] \tag{3.9.4}$$

となる．

正規積(normal product, N-product)記号：…：を用いれば，

$$\frac{1}{2}[\overline{\psi}^{(\mathrm{I})}, \gamma_\mu \psi^{(\mathrm{I})}] = :\overline{\psi}^{(\mathrm{I})}\gamma_\mu \psi^{(\mathrm{I})}: \tag{3.9.5}$$

$$\frac{1}{2}[\overline{\psi}^{(\mathrm{I})}, \psi^{(\mathrm{I})}] = :\overline{\psi}^{(\mathrm{I})}\psi^{(\mathrm{I})}: +\text{定数} \tag{3.9.6}$$

の関係が成立する．そこで，

$$\langle 0|\mathscr{H}^{(\mathrm{I})}_{\mathrm{int}}(x)|0\rangle = 0 \tag{3.9.7}$$

となるようにするため，(3.9.6)の定数項を落して(3.9.4)を

$$\mathscr{H}^{(\mathrm{I})}_{\mathrm{int}}(x) \equiv -:j_\mu{}^{(\mathrm{I})}(x)A_\mu{}^{(\mathrm{I})}(x): -\delta m:\overline{\psi}^{(\mathrm{I})}(x)\psi^{(\mathrm{I})}(x): \tag{3.9.8}$$

によって再々定義する*)．

ここで，これまでの結果を以上の処方に従って整理し直すことが要求される．しかし，その整理は今後の議論にはあまり本質的なことではないので，特に必要がない限り，それはなされているものと約束して前の形をそのまま踏襲する．

---

*) この操作は，0点エネルギーを落す通常の手続きと同じことである．(3.9.6)の定数項は発散している．

第4章　摂　動　論

DysonのS行列(3.7.6)は$\mathcal{H}_{\rm int}^{(\rm I)}(x)$についてベキ級数の形をしているから，遷移行列要素は結合定数eについての摂動展開(perturbation expansion)の形で自動的に求められる．場の量子論における摂動論の大要は，与えられたS行列にWickの定理[24]を適用して，求める行列要素を摂動展開の各次数で選定してそれを計算することである．この手続きは，Feynman図(Feynman graph, Feynman diagram)からFeynman則(Feynman rules)に基づいて行列要素を算出するというFeynmanの処方箋[25]を再現する形で具体化される．

§4.1　Gell-Mann-Lowの関係式

Heisenberg演算子$\varphi_a(x)$ $(a=1, 2, \cdots)$に対して，$U(1, a)\equiv\exp[-ia_\mu T_\mu]$によって定義されるLorentz座標の並進のgenerator T_μは，

$$[T_\mu, T_\nu]=0 \tag{4.1.1}$$

$$[T_\mu, \varphi_a(x)]=i\partial_\mu\varphi_a(x) \tag{4.1.2}$$

を満足しなければならない*)．Lagrangian密度$\mathcal{L}(\varphi_a, \partial_\mu\varphi_a)$が与えられれば，$T_\mu$は，次の正準エネルギー運動量テンソル(canonical energy-momentum tensor)

$$T_{\mu\nu}\equiv\delta_{\mu\nu}\mathcal{L}-\sum_a\frac{\partial\mathcal{L}}{\partial(\partial_\nu\varphi_a)}\partial_\mu\varphi_a \qquad (\partial_\nu T_{\mu\nu}=0) \tag{4.1.3}$$

から

$$T_\mu=\int d\sigma_\nu T_{\mu\nu}=-i\int d\boldsymbol{x}T_{\mu4} \tag{4.1.4}$$

によって求めることができる．T_μはもちろん時空点に依存しない．この系の全運動量はT_μの空間成分によって，また全エネルギーつまり全Hamiltonian $H_{\rm tot}$は$T_4=iH_{\rm tot}$によって与えられる．

$H_{\rm tot}$はさらに

*)　§1.3参照．

$$H_{\text{tot}} = H_0(t)+H_{\text{int}}(t) \tag{4.1.5}$$

のように，自由 Hamiltonian 部分と相互作用 Hamiltonian 部分とに分割することができる．$H_0(t)$ は H_{tot} で結合定数を 0 としたものであるが，自由 Hamiltonian そのものではない．$H_0(t)$ を構成する演算子は自由場の演算子ではなく Heisenberg 演算子であり，それ故に時間依存の量となる．

Heisenberg 表示と相互作用表示が $t=t_0$ で一致する (3.5.3) の場合，相互作用表示における全 Hamiltonian $H_{\text{tot}}^{(\mathrm{I})}(t)$ は

$$H_{\text{tot}}^{(\mathrm{I})}(t) = U(t, t_0)H_{\text{tot}}U^{-1}(t, t_0) \tag{4.1.6}$$

によって与えられる．$H_{\text{tot}}^{(\mathrm{I})}(t)$ は t に依存するが，

$$H_0^{(\mathrm{I})} = U(t, t_0)H_0(t)U^{-1}(t, t_0) \tag{4.1.7}$$

は t に依存しない．このことは，Schrödinger 表示と相互作用表示との関係を考えれば明らかであろう．(4.1.6) は

$$H_{\text{tot}}^{(\mathrm{I})}(t)U(t, t_0) = U(t, t_0)H_{\text{tot}} \tag{4.1.8}$$

または (3.5.8) から

$$U(t_0, t)H_{\text{tot}}^{(\mathrm{I})}(t) = H_{\text{tot}}U(t_0, t) \tag{4.1.9}$$

と書ける．相互作用項に対して断熱仮説を適用して (4.1.9) で $t\to-\infty$, (4.1.8) で $t\to+\infty$ の極限をとれば，$H_{\text{tot}}^{(\mathrm{I})}(\pm\infty)$ は $H_0^{(\mathrm{I})}$ だけとなるから，

$$H_{\text{tot}}U(t_0, -\infty) = U(t_0, -\infty)H_0^{(\mathrm{I})} \tag{4.1.10}$$

$$U(+\infty, t_0)H_{\text{tot}} = H_0^{(\mathrm{I})}U(+\infty, t_0) \tag{4.1.11}$$

を得る．

相互作用表示の自由場によって定義される自由粒子が全く存在しない真空 $|0\rangle$ は

$$H_0^{(\mathrm{I})}|0\rangle = 0, \quad \langle 0|0\rangle = 1 \tag{4.1.12}$$

をみたすが，真実の真空 (true vacuum) $|\tilde{0}\rangle$ は

$$T_\mu|\tilde{0}\rangle = 0, \quad \langle\tilde{0}|\tilde{0}\rangle = 1 \tag{4.1.13}$$

によって定義される*)．つまり，H_{tot} に対して

$$H_{\text{tot}}|\tilde{0}\rangle = 0 \tag{4.1.14}$$

---

*) true vacuum の正確な定義は，Poincaré 群の変換 $U(\Lambda, a)$ に対して，

$$U(\Lambda, a)|\tilde{0}\rangle = |\tilde{0}\rangle$$

である．

となるような $|\tilde{0}\rangle$ が true vacuum である．ただし，$|0\rangle, |\tilde{0}\rangle$ に対しては，Gupta の補助条件から可能な不定付加項のようなものは考えない*)．(4.1.10)，(4.1.12) から

$$H_{\mathrm{tot}}U(t_0, -\infty)|0\rangle = 0 \tag{4.1.15}$$

であるから，

$$|\tilde{0}\rangle = e^{i\theta}U(t_0, -\infty)|0\rangle \tag{4.1.16}$$

を得る．同様にして，(4.1.11) は

$$\langle\tilde{0}| = e^{-i\theta'}\langle 0|U(+\infty, t_0) \tag{4.1.17}$$

を導く．ここに，$e^{i\theta}, e^{-i\theta'}$ は未定の相因子であるが，$|\tilde{0}\rangle$ の規格化条件[(4.1.13) の第2式]により

$$e^{-i(\theta-\theta')} = \langle 0|S|0\rangle \tag{4.1.18}$$

の関係がある．

(4.1.16), (4.1.17), (4.1.18) を用いると，

$$\varphi_a{}^{(\mathrm{I})}(x) = U(t, t_0)\varphi_a(x)U^{-1}(t, t_0) \tag{4.1.19}$$

で結ばれる Heisenberg 演算子 $\varphi_a(x)$ と相互作用表示での量 $\varphi_a{}^{(\mathrm{I})}(x)$ とについて，次の関係

$$\begin{aligned}&\langle\tilde{0}|T[\varphi_1(x_1)\varphi_2(x_2)\cdots\varphi_n(x_n)]|\tilde{0}\rangle\\ &= \frac{1}{\langle 0|S|0\rangle}\langle 0|T[S\varphi_1{}^{(\mathrm{I})}(x_1)\varphi_2{}^{(\mathrm{I})}(x_2)\cdots\varphi_n{}^{(\mathrm{I})}(x_n)]|0\rangle\end{aligned} \tag{4.1.20}$$

が成立することが証明される．ただし

$$\begin{aligned}&T[S\varphi_1{}^{(\mathrm{I})}(x_1)\cdots\varphi_n{}^{(\mathrm{I})}(x_n)]\\ &\equiv \sum_{m=0}^{\infty}\frac{(-i)^m}{m!}\int dy_1\cdots\int dy_m T[\mathscr{H}_{\mathrm{int}}^{(\mathrm{I})}(y_1)\cdots\mathscr{H}_{\mathrm{int}}^{(\mathrm{I})}(y_m)\varphi_1{}^{(\mathrm{I})}(x_1)\cdots\varphi_n{}^{(\mathrm{I})}(x_n)]\end{aligned} \tag{4.1.21}$$

である．証明は簡単である．いま，$(x_i)_0 = t_i$ に対し $t_1 > t_2 > \cdots > t_n$ とすれば，(4.1.19), (3.5.7), (3.5.8) から

$$\begin{aligned}&T[S\varphi_1{}^{(\mathrm{I})}(x_1)\cdots\varphi_n{}^{(\mathrm{I})}(x_n)]\\ &= U(+\infty, t_1)\varphi_1{}^{(\mathrm{I})}(x_1)U(t_1, t_2)\varphi_2{}^{(\mathrm{I})}(x_2)U(t_2, t_3)\cdots U(t_{n-1}, t_n)\varphi_n{}^{(\mathrm{I})}(t_n)U(t_n, -\infty)\end{aligned}$$

---

*) (2.4.11) 参照．余計な付加項を含んだ真空 $|\tilde{0}_{\mathrm{P}}\rangle$ に対しては，(4.1.13) ではなく，

$$\langle\tilde{0}_{\mathrm{P}}|T_\mu|\tilde{0}_{\mathrm{P}}\rangle = 0$$

である．

$$= U(+\infty, t_0)\varphi_1(x_1)\varphi_2(x_2)\cdots\varphi_n(x_n)U(t_0, -\infty) \qquad (4.1.22)$$

を得る．この両辺について $|0\rangle$ での期待値をとれば，(4.1.16)～(4.1.18)により，(4.1.20)が導かれる．$t_1\cdots t_n$ の時間順序のとり方によって結論は変らない．(4.1.20)を Gell-Mann-Low の関係式[26]，またその左辺を n 点 Green 関数という*)．

$\langle 0|S|0\rangle$ は真空偏極(vacuum polarization)と呼ばれる量で摂動の2次以上で発散する．すなわち，(4.1.18)の $\theta-\theta'$ は無限大となる．しかし，このことは単なる相因子だけの問題であるから，改めて

$$\tilde{S} = \frac{S}{\langle 0|S|0\rangle} \qquad (4.1.23)$$

によって $\tilde{S}$ を定義すれば，$\tilde{S}$ もやはり pseudo-unitary である．実際の計算には $\tilde{S}$ が用いられるのが普通である．

§4.2　基本的 Green 関数

量子電磁力学で最も基本的な Green 関数は，次の2点および3点関数である．

$$\langle\tilde{0}|T[A_\mu(x)A_\nu(y)]|\tilde{0}\rangle \equiv D'_{\mu\nu}(x-y) \qquad (4.2.1)$$

$$\langle\tilde{0}|T[\psi(x)\overline{\psi}(y)]|\tilde{0}\rangle \equiv S_F'(x-y) \qquad (4.2.2)$$

$$\langle\tilde{0}|T[\psi(x)\overline{\psi}(y)A_\mu(z)]|\tilde{0}\rangle$$

$$\equiv -e\int dx'dy'dz' S_F'(x-x')\Gamma_\nu(x', y'; z')S_F'(y'-y)D'_{\nu\mu}(z'-z) \qquad (4.2.3)$$

2点，3点 Green 関数としてこれ以外のものは存在しない**)．$D'_{\mu\nu}(x)$, $S_F'(x)$, $\Gamma_\mu(x, y; z)$ を運動量表示で

$$D'_{\mu\nu}(x) = \frac{1}{(2\pi)^4}\int dk D'_{\mu\nu}(k)e^{ikx} \qquad (4.2.4)$$

$$S_F'(x) = \frac{1}{(2\pi)^4}\int dp S_F'(p)e^{ipx} \qquad (4.2.5)$$

---

*)　$t_0\to-\infty$ で $|\tilde{0}\rangle=|0\rangle$ としても，(4.1.22)から(4.1.20)が得られる．

一般に，$|\omega\rangle$ を $H_0^{(\mathrm{I})}|\omega\rangle=\omega|\omega\rangle$ をみたす $H_0^{(\mathrm{I})}$ の固有状態とすれば，$|\tilde{\omega}\rangle\sim U(t_0, -\infty)|\omega\rangle$ は $H_{\mathrm{tot}}|\tilde{\omega}\rangle=\omega|\tilde{\omega}\rangle$ をみたす．

**)　例えば，$\langle\tilde{0}|T[A_\mu\psi]|\tilde{0}\rangle$, $\langle\tilde{0}|T[\psi\bar{\psi}\psi]|\tilde{0}\rangle$ のようなものは，S の Fermi 粒子数保存性により 0 となる．また，$\langle\tilde{0}|T[A_\mu A_\nu A_\rho]|\tilde{0}\rangle$ は，S の荷電共役不変性または Furry の定理により 0 である．

$$\Gamma_\mu(x,y;z)=\frac{1}{(2\pi)^8}\int dpdq\Gamma_\mu(p,q)e^{ip(x-z)+iq(z-y)} \tag{4.2.6}$$

のように表わす.

光子および電子の Feynman 伝播関数(Feynman propagator)は，それぞれ

$$D_{\mu\nu}(x-y)\equiv\langle 0|T[A_\mu^{(\mathrm{I})}(x)A_\nu^{(\mathrm{I})}(y)]|0\rangle$$
$$=\frac{1}{(2\pi)^4}\int dkD_{\mu\nu}(k)e^{ik(x-y)} \tag{4.2.7}$$
$$S_F(x-y)\equiv\langle 0|T[\psi^{(\mathrm{I})}(x)\overline{\psi}^{(\mathrm{I})}(y)]|0\rangle$$
$$=\frac{1}{(2\pi)^4}\int dpS_F(p)e^{ip(x-y)} \tag{4.2.8}$$

によって定義される．Gupta-Bleuler 形式では，(3.5.12), (3.5.13) により，

$$D_{\mu\nu}(k)=\delta_{\mu\nu}D_F(k),\qquad iD_F(k)=\frac{1}{k^2-i\varepsilon} \tag{4.2.9}$$

$$S_F(p)=-(i\gamma p-m)\Delta_F(p),\qquad i\Delta_F(p)=\frac{1}{p^2+m^2-i\varepsilon} \tag{4.2.10}$$

を得る*).

(4.1.20) からわかるように，$D'_{\mu\nu}(k), S_F'(p)$ は，S の摂動展開でそれぞれ $D_{\mu\nu}(k), S_F(p)$ に可能なすべての輻射補正(radiative correction)をほどこしたものになっている(図 4.1, 図 4.2 参照)．$D'_{\mu\nu}(x)$[あるいは $D'_{\mu\nu}(k)$], $S_F'(x)$[あるいは $S_F'(p)$]を，それぞれ光子および電子の輻射補正を含む伝播関数あるいは単に伝播関数(propagation function)と呼ぶ．$\Gamma_\mu(p,q)$ は，相互作用の頂点

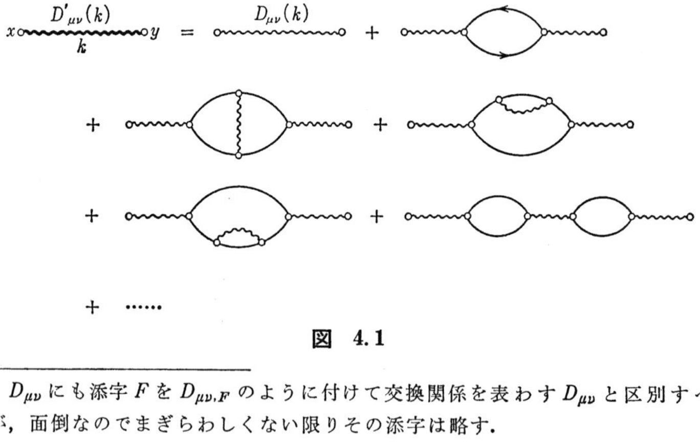

図 4.1

---

*) $D_{\mu\nu}$ にも添字 F を $D_{\mu\nu,F}$ のように付けて交換関係を表わす $D_{\mu\nu}$ と区別すべきであるが，面倒なのでまぎらわしくない限りその添字は略す.

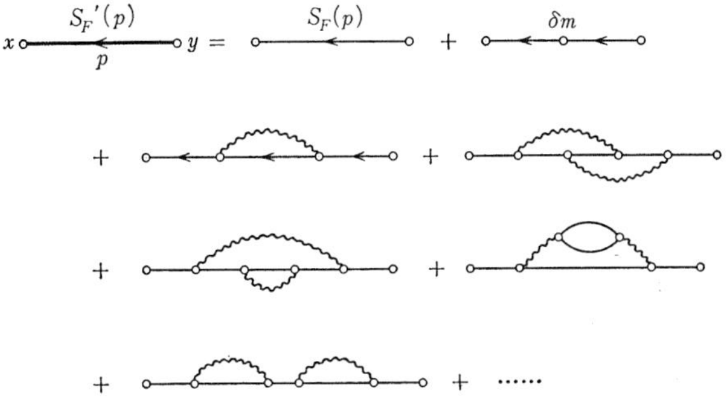

図 4.2

(vertex)にすべての輻射補正をほどこしたFeynman図つまり頂点部分(vertex part)に対応する量である(図4.3). $\Gamma_\mu(x,y;z)$[あるいは$\Gamma_\mu(p,q)$]を頂点関数(vertex function)と呼ぶ. (4.2.3), (4.2.6)からわかるように(図4.4), $\Gamma_\mu(p,q)$はproperな(Feynman図のどの部分も2本以上の内線で連結されている)頂点部分だけに対応している.

$\Gamma_\mu(p,q)$の最低次の項はγ_μであるから,

$$\Gamma_\mu(p,q)=\gamma_\mu+\Lambda_\mu(p,q) \qquad (4.2.11)$$

$$\Gamma_\mu(x,y;z)=\gamma_\mu\delta(x-z)\delta(y-z)+\Lambda_\mu(x,y;z) \qquad (4.2.12)$$

とおく. $D'_{\mu\nu}(k)$, $S_F'(p)$についても

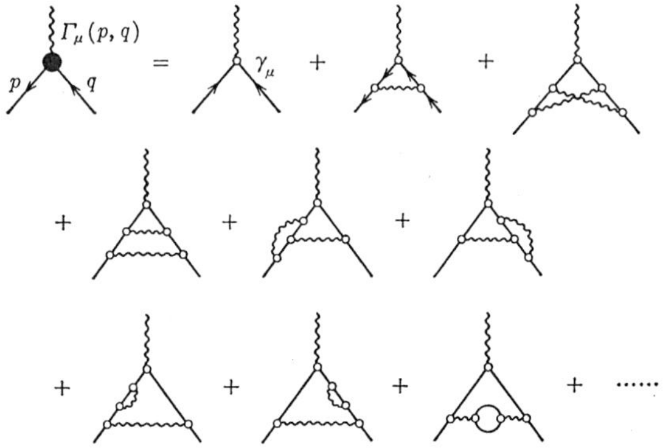

図 4.3

$$D'_{\mu\nu}(k) = D_{\mu\nu}(k) + D_{\mu\alpha}(k)\Pi_{\alpha\beta}(k)D_{\beta\nu}(k) \tag{4.2.13}$$

$$S_F'(p) = S_F(p) + S_F(p)\Sigma(p)S_F(p) \tag{4.2.14}$$

とおいたとき，$\Pi_{\alpha\beta}(k)$ および $\Sigma(p)$ をそれぞれ光子および電子の improper な (proper でない) 自己エネルギー関数 [improper な自己エネルギー部分 (self-energy part) に対応] という．これを x 表示で書けば，

$$D'_{\mu\nu}(x-y) = D_{\mu\nu}(x-y) + \int dx'dy' D_{\mu\alpha}(x-x')\Pi_{\alpha\beta}(x'-y')D_{\beta\nu}(y'-y) \tag{4.2.15}$$

$$S_F'(x-y) = S_F(x-y) + \int dx'dy' S_F(x-x')\Sigma(x'-y')S_F(y'-y) \tag{4.2.16}$$

である．ただし，$\Pi_{\mu\nu}(x)$ と $\Pi_{\mu\nu}(k)$，$\Sigma(x)$ と $\Sigma(p)$ とは (4.2.4) と同型の 4 次元 Fourier 変換で結ばれているものとする．

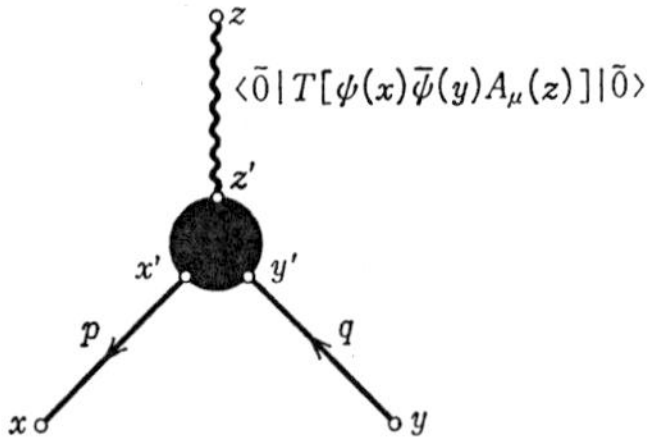

図 4.4

$\Pi_{\mu\nu}(k)$, $\Sigma(p)$ はさらに proper な自己エネルギー関数 $\Pi^*_{\mu\nu}(k)$, $\Sigma^*(p)$ (proper な自己エネルギー部分に対応) を用いて，

$$\begin{aligned} \Pi_{\mu\nu}(k) &= \Pi^*_{\mu\nu}(k) + \Pi^*_{\mu\alpha}(k)D_{\alpha\beta}(k)\Pi^*_{\beta\nu}(k) + \cdots \\ &= \Pi^*_{\mu\alpha}(k)[\delta_{\alpha\nu} + D_{\alpha\beta}(k)\Pi_{\beta\nu}(k)] \end{aligned} \tag{4.2.17}$$

$$\begin{aligned} \Sigma(p) &= \Sigma^*(p) + \Sigma^*(p)S_F(p)\Sigma^*(p) + \cdots \\ &= \Sigma^*(p)[1 + S_F(p)\Sigma(p)] \end{aligned} \tag{4.2.18}$$

のように書くことができる．(4.2.17) を (4.2.13) に，(4.2.18) を (4.2.14) に代入すれば

$$D'_{\mu\nu}(k) = D_{\mu\nu}(k) + D_{\mu\alpha}(k)\Pi^*_{\alpha\beta}(k)D'_{\beta\nu}(k) \tag{4.2.19}$$

$$S_F'(p) = S_F(p) + S_F(p)\Sigma^*(p)S_F'(p) \tag{4.2.20}$$

を得る．(4.2.20) は形式的に直ちに解けて，

$$[S_F'(p)]^{-1} = S_F^{-1}(p) - \Sigma^*(p)$$
$$= i[i\gamma p + m + i\Sigma^*(p)] \qquad (4.2.21)$$

となる．

$A_\mu(x)$ についての同時刻交換関係を用いると，

$$\Box^x \langle \tilde{0} | T[A_\mu(x) A_\nu(y)] | \tilde{0} \rangle$$
$$= \langle \tilde{0} | T[\Box^x A_\mu(x) A_\nu(y)] | \tilde{0} \rangle + i\delta_{\mu\nu}\delta(x-y) \qquad (4.2.22)$$

を得る*)．この左辺に (4.2.15) を代入し，

$$\Box D_{\mu\nu}(x) = i\delta_{\mu\nu}\delta(x) \qquad (4.2.23)$$

を考慮すれば，

$$\langle \tilde{0} | T[j_\mu(x) A_\nu(y)] | \tilde{0} \rangle = -i \int dy' \Pi_{\mu\beta}(x-y') D_{\beta\nu}(y'-y) \qquad (4.2.24)$$

を得る．ここで (3.1.6) を用いた．(4.2.24) の両辺にさらに $\Box^y$ を作用させれば

$$\Pi_{\mu\nu}(x-y) = \Box \langle \tilde{0} | T[j_\mu(x) A_\nu(y)] | \tilde{0} \rangle \qquad (4.2.25)$$

となる**)．次の同時刻交換関係

$$[j_\mu(x), A_\nu(y)]_0 = 0 \qquad (4.2.26)$$

を用いると，(4.2.25) は，保存電流密度 j_μ に対して，

$$\partial_\mu \Pi_{\mu\nu}(x-y) = \Box \langle \tilde{0} | T[\partial^x{}_\mu j_\mu(x) A_\nu(y)] | \tilde{0} \rangle$$
$$= 0 \qquad (4.2.27)$$

を保証する．(4.2.27) は

$$k_\mu \Pi_{\mu\nu}(k) = 0 \qquad (4.2.28)$$

を意味する．それ故，Lorentz 共変性により，

$$\Pi_{\mu\nu}(k) = (k^2\delta_{\mu\nu} - k_\mu k_\nu)\Pi(k^2) \qquad (4.2.29)$$

を得る．$\Pi(k^2)$ は Lorentz スカラーである．

さて，(4.2.17) は

$$\Pi_{\mu\nu}(k) = [\delta_{\mu\beta} + \Pi_{\mu\alpha}(k) D_{\alpha\beta}(k)] \Pi^*{}_{\beta\nu}(k) \qquad (4.2.30)$$

---

*) $\partial^x{}_\mu T[A(x)B(y)] = T[\partial^x{}_\mu A(x)B(y)] - i\delta_{\mu 4}\delta(x_0 - y_0)[A(x), B(y)]_0$
$d\theta(x)/dx_0 = \delta(x_0)$.

**) (4.2.25) では，右辺の $\Box$ は $\Box^y$ でも $\Box^x$ でもよい．

とも書けるから，(4. 2. 28) から

$$k_\mu \Pi^*{}_{\mu\nu}(k) = 0 \tag{4. 2. 31}$$

となり，$\Pi^*{}_{\mu\nu}(k)$ に対しても

$$\Pi^*{}_{\mu\nu}(k) = (k^2\delta_{\mu\nu} - k_\mu k_\nu)\Pi^*(k^2) \tag{4. 2. 32}$$

を得る．(4. 2. 9) を用いると，(4. 2. 29)，(4. 2. 30)，(4. 2. 32) から，

$$(k^2\delta_{\mu\nu} - k_\mu k_\nu)\Pi(k^2) = (k^2\delta_{\mu\nu} - k_\mu k_\nu)[\Pi^*(k^2) + k^2\Pi(k^2)D_F(k)\Pi^*(k^2)] \tag{4. 2. 33}$$

の関係を得る．$\mu=\nu$ として μ についての和をとれば，

$$\begin{aligned} \Pi(k^2) &= [1 - k^2D_F(k)\Pi^*(k^2)]^{-1}\Pi^*(k^2) \\ &= [1 + i\Pi^*(k^2)]^{-1}\Pi^*(k^2) \end{aligned} \tag{4. 2. 34}$$

となる．

(4. 2. 9) の Feynman ゲージの場合，(4. 2. 13) あるいは (4. 2. 19) から，$D'_{\mu\nu}(k)$ は

$$D'_{\mu\nu}(k) = \left(\delta_{\mu\nu} - \frac{k_\mu k_\nu}{k^2 - i\varepsilon}\right)D_F'(k) - i\frac{k_\mu k_\nu}{(k^2 - i\varepsilon)^2} \tag{4. 2. 35}$$

$$[D_F'(k)]^{-1} \equiv ik^2[1 + i\Pi^*(k^2)] \tag{4. 2. 36}$$

のように求められる．

§4.3 S 行列のゲージ構造 I——c 数ゲージ不変性

§3. 8 で，S 行列 (3. 7. 6) が c 数ゲージ変換に対して不変であることを示した．しかし，その不変性は全体的なものであって，必ずしも個々の Feynman 図が単独に不変性を具備しているわけではない．ある反応について，その反応に対応する Feynman 図を摂動の同次数ですべて寄せ集めれば，ゲージ不変性が成立しているはずであるが，実際には，もっと少ない Feynman 図の組合せを考えれば充分である．そのような S 行列のゲージ構造を本節で考察する．

(3. 8. 42) の $\hat{S} = \lim \hat{U}(t, t_0)$ に対して直接に Wick の定理を適用することを考える．次の展開式

$$\begin{aligned} T[\hat{A}_{\mu_1}(x_1)\hat{A}_{\mu_2}(x_2)\cdots\hat{A}_{\mu_n}(x_n)] &= T[A_{\mu_1}(x_1)A_{\mu_2}(x_2)\cdots A_{\mu_n}(x_n)] \\ &+ \sum_{i=1}^{n} \partial_{\mu_i}\Lambda(x_i)T[A_{\mu_1}(x_1)\cdots A_{\mu_{i-1}}(x_{i-1})A_{\mu_{i+1}}(x_{i+1})\cdots A_{\mu_n}(x_n)] \end{aligned}$$

$$+\cdots+\partial_{\mu_1}\Lambda(x_1)\partial_{\mu_2}\Lambda(x_2)\cdots\partial_{\mu_n}\Lambda(x_n) \tag{4.3.1}$$

から明らかなように*), $\hat{S}$ の中では Feynman 伝播関数は変化を受けず光子外線となる A_μ だけが $\hat{A}_\mu$ に変る．それ故，このようにして出現する $\hat{S}$ の余計な部分の総和は 0 である．この事情を次の 2 つの基本的例題について考察しよう．

Feynman 図において電子線は，外線→内線→…→内線→外線のように 1 本の閉じない線で繋がるか，または内線だけで閉じた loop (closed loop) を作るかのどちらかである．最初の場合の例は図 4.5 である．この図は，右側の black box の部分 M が n 本の光子内線によって左側の 1 本の電子線と連結していることを示している．P, Q は M の外線の 4 次元運動量の総和を表わす．電子線に入る光子外線は何本あってもよいが，いまの場合 1 本だけを考えれば充分である．

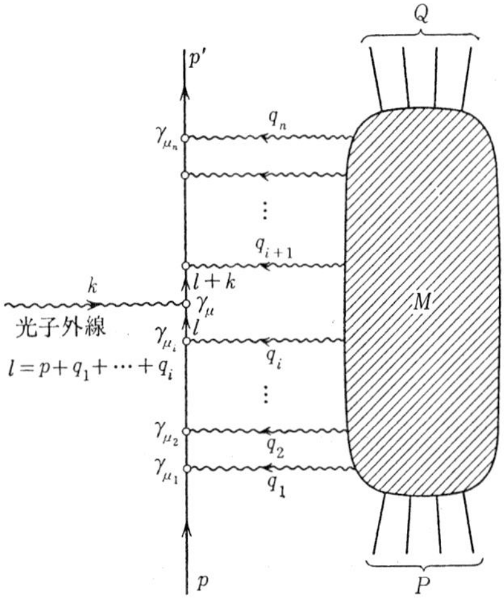

図 4.5

図 4.5 に対応する反応の行列要素は，k, p, p', P 等の関数として与えられ，それは

$$F^{(i)}{}_\mu=$$

$$\int dq_1\cdots dq_n\bar{u}^{(s')}(p')\gamma_{\mu_n}S_F(p'-q_n)\cdots\gamma_{\mu_{i+1}}S_F(l+k)\gamma_\mu S_F(l)\gamma_{\mu_i}\cdots\gamma_{\mu_1}u^{(s)}(p)$$

*)　相互作用表示の量に対する添字 (I) は省いた．本節以後は，特に必要のない限りこれにならう．

$$\times f(q_1, \cdots, q_n, P, Q) \tag{4.3.2}$$

のように書ける(s, s' はスピン添字)*). p, p', P, Q の値を変えずに, 光子外線の頂点(γ_μ)を左側の電子線のどの部分にでも挿入することができるから, この反応を表わす Feynman 図は $n+1$ 個ある. それらの Feynman 図に対応する行列要素の総和は

$$F_\mu = \sum_{i=0}^{n} F^{(i)}{}_\mu \tag{4.3.3}$$

で与えられる.

この場合における S 行列のゲージ不変性とは, 光子外線に対応する波動関数(つまり偏極ベクトル) $e_\mu(k)$ を k_μ に比例した量だけずらせても(4.3.3)は不変だということである. すなわち,

$$k_\mu F_\mu = 0 \tag{4.3.4}$$

を意味する. $ik_\mu F^{(i)}{}_\mu$ に

$$ik_\mu \gamma_\mu = [i\gamma(l+k)+m]-[i\gamma l+m] \tag{4.3.5}$$

を代入すれば,

$$-k_\mu F^{(i)}{}_\mu = \int dq_1 \cdots dq_n \bar{u}^{(s')}(p')\gamma_{\mu_n}\cdots\gamma_{\mu_{i+1}} S_F(l)\gamma_{\mu_i}\cdots\gamma_{\mu_1}u^{(s)}(p)f(q_1, \cdots, q_n, P, Q)$$
$$-\int dq_1 \cdots dq_n \bar{u}^{(s')}(p')\gamma_{\mu_n}\cdots\gamma_{\mu_{i+1}} S_F(l+k)\gamma_{\mu_i}\cdots\gamma_{\mu_1}u^{(s)}(p)f(q_1, \cdots, q_n, P, Q) \tag{4.3.6}$$

を得る. この両辺に対して i についての和をとれば, 第1項と第2項とからの寄与が順次相殺されて最後は

$$-k_\mu F_\mu = \int dq_1 \cdots dq_n \bar{u}^{(s')}(p')(i\gamma p'+m)\gamma_{\mu_n}\cdots\gamma_{\mu_1}u^{(s)}(p)f(q_1, \cdots, q_n, P, Q)$$
$$-\int dq_1 \cdots dq_n \bar{u}^{(s')}(p')\gamma_{\mu_n}\cdots\gamma_{\mu_1}(i\gamma p+m)u^{(s)}(p)f(q_1, \cdots, q_n, P, Q) \tag{4.3.7}$$

だけとなる. ここで, 外線運動量 p, p' に対しては

$$(i\gamma p+m)u^{(s)}(p) = \bar{u}^{(s')}(p')(i\gamma p'+m) = 0 \tag{4.3.8}$$

であるから, (4.3.4)は確かに成立していることがわかる.

図4.5の最も簡単なものが, 最低次(2次)の Compton 散乱を表わす図4.6で

*) 全体の4次元運動量に対する保存則は, $f(q_1, \cdots, Q)$ の中にくり入れてあるものとする. また不必要なテンソル添字は省略した.

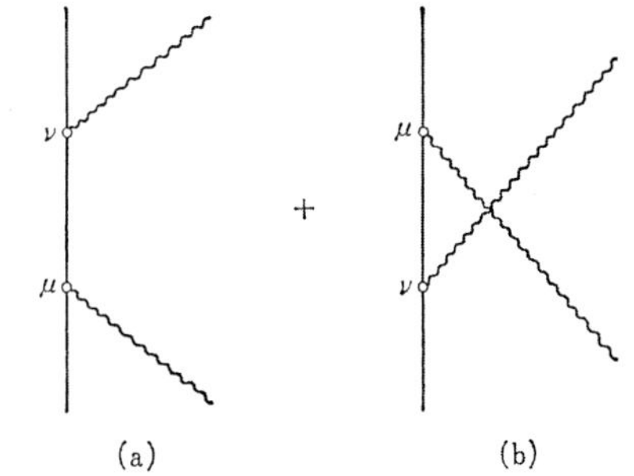

図 4.6

ある．図 4.6 (a), (b) の両方の寄与を合わせてゲージ不変性が成立している．

第 2 の場合すなわち電子線が closed loop を作っている場合の例として，図 4.7 を考えてみよう．同図で 4 次元運動量 $q_1 \cdots q_n$ をもつ光子線は内線でも外線でもよい*)．この Feynman 図に対応する行列要素は

$$G^{(i)}{}_\mu \sim \int dp\, \mathrm{Sp}\,[\gamma_{\mu_1} S_F(p+q_1)\gamma_{\mu_2} \cdots \gamma_{\mu_i} S_F(l)\gamma_\mu S_F(l+k)\gamma_{\mu_{i+1}} \cdots \gamma_{\mu_n} S_F(p)] \tag{4.3.9}$$

の形で与えられる．この場合も，γ_μ に対応する頂点を $q_1 \cdots q_n$ の同じ値に対して closed loop 上のどの部分にでも置くことができるから，この種の行列要素の総和は

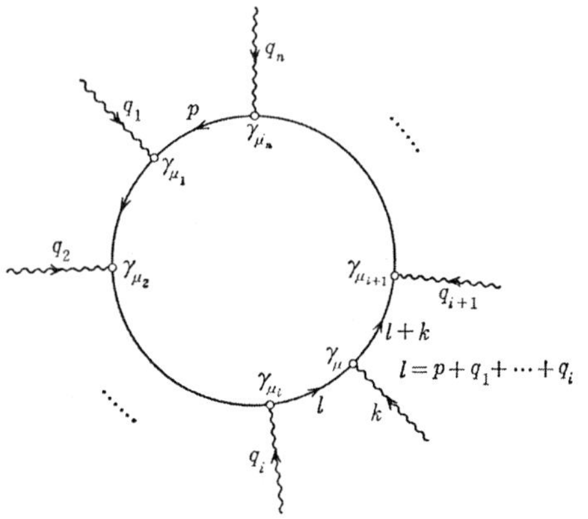

図 4.7

*) n が奇数の場合は，Furry の定理によりその Feynman 図からの寄与は 0 である．

$$G_\mu = \sum_{i=1}^{n} G^{(i)}{}_\mu \tag{4.3.10}$$

である．前の場合と同様にして(4.3.5)から，

$$\begin{aligned}-k_\mu G^{(i)}{}_\mu \sim \int dp\,\mathrm{Sp}\,[&\gamma_{\mu_1}S_F(p+q_1)\gamma_{\mu_2}\cdots S_F(l-q_i)\gamma_{\mu_i}S_F(l)\\&\times\gamma_{\mu_{i+1}}S_F(l+k+q_{i+1})\cdots\gamma_{\mu_n}S_F(p)]\\-\int dp\,\mathrm{Sp}\,[&\gamma_{\mu_1}S_F(p+q_1)\gamma_{\mu_2}\cdots S_F(l-q_i)\gamma_{\mu_i}S_F(l+k)\\&\times\gamma_{\mu_{i+1}}S_F(l+k+q_{i+1})\cdots\gamma_{\mu_n}S_F(p)]\end{aligned} \tag{4.3.11}$$

$$\begin{aligned}-k_\mu G_\mu \sim &\int dp\,\mathrm{Sp}\,[\gamma_{\mu_1}S_F(p+q_1)\gamma_{\mu_2}\cdots\gamma_{\mu_n}S_F(p-k)]\\&-\int dp\,\mathrm{Sp}\,[\gamma_{\mu_1}S_F(p+k+q_1)\gamma_{\mu_2}\cdots\gamma_{\mu_n}S_F(p)]\end{aligned} \tag{4.3.12}$$

を得る．(4.3.12)の第2項で積分変数を $p \to p-k$ に変換すれば第1項になるから，結局この場合も

$$k_\mu G_\mu = 0 \tag{4.3.13}$$

が成立している．

なお，図4.5，図4.7では簡単のため輻射補正のないFeynman図を考えたが，そこに可能ないろいろな輻射補正を加えても結論は変らない．そのような一般的場合でもやはり(4.3.5)を用いて関連する各行列要素を2つの部分に分割して書いたとき，それ等の部分について同様の順次的相殺が成立することが証明できる．(4.3.5)の代りにWard-Takahashiの関係式(§4.5参照)を用いると，その途中の手続きはもっと簡単になる．

§4.4 S行列のゲージ構造II——q数ゲージ不変性

S行列のゲージ不変性は，c数ゲージ変換に対してだけでなく，実はあるq数ゲージ変換に対しても成立しているのである．Gupta-Bleuler形式はq数ゲージ変換を許す枠組をもっていないが，それとは別に，この事実はS行列のゲージ構造そのものについての問題である．

§3.8の議論を振り返って考えてみよう．(3.8.1a)の代りに，次のq数ゲージ変換を想定してみる．すなわち，

$$A_\mu \to \hat{A}_\mu = A_\mu + \partial_\mu B \tag{4.4.1}$$

ここに $B(x)$ はあるスカラー演算子であるが，$\Box B=0$ をみたす必要はない．このとき，$\hat{U}(t, t_0)$, $F(t)$ には Λ の代りに B が入る．このような置換えを行っても，もし

$$[j_\mu(x), B(y)]_0 = 0 \tag{4.4.2}$$

$$[A_\mu(x), B(y)]_0 = 0 \tag{4.4.3}$$

$$[B(x), \partial_\mu B(y)]_0 = 0 \tag{4.4.4}$$

が成立していれば，(3.8.5)～(3.8.10)を経て，その $\hat{U}(t, t_0)$ についてやはり(3.8.11)を得る．それ故，(3.8.42)はこの場合も成立することがわかる．もちろん，Gupta-Bleuler 形式の枠内でこのような B を求めることはできない*)．しかし，理論の枠組を拡張してこのようなスカラー場を導入することは，確かに可能であることがわかっている[27]**)．

q 数ゲージ変換(4.4.1)によって得られた $\hat{S}$ を直接計算すれば，光子外線に対応する部分の変化は B が c 数 Λ のときと本質的に変りはないが，今度は Feynman 伝播関数の方も変化を受ける．(1.4.3), (1.4.4)から，

$$\langle 0|T[A_\mu(x)B(y)]|0\rangle = \partial_\mu f(x-y) \tag{4.4.5}$$

$$\langle 0|T[B(x)B(y)]|0\rangle = g(x-y) \tag{4.4.6}$$

を得る．ただし，$f(x)$, $g(x)$ はある Lorentz スカラーである．(4.4.5), (4.4.3)から，

$$\langle 0|T[A_\mu(x)\partial_\nu B(y)]|0\rangle = -\partial_\mu\partial_\nu f(x-y) \tag{4.4.7}$$

となる．また，(4.4.6), (4.4.4)から，

$$\langle 0|T[\partial^x{}_\mu B(x)\partial^y{}_\nu B(y)]|0\rangle = -\partial_\mu\partial_\nu g(x-y) \tag{4.4.8}$$

である***)．それ故，(4.4.1)の $\hat{A}_\mu$ についての Feynman 伝播関数は

$$\langle 0|T[\hat{A}_\mu(x)\hat{A}_\nu(y)]|0\rangle = D_{\mu\nu}(x-y) + \partial_\mu\partial_\nu F(x-y) \tag{4.4.9}$$

---

*) 例えば，B として $\partial_\mu A_\mu^{(\mathrm{I})}$ をとっても

$$[\partial_\mu A_\mu(x), A_\nu(y)]_0 = -\delta_{\nu 4}\delta(\boldsymbol{x}-\boldsymbol{y}) \neq 0$$

となり駄目である．

**) §6.3 参照．

***) (4.4.4)は，

$$[B(x), B(y)]_0 = 0, \qquad [B(x), \dot{B}(y)]_0 = 0$$

を意味する．最初の関係は並進不変性と局所可換性とによる．

のようにLorentz共変な形に書ける*). $D_{\mu\nu}(x)$は(4.2.7)で定義されている. このように, (4.4.3), (4.4.4)は, Lorentz共変性を保証するための必要条件になっていることに注意する.

S行列のq数ゲージ変換に対する不変性とは, 外線演算子の変換と同時にFeynman伝播関数$D_{\mu\nu}(x-y)$を(4.4.9)に変換しても, その結果は全体として変らないということである.

運動量表示で考えれば, (4.4.1)に対し$D_{\mu\nu}(k)$は

$$D_{\mu\nu}(k) \rightarrow \hat{D}_{\mu\nu}(k) = D_{\mu\nu}(k) - k_\mu k_\nu F(k) \qquad (4.4.10)$$

[$F(k)$は$F(x)$の4次元Fourier変換]の変換を受ける. S行列には, $k_\mu k_\nu$に比例する第2項からの寄与は残らない. 図4.5または図4.7でk_μをもつ光子外線をそのまま光子内線に置き換えてみても, その内線が同一電子線上で閉じない限り, (4.3.4)または(4.3.13)を導くことは明白である. 光子内線が閉じるような場合でも, 結論は同じである. 例えば, 図4.8(a)のような場合でも, k_μの値を固定して, その閉じている光子内線を図4.8(b)のように切り離してその1本を右側のblack box内の要素のように考えればよいのである.

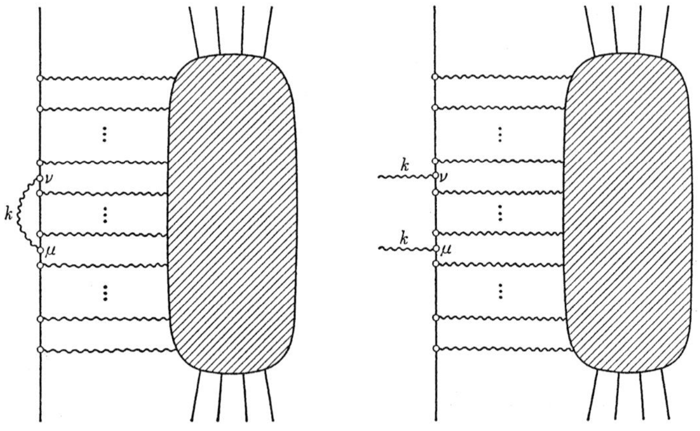

図 4.8

以上の考察は, S行列のゲージ構造を調べるための手段としてなされたものであって, q数ゲージ変換の場の量子論的意味については全く触れていない.

*) $F(x) = -[2f(x)+g(x)]$.

しかし，その意味するところがどうであっても，S 行列のゲージ構造自体が(4.4.1)に対して不変なことには変りない．c 数ゲージ変換と q 数ゲージ変換の両方に対して S 行列の不変性が成立する本質的要因は，Gupta-Bleuler 形式のような特定な理論形式とは独立に，相互作用が極小相互作用だということにある．A_μ の満足する場の方程式や交換関係の具体形には無関係であることに注目すべきである．

(4.4.10)の特別な場合として $F(k)\sim(k^2-i\varepsilon)^{-2}$ と選べば，Feynman 伝播関数は一般に，

$$iD_{\mu\nu}(k;a)\equiv\frac{\delta_{\mu\nu}}{k^2-i\varepsilon}-(1-a)\frac{k_\mu k_\nu}{(k^2-i\varepsilon)^2} \tag{4.4.11}$$

のように1つの実数パラメターによって表わすことができる．q 数ゲージ変換を通して a の値が変ると考えるわけである．(4.4.11)によって規定される q 数ゲージをパラメター1つの共変ゲージ(covariant gauge)，また a をゲージ・パラメター(gauge parameter)と呼ぶ．a のいろいろな値についてのゲージの集合をゲージ族(gauge family)という．$a=1$ の場合が Feynman ゲージであるが，それ以外に，$a=0$ の場合を Landau-Khalatnikov ゲージ(あるいは単に Landau ゲージ)[28]，$a=3$ の場合を Fried-Yennie ゲージ(あるいは単に Yennie ゲージ)[29] と呼んでいる．どのゲージが便利かは，S 行列の具体的計算内容に左右されるが，大ざっぱにいえば，実際の Feynman 積分には Feynman ゲージが，形式的議論には Landau ゲージが便利である．q 数ゲージは本来 A_μ に対する場の方程式と交換関係との両方の形によって定義されるべきものであるが，この場合の共変ゲージについては，(4.4.11)の形だけで曖昧に規定している．Gupta-Bleuler 形式には(4.4.11)を導くような q 数 $B(x)$ を導入する自由度がないので，いまの段階では，共変ゲージは，場の量子論としてではなく，単に S 行列理論としての意味で用いられる形式的なゲージと解釈しておく．

§4.2 では，Feynman ゲージの場合について，光子の自己エネルギー関数 $\Pi_{\mu\nu}(k)$ に対する表式(4.2.29)を導いたが，いまや(4.2.29)が共変ゲージ一般の場合についても成立することは明白である．それ故，§4.2 の $D'_{\mu\nu}(k)$ に対する議論はそのまま共変ゲージの場合においても形式的に通用する．このとき，$D'_{\mu\nu}(k;a)$ に対して，(4.2.35)に代る表式は，(4.2.13)あるいは(4.2.19)に(4.

4.11)を代入することによって導出することができる．その結果は

$$D'_{\mu\nu}(k\,;a)=\left(\delta_{\mu\nu}-\frac{k_\mu k_\nu}{k^2-i\varepsilon}\right)D_F'(k)-ia\frac{k_\mu k_\nu}{(k^2-i\varepsilon)^2} \qquad (4.4.12)$$

となる．Landau ゲージの場合 $(a=0)$ には，$D'_{\mu\nu}$ と $D_{\mu\nu}$ とは全く同型のテンソル構造になっている．

§4.5 Ward-Takahashi の関係式

§4.3 で用いた関係式(4.3.5)は

$$(p-q)_\mu\gamma_\mu = S_F{}^{-1}(q)-S_F{}^{-1}(p) \qquad (4.5.1)$$

のように書ける．量子電磁力学の S 行列に対しては，(4.5.1)を一般化した

$$(p-q)_\mu\Gamma_\mu(p,q) = [S_F'(q)]^{-1}-[S_F'(p)]^{-1} \qquad (4.5.2)$$

のような関係式が成立している．(4.5.2)の最低次の場合が(4.5.1)である．(4.5.2)は，Ward-Takahashi の関係式と呼ばれるもので[30, 31, 32]*⁾，S 行列のゲージ不変性を反映している．(4.5.2)の導出には，具体的な電磁場の方程式や交換関係は全く必要としない．Ward-Takahashi の関係式が成立する本質的要因は，前節の場合と同様に，相互作用 Hamiltonian 密度が

$$:j_\mu(x)A_\mu(x): \qquad (4.5.3)$$

の形で与えられていることにある．

まず，Heisenberg 演算子に対する次の Green 関数

$$\langle\tilde{0}|T[\psi(x)\overline{\psi}(y)j_\mu(z)]|\tilde{0}\rangle \qquad (4.5.4)$$

を考えよう．$T[\psi(x)\overline{\psi}(y)j_\mu(z)]$ は，具体的に書き下すと，

$$\begin{aligned}&\theta(x-y)\theta(y-z)\psi(x)\overline{\psi}(y)j_\mu(z)+\theta(x-z)\theta(z-y)\psi(x)j_\mu(z)\overline{\psi}(y)\\&-\theta(y-x)\theta(x-z)\overline{\psi}(y)\psi(x)j_\mu(z)-\theta(y-z)\theta(z-x)\overline{\psi}(y)j_\mu(z)\psi(x)\\&+\theta(z-x)\theta(x-y)j_\mu(z)\psi(x)\overline{\psi}(y)-\theta(z-y)\theta(y-x)j_\mu(z)\overline{\psi}(y)\psi(x)\end{aligned} \qquad (4.5.5)$$

である．それ故

$$\begin{aligned}\partial^z{}_\mu T[\psi(x)\overline{\psi}(y)j_\mu(z)] &= T[\psi(x)\overline{\psi}(y)\partial_\mu j_\mu(z)]\\&+\delta(y_0-z_0)\{\theta(x-y)\psi(x)[j_0(z),\overline{\psi}(y)]_0-\theta(y-x)[j_0(z),\overline{\psi}(y)]_0\psi(x)\}\end{aligned}$$

*) この呼称は文献[33]，[32]に由来しているが，(4.5.2)の導出は[30]，[31]でもなされている．

$$-\delta(x_0-z_0)\{\theta(x-y)[j_0(z),\psi(x)]_0\overline{\psi}(y)-\theta(y-x)\overline{\psi}(y)[j_0(z),\psi(x)]_0\} \tag{4.5.6}$$

を得る．この第1項は $\partial_\mu j_\mu=0$ により落ちる．ψ についての同時刻反交換関係は次の交換関係

$$\left.\begin{aligned}[j_0(x),\psi(y)]_0 &= -e\delta(\boldsymbol{x}-\boldsymbol{y})\psi(y)\\ [j_0(x),\overline{\psi}(y)]_0 &= e\delta(\boldsymbol{x}-\boldsymbol{y})\overline{\psi}(y)\end{aligned}\right\} \tag{4.5.7}$$

を導く．(4.5.7) を (4.5.6) に代入すれば，その右辺は

$$e\delta(y-z)T[\psi(x)\overline{\psi}(y)]-e\delta(x-z)T[\psi(x)\overline{\psi}(y)] \tag{4.5.8}$$

となる．従って，(4.5.4) に対して

$$\begin{aligned}&\partial^z{}_\mu\langle\tilde{0}|T[\psi(x)\overline{\psi}(y)j_\mu(z)]|\tilde{0}\rangle\\ &\quad=e\langle\tilde{0}|T[\psi(x)\overline{\psi}(y)]|\tilde{0}\rangle[\delta(y-z)-\delta(x-z)]\end{aligned} \tag{4.5.9}$$

の関係が成立する．

相互作用 Hamiltonian 密度が (4.5.3) の形をとる限り，Gell-Mann-Low の関係式 (4.1.20) によって，(4.5.4) は

$$\begin{aligned}&ie\int dx'dy'S_F'(x-x')\Gamma_\mu(x',y';z)S_F'(y'-y)\\ &\quad+ie\int dx'dy'dz'dz''S_F'(x-x')\Gamma_\alpha(x',y';z')S_F'(y'-y)D'_{\alpha\beta}(z'-z'')\Pi_{\beta\mu}(z''-z)\end{aligned} \tag{4.5.10}$$

と書ける．ただし，$D'_{\mu\nu}$, S_F', Γ_μ はそれぞれ (4.2.1), (4.2.2), (4.2.3) で定義され，$\Pi_{\mu\nu}$ はゲージ不変な条件

$$\partial_\mu\Pi_{\beta\mu}(x)=0 \tag{4.5.11}$$

を満足する．(4.5.3) のもとでは，S 行列のグラフ構造は，$D'_{\mu\nu}$ の具体形をのぞいて，Feynman ゲージの場合と同じである．(4.5.10) に対応する Feynman 図は図 4.9 である．

(4.5.10) に $\partial^z{}_\mu$ を作用させ，(4.5.9) を用いると，(4.5.11) のおかげで，

$$\begin{aligned}&\int dx'dy'S_F'(x-x')\partial^z{}_\mu\Gamma_\mu(x',y';z)S_F'(y'-y)\\ &\quad=S_F'(x-y)[\delta(y-z)-\delta(x-z)]\end{aligned} \tag{4.5.12}$$

の関係が得られる．(4.2.4)～(4.2.6) によって運動量表示に移れば，(4.5.12) は

$$(p-q)_\mu S_F'(p)\Gamma_\mu(p, q)S_F'(q) = S_F'(p)-S_F'(q) \qquad (4.5.13)$$

となる．これは(4.5.2)にほかならない．(4.5.2)を(4.2.11)，(4.2.21)を用いて

$$(p-q)_\mu \Lambda_\mu(p, q) = \Sigma^*(p)-\Sigma^*(q) \qquad (4.5.14)$$

と書くこともできる．

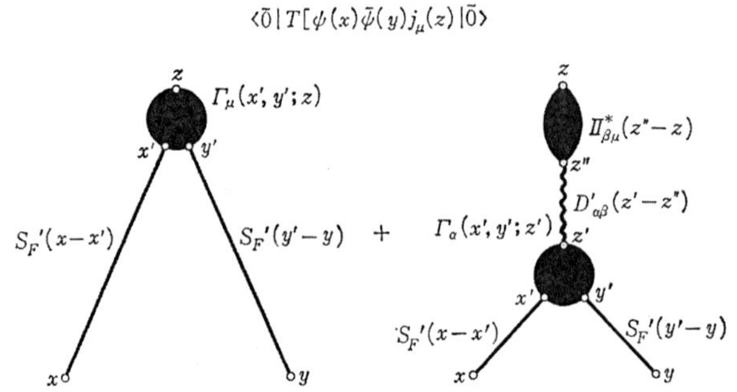

図 4.9

(4.5.2)，(4.5.14)の両辺を p_ν について微分し，その後で $q=p$ ととれば，

$$\Gamma_\nu(p, p) = -\frac{\partial}{\partial p_\nu}[S_F'(p)]^{-1} \qquad (4.5.15)$$

$$\Lambda_\nu(p, p) = \frac{\partial}{\partial p_\nu}\Sigma^*(p) \qquad (4.5.16)$$

を得る．(4.5.15)あるいは(4.5.16)をWardの関係式と呼ぶ[33]*)．

S 行列のゲージ不変性とWard-Takahashiの関係式は全く同じ機構に基づく産物であって，一方から他方を主張することができる．(4.5.2)を使えば，ゲージ不変性の証明は簡単である．§4.3でやった関連する行列要素間での順次的相殺の原理は，closed loopを含む一般の場合について，もっと一括した形で再現されることは明白であろう．ゲージ不変性から(4.5.2)を導くには次のようにする．

まず，頂点関数 $\Lambda_\mu(p, q)$ の構造を考える．$\Lambda_\mu(p, q)$ に対するFeynman図は無限にあって，それらを1つの骨組みの図(skeleton diagram)にまとめて書く

*) 歴史的にはWardの関係式の方がWard-Takahashiの関係式より先に導出されている．

ことができない．これに対して，自己エネルギー部分の方は，$\Pi^*_{\mu\nu}(k)$ に対しては図 4.10，$\Sigma^*(p)$ に対しては図 4.11 のように，1 つの skeleton 図に書くことができる*)．しかし，いまの場合，Λ_μ の構造について無限個の skeleton 図をいちいち引合いに出す必要はない．

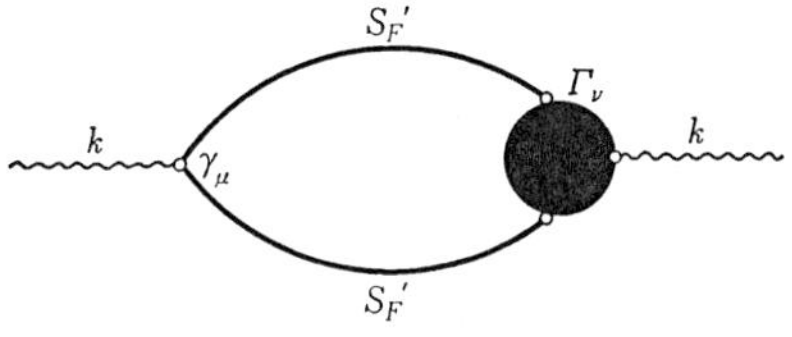

図 4.10

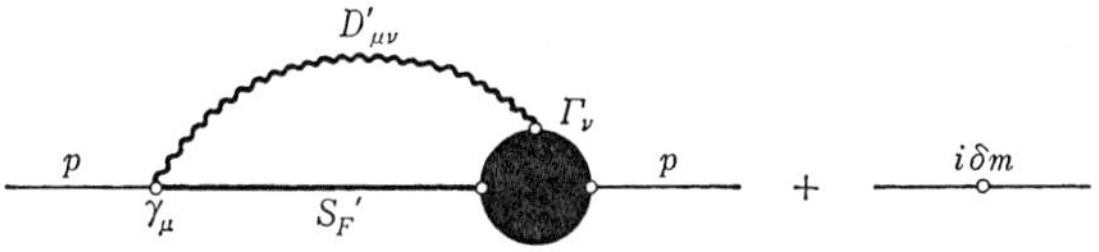

図 4.11

図 4.7 に対して (4.3.13) が成立するから，Λ_μ の Feynman 図の中で図 4.12 のようなものは (4.5.2) に寄与しない．それ故，頂点部分の光子外線としては，

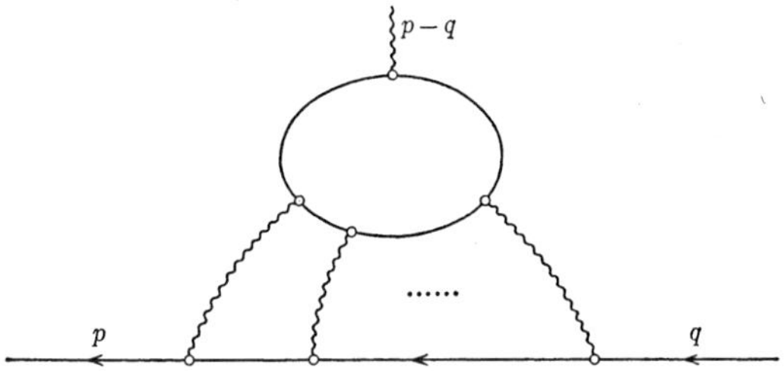

図 4.12

---

*) 図 4.10，図 4.11 に対応する式は

$$\Pi^*_{\mu\nu}(k) = \frac{e^2}{(2\pi)^4}\int dp\, \mathrm{Sp}[\gamma_\mu S_F'(p)\Gamma_\nu(p, p-k)S_F'(p-k)]$$

$$\Sigma^*(p) = \frac{e^2}{(2\pi)^4}\int dk \gamma_\mu S_F'(p-k)\Gamma_\nu(p-k, p)D'_{\mu\nu}(k) + i\delta m$$

である．もし頂点部分の skeleton 図に対応する Λ_μ の式がもう 1 つ存在すれば，$\Pi^*_{\mu\nu}$, Σ^*, Γ_μ について正確な連立積分方程式が得られ，それらは摂動論によらず正確に解けてしまうかも知れない．摂動論に依存せざるを得ない理由は，頂点部分の skeleton 図が無限個存在することにあるといえる．

図4.13のように，γ_μ が電子外線と直接繋がっている電子内線上に挿入されるものだけを考えれば充分である．

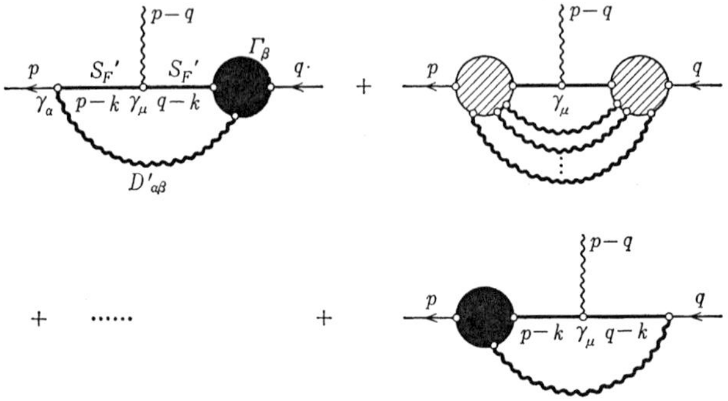

図　4.13

(4.5.1)を用いて，図4.13に対して，図4.5の場合と同様に，順次的相殺の原理を適用すれば，$(p-q)_\mu \Lambda_\mu$ として最後に残るものは次のようである．すなわち，同図中の最初の図で $S_F'(p-k)$ の第1項 $S_F(p-k)$ が

$$(p-q)_\mu \gamma_\mu = S_F^{-1}(q-k) - S_F^{-1}(p-k) \qquad (4.5.17)$$

の第2項によって -1 となる部分からの寄与と，最後の図で $S_F'(q-k)$ の第1項 $S_F(q-k)$ が(4.5.17)の第1項によって $+1$ となる部分からの寄与だけが残る．その他の部分からの寄与はすべて順次的に相殺される．この結果を示したものが図4.14である．図4.14で，左側の図は $\Sigma^*(q)$ を，右側の図は $\Sigma^*(p)$ を表わしている*)．以上の内容を式で表現すれば(4.5.2)に帰着する．

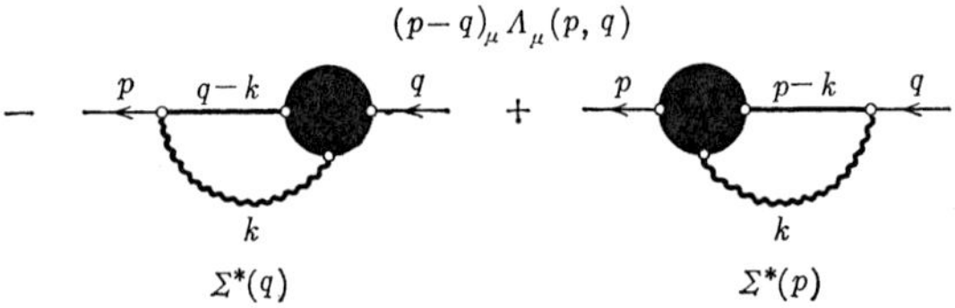

図　4.14

なお，Wardの関係式(4.5.16)も，図4.13に対して

$$\frac{\partial}{\partial p_\mu} S_F(p) = -S_F(p)\left[\frac{\partial}{\partial p_\mu} S_F^{-1}(p)\right] S_F(p)$$

---

*)　符号に注意．

$$= S_F(p)\gamma_\mu S_F(p) \tag{4.5.18}$$

を適用することによって，導出することができる．(4.5.18)を一般化したものが，(4.5.15)から得られる関係式

$$\frac{\partial}{\partial p_\mu} S_F'(p) = S_F'(p)\Gamma_\mu(p, p)S_F'(p) \tag{4.5.19}$$

である．

第5章　くりこみ理論

S 行列の高次計算では発散が起こる．これは，Feynman 積分が一般に発散してしまうためである．この発散には，赤外発散(infra-red divergence)と紫外発散(ultraviolet divergence)の2種類がある．赤外発散は，光子の質量が0であることに起因するもので，遷移確率の形で整理すると自動的に消失させることができる*)．紫外発散は，Feynman 積分の内線運動量が非常に大きいところから発生する発散で，場の量子論の本質的困難と考えられる．この紫外発散を形式的な引き算によって除去して有限な結果を導く処方が，くりこみ理論(renormalization theory)である．

くりこみ理論で重要なことは，そのような引き算が，Lagrangian 密度にあらかじめくりこみ項(または補正項, counter term)と呼ばれる無限大相殺のための付加項を導入することによって自動的に成立し，かつそのくりこみ項の導入は，もともとの Lagrangian 密度に初めから含まれている質量や結合定数等のパラメターおよび場の演算子自体を形式的に再規格化(renormalization)することによって実現されるということである．このような内容をもつくりこみの処方が可能かどうかは，考えている場の演算子の性質と相互作用の型とによって決まるが，量子電磁力学はくりこみ可能な実用理論の典型である．

くりこみ理論では，q 数ゲージの問題は深刻である．Gupta-Bleuler 形式では，q 数ゲージは Feynman ゲージに固定されている．しかし，この事実は，くりこみの処方をこの形式内で遂行することを不可能にしてしまうのである．これは，くりこみによって q 数ゲージがずれるという事態に原因している．本章は，このような問題に重点を置いて，くりこみ理論を考察する．

§5.1　次数勘定法

Feynman 積分の収束性を，積分変数についての次数を勘定することによっ

*)　近年，赤外発散の問題は，いろいろな角度から整理し直されている．それについては，巻末の引用文献参照．

て探り出す手段を次数勘定法という[23]．n 個の頂点を含む Feynman 図の構造を

E_p：光子外線の数，　E_e：電子外線の数

I_p：光子内線の数，　I_e：電子内線の数

によって表わすことにしよう．相互作用 Hamiltonian の構造により*)，n, E_p, E_e, I_p, I_e は独立ではなく，

$$2I_p+E_p=n \tag{5.1.1}$$

$$2I_e+E_e=2n \tag{5.1.2}$$

の関係を満足する．この Feynman 図に対応する Feynman 積分 I を表象的に

$$I \sim \int (dk)^N [D_F(k)]^{I_p} [S_F(k)]^{I_e} \tag{5.1.3}$$

のように書くことにする．k は N 個の 1 次独立な積分変数を一括して表わしている．外線量は定数として与えられるから積分には関係しない．n 個の頂点からは，そこでの 4 次元運動量保存を示す $4n$ 個の δ 関数が現われる．Feynman 図が p 個の連結部分から成っているとすれば，$4n$ 個の δ 関数のうち $4p$ 個は，初期状態と終状態の間の 4 次元運動量保存を示す k を含まない δ 関数となって積分の外に出る．それ故，

$$N=4\nu, \qquad \nu \equiv I_p+I_e-n+p \tag{5.1.4}$$

とすればよい．ν をこの Feynman 図の連結度(connectivity)という．

収束性を調べるには $p=1$ とすれば充分である．$D_F(k), S_F(k)$ は，大きな k_μ の値に対して

$$D_F(k) \sim \frac{1}{k^2}, \qquad S_F(k) \sim \frac{1}{k} \tag{5.1.5}$$

のように振舞うから，

$$I \sim \int \frac{(dk)^{4\nu}}{(k)^{2I_p+I_e}} \tag{5.1.6}$$

のように書ける．従って，

$$d \equiv 4\nu-2I_p-I_e \tag{5.1.7}$$

とおいたとき，$d<0$ なら収束，$d \geq 0$ なら発散と予測される．(5.1.4)，(5.1.1)，(5.1.2) から

---

*) 簡単のため，電子の自己質量項は無視する．

$$d = 4 - E_p - \frac{3}{2}E_e \tag{5.1.8}$$

を得る．

もちろん，これだけで収束性を云々するのは早計である．(5.1.6)では，1次独立な k のすべてが同時に無限大になることを想定している．I が全体として(5.1.6)の形をとる前に，いくつかの k の積分ですでに発散が起きているかも知れない．単に(5.1.7)の d が負であるだけでは，I が収束とは断定できない．(5.1.6)から I の収束性を判定し得るためには，少なくとも $4\nu-1$ 番目の積分までは収束であることが必要である．最後の 4ν 番目の積分ではじめて発散するような Feynman 図を primitive divergent な図と呼び，その発散を primitive divergence という．I が収束するためには，その Feynman 図が primitive divergent な部分 Feynman 図を1つも含まないことが必要である．逆に，primitive divergent な部分 Feynman 図を含まなければ収束(紫外発散なし)であることを証明するには，もっと数学的にきちんとした手続きが必要である．実際，その証明はなされていて，次数勘定法は次数勘定定理(power-counting theorem)に昇格している[34]．従って，発散を含む Feynman 積分に対応する Feynman 図は，少なくとも1つ primitive divergent な部分 Feynman 図を含むことになる．

さて，primitive divergent な図については

$$d_p = 4 - E_p - \frac{3}{2}E_e \geq 0 \tag{5.1.9}$$

であるが，この条件を満足する図の数は，その外線の数に制限があるので，明らかに有限である．primitive divergent な図が有限個におさえられるような理論がくりこみ可能(renormalizable)な理論である．外線の数が2以上で(5.1.9)をみたす場合は，次の5通りである．

1　$E_p=2,\quad E_e=0,\quad d_p=2$　　(光子の自己エネルギー部分)

2　$E_p=0,\quad E_e=2,\quad d_p=1$　　(電子の自己エネルギー部分)

3　$E_p=1,\quad E_e=2,\quad d_p=0$　　(頂点部分)

4　$E_p=3,\quad E_e=0,\quad d_p=1$

5　$E_p=4,\quad E_e=0,\quad d_p=0$

このうち，**4** は Furry の定理により消え，**5** もゲージ不変性のため発散は現わ

れないので無視できる．**5** で発散が消える機構は，そこでの最高次の発散は対数発散 ($d_p=0$) で定数テンソル項となるはずのため，ゲージ不変な定数テンソルは存在しないことにある．$E_p=E_e=0$ の場合は，§4.1 で述べた真空偏極を表わしている．$E_p=1$, $E_e=0$ の場合は Furry の定理により，$E_p=0$, $E_e=1$ の場合は Fermi 粒子数保存則により，それぞれ存在しない．従って，量子電磁力学で問題にする紫外発散量は，$\Pi^*_{\mu\nu}$, Σ^*, Λ_μ に現われる 3 種類のものに限定される．

§5.2 くりこみ理論の処方箋

$\Pi^*_{\mu\nu}(k)$, $\Sigma^*(p)$, $\Lambda_\mu(p, q)$ の 3 種類の量が紫外発散をするので，$D'_{\mu\nu}(k)$, $S_F'(p)$, $\Gamma_\mu(p, q)$ は当然発散量を含んでいる．本節では，これらの量からその発散を除去して，有限な物理的結果を導くくりこみ理論の処方箋を述べる．§5.5 でみるように，くりこみの前後では一般に q 数ゲージにずれが生ずる．このずれはパラメター 1 つの共変ゲージ族内で起こる．すなわち，(4.4.12) の $D'_{\mu\nu}(k; a)$ をくりこんで(再規格化して)得られる $D^{(r)}{}_{\mu\nu}(k; a^{(r)})$ のゲージ・パラメター $a^{(r)}$ は一般にくりこみ前の a とは異なる．このため，必要に応じてゲージ・パラメターの指定を明確にしなければならない．

量子電磁力学におけるくりこみ理論の本質は，

$$D'_{\mu\nu}(k) \equiv Z_3 D^{(r)}{}_{\mu\nu}(k) \tag{5.2.1}$$

$$S_F'(p) \equiv Z_2 S_F{}^{(r)}(p) \tag{5.2.2}$$

$$\Gamma_\mu(p, q) \equiv Z_1{}^{-1}\Gamma^{(r)}{}_\mu(p, q) \tag{5.2.3}$$

とおいたとき，次の条件が満足されていることである．

1 荷電のくりこみ $D^{(r)}{}_{\mu\nu}$, $S_F{}^{(r)}$, $\Gamma^{(r)}{}_\mu$ に含まれる‘はだかの電荷’ e はすべて

$$e^{(r)} \equiv Z_1{}^{-1}Z_2Z_3{}^{1/2}e \tag{5.2.4}$$

によって‘くりこまれた電荷(renormalized charge)’ $e^{(r)}$ に置き換えられる．

2 ゲージのくりこみ 同様に‘くりこみ前のゲージ・パラメター’ a はすべて

$$a^{(r)} \equiv Z_3{}^{-1}a \tag{5.2.5}$$

によって‘くりこまれたゲージ・パラメター’ $a^{(r)}$ に置き換えられる．

3 紫外発散の除去 $e^{(r)}$, $a^{(r)}$ および物理的質量 m を有限とみなせば，$D^{(r)}{}_{\mu\nu}$,

$S_F^{(r)}, \Gamma^{(r)}{}_\mu$ は紫外発散を全く含まない.

4 質量殻上条件(on-mass-shell condition) $S_F^{(r)}(p)$ は，$i\gamma p^0+m=0$ をみたす p^0 の近傍で，$S_F(p)$ のように振舞う．すなわち，$p\to p^0$ に対し

$$i(i\gamma p+m)S_F^{(r)}(p)\to i(i\gamma p+m)S_F(p)\to 1 \tag{5.2.6}$$

$D^{(r)}{}_{\mu\nu}(k)$ つまり $D^{(r)}{}_{\mu\nu}(k;a^{(r)})$ は $(k^0)^2=0$ をみたす k^0 の近傍で，$D_{\mu\nu}(k;a^{(r)})$ のように振舞う．すなわち，$k\to k^0$ に対し

$$ik^2D_F^{(r)}(k)\to ik^2D_F(k)\to 1 \tag{5.2.7}$$

ただし,

$$D^{(r)}{}_{\mu\nu}(k;a^{(r)})\equiv\left(\delta_{\mu\nu}-\frac{k_\mu k_\nu}{k^2-i\varepsilon}\right)D_F^{(r)}(k)-ia^{(r)}\frac{k_\mu k_\nu}{(k^2-i\varepsilon)^2} \tag{5.2.8}$$

また，$\Gamma^{(r)}{}_\mu(p,q)$ は $p=q=p^0$ のとき,

$$\Gamma^{(r)}{}_\mu(p^0,p^0)=\gamma_\mu \tag{5.2.9}$$

を満足する*).

5 質量のくりこみ (5.2.6)が成立するためには，あらかじめ‘はだかの質量’m_0 を‘くりこまれた質量’つまり物理的質量 m に移しておかなくてはならない.

以上の内容が実現されると，§5.6の外線のくりこみを通して，その内容を再現するための，Heisenberg 演算子 $A_\mu, \psi, \overline{\psi}$ に対するくりこみが決定するという目論見である.

§5.3 $\Gamma_\mu(p,q)$ のくりこみ

まず，頂点部分について考察するのが簡単である．$2n+1$ 個の Γ_μ を含む頂点部分の skeleton 図は S_F' を $2n$ 個，$D'_{\mu\nu}$ を n 個含むから，それに対する Λ_μ を表象的に

$$e\Lambda\sim\int(e\Gamma)^{2n+1}(S_F')^{2n}(D')^n \tag{5.3.1}$$

のように書くことにする．これに(5.2.1)～(5.2.3)を代入すれば,

$$Z_1\Lambda\sim(Z_1^{-1}Z_2Z_3^{1/2}e)^{2n}\int[\Gamma^{(r)}]^{2n+1}[S_F^{(r)}]^{2n}[D^{(r)}]^n \tag{5.3.2}$$

---

*) $p, q, p-q$ が共に質量殻上にある $p^2+m^2=0$, $q^2+m^2=0$, $(p-q)^2=0$ の場合は，$p=q=p^0$ のときだけである.

となる．それ故，$Z_1\Lambda_\mu$ は，Λ_μ においてくりこみ前の量をすべてそのままくりこまれた量で置き換えたものである．Λ_μ の e についての摂動展開の次数は2次ずつ増加するから，$Z_1\Lambda_\mu$ に対しても $e^{(r)}$ について同様である．$\Lambda_\mu(p,q)$ は高々対数発散であるから，$\Gamma^{(r)}{}_\mu, S_F{}^{(r)}, D^{(r)}{}_{\mu\nu}$ が $e^{(r)}$ について $m-2$ 次まで紫外発散を含まないと仮定すれば，m 次の $Z_1\Lambda_\mu(p,q)$ の対数発散項は p,q に依存しない定数である．

いま，

$$\Lambda^{(r)}{}_\mu(p,q) \equiv Z_1[\Lambda_\mu(p,q)-\Lambda_\mu(p^0,p^0)] \tag{5.3.3}$$

によって $\Lambda^{(r)}{}_\mu(p,q)$ を定義すれば，その m 次までの項は紫外発散を含まない．ここに

$$Z_1\Lambda_\mu(p^0,p^0) = \gamma_\mu L \tag{5.3.4}$$

で，L は $e^{(r)}$ と $a^{(r)}$ で書かれた対数発散量である．Z_1 として

$$Z_1 = 1-L \tag{5.3.5}$$

とおけば，(5.2.3) から，

$$\begin{aligned}\Gamma^{(r)}{}_\mu(p,q) &= Z_1\Gamma_\mu(p,q) = Z_1[\gamma_\mu+\Lambda_\mu(p,q)]\\ &= \gamma_\mu+\Lambda^{(r)}{}_\mu(p,q)\end{aligned} \tag{5.3.6}$$

を得る．それ故，m 次までの $\Gamma^{(r)}{}_\mu$ は紫外発散を含まない．

質量殻上条件も

$$\Lambda^{(r)}{}_\mu(p^0,p^0) = 0 \tag{5.3.7}$$

によって満足されている．

以上のような内容が，$S_F{}^{(r)}, D^{(r)}{}_{\mu\nu}$ についても主張されれば，くりこみ可能性の証明が数学的帰納法によって与えられることになる．

§5.4　$S_F'(p)$ のくりこみ

$S_F{}^{(r)}(p)$ を求めるには Ward の関係式を使用するのが便利である．(4.5.15)，(5.2.2)，(5.2.3) から

$$\Gamma^{(r)}{}_\mu(p,p) = -Z_1Z_2{}^{-1}\frac{\partial}{\partial p_\mu}[S_F{}^{(r)}(p)]^{-1} \tag{5.4.1}$$

である．これに質量殻上条件を適用すれば，$p\to p^0$ のとき，左辺は γ_μ になり，右辺は

$$\frac{\partial}{\partial p_\mu}[S_F{}^{(\mathrm{r})}(p)]^{-1} \to \frac{\partial}{\partial p_\mu}S_F{}^{-1}(p) = -\gamma_\mu \tag{5.4.2}$$

から $Z_1 Z_2{}^{-1}\gamma_\mu$ となるので，

$$Z_1 = Z_2 \tag{5.4.3}$$

$$\Gamma^{(\mathrm{r})}{}_\mu(p, p) = -\frac{\partial}{\partial p_\mu}[S_F{}^{(\mathrm{r})}(p)]^{-1} \tag{5.4.4}$$

を得る．つまり，くりこまれた $\Gamma^{(\mathrm{r})}{}_\mu$, $S_F{}^{(\mathrm{r})}$ に対しても Ward の関係式が成立している．(5.4.3) を Ward の恒等式(Ward identity)と呼ぶ．(5.4.3) のおかげで，Ward-Takahashi の関係式も

$$(p-q)_\mu \Gamma^{(\mathrm{r})}{}_\mu(p, q) = [S_F{}^{(\mathrm{r})}(q)]^{-1} - [S_F{}^{(\mathrm{r})}(p)]^{-1} \tag{5.4.5}$$

のように，くりこまれた量に対して成立する．(5.2.4) は簡単に

$$e^{(\mathrm{r})} = Z_3{}^{1/2} e \tag{5.4.6}$$

となる．

(5.4.4) を質量殻上条件を考慮して積分すれば，

$$\begin{aligned}[S_F{}^{(\mathrm{r})}(p)]^{-1} &= -\int_{p^0}^{p} dq_\mu \Gamma^{(\mathrm{r})}{}_\mu(q, q) \\ &= -\gamma_\mu(p-p^0)_\mu - \int_{p^0}^{p} dq_\mu \Lambda^{(\mathrm{r})}{}_\mu(q, q) \\ &= i\left[i\gamma p + m + i\int_{p^0}^{p} dq_\mu \Lambda^{(\mathrm{r})}{}_\mu(q, q)\right]\end{aligned} \tag{5.4.7}$$

を得る．ここに，$i\gamma p^0 + m = 0$ と (5.3.6) を用いた．(5.4.7) は，$S_F{}^{(\mathrm{r})}$ の収束性についての内容が $\Lambda^{(\mathrm{r})}{}_\mu$ についての場合と同じであることを示している．(5.4.7) から，くりこまれた $\Sigma^{*(\mathrm{r})}(p)$ は，

$$\Sigma^{*(\mathrm{r})}(p) \equiv \int_{p^0}^{p} dq_\mu \Lambda^{(\mathrm{r})}{}_\mu(q, q) \tag{5.4.8}$$

によって与えられ，それは

$$\Sigma^{*(\mathrm{r})}(p^0) = 0 \tag{5.4.9}$$

を満足している．(5.4.7) と (4.2.21) とを比較すれば，

$$\Sigma^*(p) = (1 - Z_2{}^{-1}) i(i\gamma p + m) + Z_2{}^{-1}\int_{p^0}^{p} dq_\mu \Lambda^{(\mathrm{r})}{}_\mu(q, q) \tag{5.4.10}$$

を得る．$\Sigma^*(p)$ も

$$\Sigma^*(p^0) = 0 \tag{5.4.11}$$

を満足せねばならない．(5.4.11)を保証するものが相互作用 Hamiltonian 密度に含まれる自己質量項 $\delta m\bar{\psi}\psi$ であって，δm をそれが成立するように選ぶわけである．δm は $O(e^2)$ の発散量となる．

Ward の関係式の存在は，くりこみ可能性の面からは本質的ではない．(4.5.15)がなくても，改めて

$$\Lambda'_\mu(p,p) \equiv \frac{\partial}{\partial p_\mu}\Sigma^*(p) \tag{5.4.12}$$

によって仮想的頂点関数 $\Lambda'_\mu(p,p)$ を定義すればよい．すると，(4.2.21)から，

$$\begin{aligned}\Gamma'_\mu(p,p) &\equiv \gamma_\mu+\Lambda'_\mu(p,p)\\ &= -\frac{\partial}{\partial p_\mu}[S_F'(p)]^{-1}\end{aligned} \tag{5.4.13}$$

である．この $\Lambda'_\mu(p,p)$ に対しては，(5.3.1)の代りに，

$$\Lambda' \sim \int(e\Gamma)^{2n}\Gamma'(S_F')^{2n}(D')^n \tag{5.4.14}$$

を得る．(5.4.13)により，

$$\Gamma'_\mu(p,p) \equiv Z_2^{-1}\Gamma'^{(\mathrm{r})}_\mu(p,p) \tag{5.4.15}$$

で与えられる $\Gamma'^{(\mathrm{r})}_\mu(p,p)$ はくりこまれた量である．(5.4.14)に(5.4.15)および(5.2.1)～(5.2.3)を代入すれば，

$$Z_2\Lambda' \sim (Z_1^{-1}Z_2Z_3^{1/2}e)^{2n}\int[\Gamma^{(\mathrm{r})}]^{2n}\Gamma'^{(\mathrm{r})}[S_F^{(\mathrm{r})}]^{2n}[D^{(\mathrm{r})}]^n \tag{5.4.16}$$

となり，前節で $Z_1\Lambda_\mu$ についてやったと同じことを，今度は $Z_2\Lambda'_\mu$ について辿り直せばよいことがわかる．ただし，新しい関係式

$$\Gamma'^{(\mathrm{r})}_\mu(p,p) = -\frac{\partial}{\partial p_\mu}[S_F^{(\mathrm{r})}(p)]^{-1} \tag{5.4.17}$$

からは，(5.4.3), (5.4.6)の関係は引き出せないことに注意する．

以上のように，頂点関数を手がかりとしてくりこみを行なう処方は Ward の着想によるもので[35]，重複発散(overlapping divergence)の問題を回避したスマートなものといえる．頂点関数を経ずに直接 Σ^* からその発散項を引き算することによって，$\Sigma^{*(\mathrm{r})}$ を求めようとしても，なかなかうまくいかない．次数勘定定理により Σ^* は1次の発散であるから，

$$\Sigma^*(p)-\Sigma^*(p^0)-(p-p^0)_\mu\frac{\partial\Sigma^*(q)}{\partial q_\mu}\bigg|_{q=p^0} \tag{5.4.18}$$

の形の引き算を，摂動の2次から高次まで繰り返していけば，紫外発散が除かれそうにみえる．ところが，4次以上になるとそうはいかない．それは，重複発散の問題に起因している．重複発散とは，Feynman図の2つの部分図が互いに共通要素をもちながら，どちらも他の部分図にはなっていない場合に生ずる発散のことである．その最も簡単な例が図5.1である．図5.1に対するFeynman積分は，

$$\int dkdk'F(p,k)G(p,k,k')H(p,k') \tag{5.4.19}$$

の形をしていて，kとk'の積分を独立に切り離して行なうことができない．このため，被積分関数F, G, Hを有限なものとしても，単純に(5.4.18)の形で$\Sigma^{*(\mathrm{r})}$を求めることができないのである．複雑なことをして有限な結果を得ようとすると，無限大の引き算については，結局のところ頂点関数を用いてやったのと同じことになる．重複発散の問題はSalamによって詳しく論ぜられた[36].

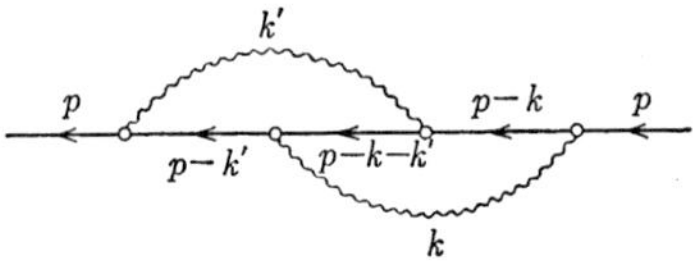

図 5.1

§5.5 $D'_{\mu\nu}(k)$のくりこみ——くりこみによるゲージのずれ

前節と同様に，重複発散の問題を回避して，$D^{(\mathrm{r})}{}_{\mu\nu}(k)$を求めるために，次のような手順を踏む．$\Pi^*{}_{\mu\nu}(k)$を用いて，

$$\Delta_{\mu,\alpha\beta}(k,k)\equiv\frac{1}{3}\frac{\partial}{\partial k_\mu}\Pi^*{}_{\alpha\beta}(k) \tag{5.5.1}$$

によって3本の光子外線に対する仮想的頂点関数$\Delta_{\mu,\alpha\beta}(k,k)$を定義する．Furryの定理により奇数本の光子外線をもつclosed loopの寄与は0であるが，それは，例えば図5.2のように，電子線について右回りと左回りの両方のFeynman図を加え合わせるからである．しかし，(5.5.1)によって定義される$\Delta_{\mu,\alpha\beta}$の図5.2に対応する部分は，図5.3で図式的に示されるように[(4.5.18), (4.5.19)参照]，両方の図の和ではなく差となるので，その寄与は0とはならない．

$$\Delta_\mu(k, k) \equiv \Delta_{\mu,\alpha\alpha}(k, k) \tag{5.5.2}$$

とおけば，(4.2.32)から，

$$\frac{\partial}{\partial k_\mu}[k^2\Pi^*(k^2)] = \Delta_\mu(k, k) \tag{5.5.3}$$

である．これを積分すれば

$$k^2\Pi^*(k^2) = \int_0^k dq_\mu \Delta_\mu(q, q) \tag{5.5.4}$$

となる*)．従って，(4.2.36)から，

$$[D'_F(k)]^{-1} = ik^2 - \int_0^k dq_\mu \Delta_\mu(q, q) \tag{5.5.5}$$

を得る．

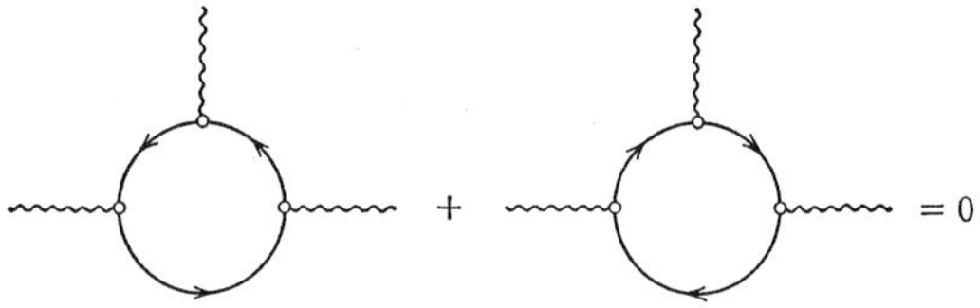

図　5.2

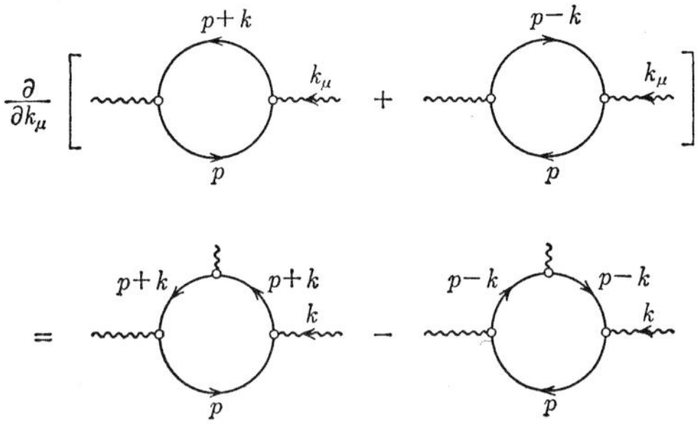

図　5.3

$2n+1$ 個の Γ_μ を含む Δ_μ は，S_F' を $2n+1$ 個，$D'_{\mu\nu}$ を $n-1$ 個含むから，それは表象的に

$$e\Delta \sim \int (e\Gamma)^{2n+1}(S_F')^{2n+1}(D')^{n-1} \tag{5.5.6}$$

と書ける．前節と同様に，これに(5.2.1)～(5.2.3)を代入するのであるが，こ

*)　$\int_0^{k^0} dq_\mu \Delta_\mu(q, q) = 0$ に注意．

のとき，$2n+1$ 個の Γ_μ のうちの1つは，(4.5.19)により S_F' を微分することによって出現したものであることに留意する．その Γ_μ に対しては，2つの S_F' を合わせて，

$$S_F'\Gamma_\mu S_F' \rightarrow Z_2 S_F^{(\mathrm{r})}\Gamma^{(\mathrm{r})}{}_\mu S_F^{(\mathrm{r})} \tag{5.5.7}$$

の置き換えを行う．それ故，

$$Z_3\Delta \sim (Z_1{}^{-1}Z_2Z_3{}^{1/2}e)^{2n}\int[\Gamma^{(\mathrm{r})}]^{2n+1}[S_F^{(\mathrm{r})}]^{2n+1}[D^{(\mathrm{r})}]^{n-1} \tag{5.5.8}$$

が成立する．$Z_3\Delta_\mu$ は，Δ_μ からそこでのくりこみ前の量をすべてくりこまれた量で置き換えることによって得られるものである．

次数勘定定理によれば，Δ_μ は1次の発散であるが，Lorentz 共変性により，1次の発散項は現実には現われず，対数発散項だけが残る．すなわち，

$$\Delta_\mu(0,0)=0 \tag{5.5.9}$$

である．それ故，$\Gamma^{(\mathrm{r})}, S_F^{(\mathrm{r})}, D^{(\mathrm{r})}{}_{\mu\nu}$ が $e^{(\mathrm{r})}$ について $m-2$ 次まで紫外発散を含まなければ，

$$\Delta^{(\mathrm{r})}{}_\mu(k,k) \equiv Z_3\left[\Delta_\mu(k,k)-k_\nu\frac{\partial}{\partial q_\nu}\Delta_\mu(q,q)\bigg|_{q_\nu=0}\right] \tag{5.5.10}$$

によって定義される $\Delta^{(\mathrm{r})}{}_\mu(k,k)$ の m 次までの項は，紫外発散を含まないことが証明される．Lorentz 共変性により，

$$Z_3\frac{\partial}{\partial q_\nu}\Delta_\mu(q,q)\bigg|_{q_\nu=0}=2iC\delta_{\mu\nu} \tag{5.5.11}$$

である．ここに定数 C は $e^{(\mathrm{r})}$ で書かれた対数発散量である．結局，$\Delta^{(\mathrm{r})}{}_\mu(k,k)$ は

$$\Delta^{(\mathrm{r})}{}_\mu(k,k)=Z_3\Delta_\mu(k,k)-2iCk_\mu \tag{5.5.12}$$

となる．

$$D_F'(k)\equiv Z_3D_F^{(\mathrm{r})}(k) \tag{5.5.13}$$

とおき，Z_3 として

$$Z_3=1+C \tag{5.5.14}$$

と選べば，(5.5.5)は

$$[D_F^{(\mathrm{r})}(k)]^{-1}=ik^2-\int_0^k dq_\mu\Delta^{(\mathrm{r})}{}_\mu(q,q) \tag{5.5.15}$$

を導く．

(5.5.15) の $D_F{}^{(r)}(k)$ を用いて (4.4.12) を書き直せば,

$$D^{(r)}{}_{\mu\nu}(k) = \left(\delta_{\mu\nu} - \frac{k_\mu k_\nu}{k^2 - i\varepsilon}\right) D_F{}^{(r)}(k) - ia^{(r)} \frac{k_\mu k_\nu}{(k^2 - i\varepsilon)^2} \tag{5.5.16}$$

に到達する．ただし，ゲージ・パラメター a も (5.2.5) によって $a^{(r)}$ に変換される．(5.5.15) から

$$k^2 \Pi^*(k^2) = i(1 - Z_3{}^{-1})k^2 + Z_3{}^{-1} \int_0^k dq_\mu \Delta^{(r)}{}_\mu(q, q) \tag{5.5.17}$$

を得る．(5.5.10) により，$\Delta_\mu(k, k)$ の k_μ だけに比例する項はすでに引き除かれているから，$\Delta^{(r)}{}_\mu(k, k)$ は

$$\Delta^{(r)}{}_\mu(k, k) = k_\mu k^2 A + k_\mu (k^2)^2 B + \cdots \tag{5.5.18}$$

のように振舞う ($A, B, \cdots$ は有限な定数)．従って，(5.5.15) の第 2 項は $(k^2)^2$ に比例する項から始まる．それ故，質量殻上条件 (5.2.7) も確かに成立していることがわかる．

以上，数学的帰納法に基き $\Gamma_\mu, S_F', D'_{\mu\nu}$ のくりこみを遂行した．これによって，Feynman 積分に含まれる紫外発散はすべて取り除かれたはずである．事実そうなのであるが，その推論の根拠は次数勘定定理に基づいた直観的解釈にあり，数学的に厳密なものとはいえない．Feynman 積分において，被積分関数の次数が紫外発散をしないように押えられていても，それだけでは，どこからか予期せぬ発散が現われるかもしれない．そのようなことが無いという保証，つまりくりこまれた Feynman 積分の収束性についての厳密証明が必要である．その厳密証明は，くりこみ理論の形式が確立されてからずっと後年になって与えられた．その最初のものが，Bogoliubov-Parasuik によって提出され[37]，Hepp によって完成された[38]，いわゆる BPH renormalization である．くりこみ理論の完全性のためには，この厳密証明はきわめて重要なものであって，その後も BPH とは別の角度からいろいろ注目すべき試みがなされている[39〜43]*)．しかし，それらの内容に立ち入るのは本書の趣旨から離れるので割愛する．

$D'_{\mu\nu}(k)$ のくりこみでは，くりこみ前後の $k_\mu k_\nu$ に比例した項の係数にずれが

---

*)　このうち，最も厳密なものは文献[42]である．なお，この問題についてのほとんどの文献は[44]に引用されている．

生ずる．この問題がゲージのずれという形で捕えられたのは，比較的最近のことである[45, 46]．しかも，このゲージのずれは，共変ゲージを導くための特定な理論形式には依存せず，Lorentz 共変性と S 行列のゲージ不変性とだけから帰結されることなのである[46]．ゲージがずれない唯一の例外は Landau ゲージの場合である．$a=1$ として出発した Gupta-Bleuler 形式では $a^{(r)}=Z_3^{-1}\neq 1$ となり，くりこみ後はもはや Feynman ゲージではなくなってしまう．逆に，$a^{(r)}=1$ になるようにすれば，$a=Z_3\neq 1$ となり，この q 数ゲージでの自由場を記述する枠組がない．これが Gupta-Bleuler 形式の困難である．この困難を解消するためには，第7章で述べるような共変ゲージについての新しいゲージ共変な理論形式に移らねばならない．

§5.6 外線のくりこみ

内線部分についてのくりこみは終ったが，くりこみを完了するためには，まだ外線部分についてのくりこみ操作が残っている．

相互作用表示における粒子の1体状態を，横光子に対して $|\boldsymbol{k};\lambda\rangle$ ($\lambda=1,2$ は横光子の偏極の方向)，電子に対して $|\boldsymbol{p};s\rangle$ (s はスピン状態) とすれば，

$$\langle 0|A_\mu^{(\mathrm{I})}(x)|\boldsymbol{k};\lambda\rangle \sim a_\mu^{(\lambda)}(\boldsymbol{k})e^{ikx}, \qquad k_\mu a_\mu^{(\lambda)}(k)=0 \tag{5.6.1}$$

$$\langle 0|\psi^{(\mathrm{I})}(x)|\boldsymbol{p};s\rangle \sim u^{(s)}(p)e^{ipx}, \qquad (i\gamma p+m)u^{(s)}(p)=0 \tag{5.6.2}$$

である．この $|\boldsymbol{k};\lambda\rangle$, $|\boldsymbol{p};s\rangle$ の4次元運動量に対して $\Pi^*{}_{\mu\nu}(k)$, $\Sigma^*(p)$ はそれぞれ0となるから，粒子の1体状態は安定(steady)である．すなわち，(4.1.23)の $\tilde{S}$ に対して

$$\tilde{S}|\boldsymbol{k};\lambda\rangle = |\boldsymbol{k};\lambda\rangle \tag{5.6.3}$$

$$\tilde{S}|\boldsymbol{p};s\rangle = |\boldsymbol{p};s\rangle \tag{5.6.4}$$

である．それ故，Heisenberg 表示での1体状態

$$|\tilde{\boldsymbol{k}};\lambda\rangle \equiv e^{i\theta_k}U(t_0,-\infty)|\boldsymbol{k};\lambda\rangle \tag{5.6.5}$$

$$|\tilde{\boldsymbol{p}};s\rangle \equiv e^{i\theta_p}U(t_0,-\infty)|\boldsymbol{p};s\rangle \tag{5.6.6}$$

の相因子 θ_k, θ_p を適当に選んで，Gell-Mann-Low の関係式(4.1.20)を

$$\langle\tilde{0}|A_\mu(x)|\tilde{\boldsymbol{k}};\lambda\rangle = \langle 0|T[\tilde{S}A_\mu^{(\mathrm{I})}(x)]|\boldsymbol{k};\lambda\rangle \tag{5.6.7}$$

$$\langle\tilde{0}|\psi(x)|\tilde{\boldsymbol{p}};s\rangle = \langle 0|T[\tilde{S}\psi^{(\mathrm{I})}(x)]|\boldsymbol{p};s\rangle \tag{5.6.8}$$

のように1体状態に対して拡張することができる．

(5.6.7), (5.6.8)の関係は，図5.4，図5.5に示すように，任意の Feynman 図の外線部分に輻射補正をほどこした結果を表わしている．ただし，

$$\langle\tilde{0}|A_\mu(x)|\tilde{\boldsymbol{k}};\lambda\rangle\sim a'_\mu{}^{(\lambda)}e^{ikx} \tag{5.6.9}$$

$$\langle\tilde{0}|\phi(x)|\tilde{\boldsymbol{k}};s\rangle\sim u'^{(s)}(p)e^{ipx} \tag{5.6.10}$$

である．図5.4，図5.5の関係を式で表わせば，

$$a'_\mu{}^{(\lambda)}(k)=a_\mu{}^{(\lambda)}(k)+D'_{\mu\nu}(k)\Pi^*{}_{\nu\rho}a_\rho{}^{(\lambda)}(k) \tag{5.6.11}$$

$$u'^{(s)}(p)=u^{(s)}(p)+S_F'(p)\Sigma^*(p)u^{(s)}(p) \tag{5.6.12}$$

である．(4.2.32), (4.4.12)および(5.6.1)の第2式を用いれば，(5.6.11)は

$$a'_\mu{}^{(\lambda)}(k)=a_\mu{}^{(\lambda)}(k)+D'(k)k^2\Pi^*(k^2)a_\mu{}^{(\lambda)}(k) \tag{5.6.13}$$

となる．これまでのところ，われわれは場の量子論としては Gupta-Bleuler 形式しか導入していないので，共変ゲージ一般の場合における $A_\mu(x)$, $A_\mu{}^{(1)}(x)$ 等を具体的に把握していない．しかし，S 行列の unitary 性から光子の物理的状態としては常に横光子の状態だけを考えれば充分なので，本節での議論も特定の理論形式には依存しない．例えば，いつでも，$a_\mu{}^{(\lambda)}(k)$ は(5.6.1)の第2式をみたす $\delta(k^2)$ に比例する量であり，また，(5.6.13)から，

$$\langle\tilde{0}|\partial_\mu A_\mu(x)|\tilde{\boldsymbol{k}};\lambda\rangle=0 \tag{5.6.14}$$

も成立するものとしてよい．

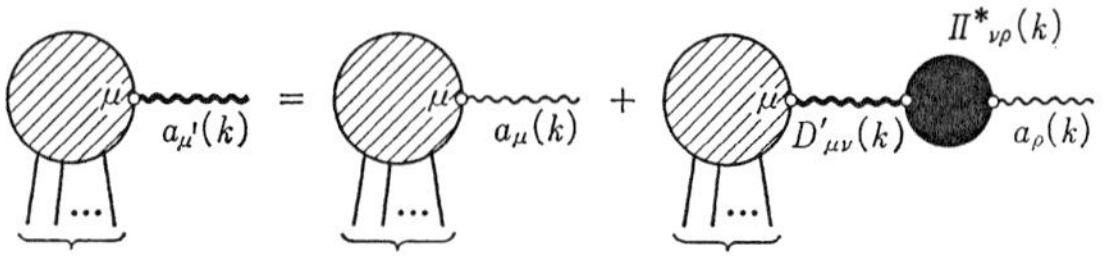

図 5.4

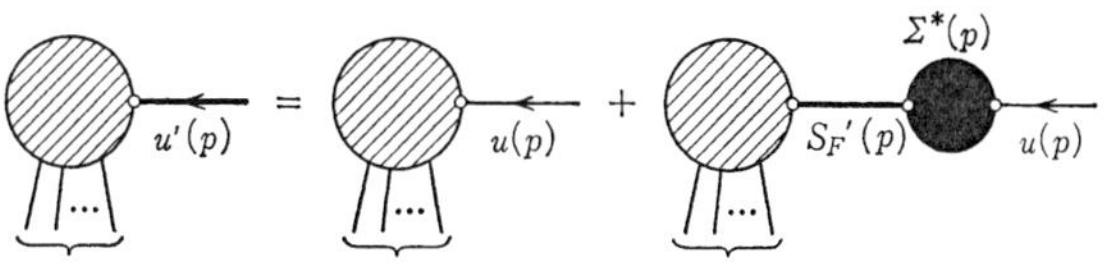

図 5.5

さて，(5.6.13), (5.6.12)の第2項はそれぞれ

$$\frac{1}{x}x\delta(x) \tag{5.6.15}$$

の形の不定形になっているので，直接の計算で unique な結果を導くことがで

きない．そこで，その左辺を

$$a_\mu{}'^{(\lambda)}(k) \equiv Z_3{}^{1/2} a_\mu{}^{(\lambda)}(k) \tag{5.6.16}$$

$$u'^{(s)}(p) \equiv Z_2{}^{1/2} u^{(s)}(p) \tag{5.6.17}$$

によって定義する．こうすることにより，くりこまれた S 行列の unitary 性が保証されるからである．n 個の頂点関数 Γ_μ を含む skeleton 図を考えてみよう．その光子外線の数を E_p，電子外線の数を E_e とすれば，そこに含まれる $D'_{\mu\nu}$，$S_F{}'$ の数はそれぞれ $(n-E_p)/2, n-E_e/2$ である．この skeleton 図に対応する行列要素 M を

$$M \sim e^n \int (\Gamma)^n (S_F{}')^{n-E_e/2} (D')^{(n-E_p)/2} (a')^{E_p} (u')^{E_e} \tag{5.6.18}$$

のように略記すれば，(5.6.16), (5.6.17) のおかげで，

$$M \sim [e^{(\mathrm{r})}]^n \int [\Gamma^{(\mathrm{r})}]^n [S_F{}^{(\mathrm{r})}]^{n-E_e/2} [D^{(\mathrm{r})}]^{(n-E_p)/2} (a)^{E_p} (u)^{E_e} \tag{5.6.19}$$

を得る．M は，自由場での量 $a_\mu{}^{(\lambda)}(k)$, $u^{(s)}(p)$ 等とくりこまれた量とだけによって書き直されている．(5.6.18) は発散を含む諸量によって構成されているので，その M についての unitary 性は形式的である．(5.6.19) のくりこまれた M の方は，くりこみ定数を有限とみなせば，よく定義された量だけから構成されているので，形式的 unitary 性をよく定義された意味での unitary 性に昇格させたものと解釈できる．

くりこまれた Heisenberg 演算子は

$$A_\mu(x; e, a) \equiv Z_3{}^{1/2} A^{(\mathrm{r})}{}_\mu(x; e^{(\mathrm{r})}, a^{(\mathrm{r})}) \tag{5.6.20}$$

$$\psi(x; e, a) \equiv Z_2{}^{1/2} \psi^{(\mathrm{r})}(x; e^{(\mathrm{r})}, a^{(\mathrm{r})}) \tag{5.6.21}$$

によって定義される．このとき，

$$\langle\tilde{0}|T[A^{(\mathrm{r})}{}_\mu(x) A^{(\mathrm{r})}{}_\nu(y)]|\tilde{0}\rangle = D^{(\mathrm{r})}{}_{\mu\nu}(x-y) \tag{5.6.22}$$

$$\langle\tilde{0}|T[\psi^{(\mathrm{r})}(x)\overline{\psi}^{(\mathrm{r})}(y)]|\tilde{0}\rangle = S_F{}^{(\mathrm{r})}(x-y) \tag{5.6.23}$$

および

$$\langle\tilde{0}|A^{(\mathrm{r})}{}_\mu(x)|\tilde{\boldsymbol{k}}; \lambda\rangle = \langle 0|A_\mu{}^{(\mathrm{I})}(x)|\boldsymbol{k}; \lambda\rangle \tag{5.6.24}$$

$$\langle\tilde{0}|\psi^{(\mathrm{r})}(x)|\tilde{\boldsymbol{p}}; s\rangle = \langle 0|\psi^{(\mathrm{I})}(x)|\boldsymbol{p}; s\rangle \tag{5.6.25}$$

が成立する．(5.6.16), (5.6.17) は (5.6.22)〜(5.6.25) を保証する選択になっている．

以上に現われた4つのくりこみ定数 $Z_1, Z_2, Z_3, \delta m$ のうち，Z_3 と δm はゲージに依存しない．(5.5.3)により，Δ_μ はゲージ不変である．従って，(5.5.11)，(5.5.14)から，Z_3 はゲージ不変となる．δm のゲージ不変性は，$\Sigma^*(p)$ に対する図4.11と

$$\bar{u}(p)\Sigma^*(p)u(p) = 0 \tag{5.6.26}$$

とから，直接確かめることができる．$Z_3, \delta m$ に対して，$Z_1=Z_2$ の方は少々厄介な量である．それは，ゲージに依存するだけではなく，赤外発散も含むことが実際の計算で示される．Z_3 と δm の方は赤外発散を含まない．(5.6.20)により，Z_3 は自己場と相互作用をしている光子が‘はだか’の状態にある確率と解釈できる．そうすれば，本来は

$$0 < Z_3 < 1 \tag{5.6.27}$$

および(5.4.6)により，

$$e^{(r)} < e \tag{5.6.28}$$

のはずである．(5.6.28)は，古典電磁気学における Lentz の法則に相当して，相互作用を弱める方向にくりこみの効果が働くことを示すものと解釈できよう．Z_2 については，そのゲージ依存性のため，(5.6.21)の形だけから単純に電子の‘はだか’の確率と解釈するわけにはいかない．

§5.7　Källén 形式

Landau ゲージ以外ではくりこみによってゲージがずれるので，Feynman ゲージにおける内容を存続させようとすれば，$a^{(r)}$ か a のどちらかを1ととることになる．くりこまれた結果が

$$a^{(r)} = Z_3^{-1}a = 1 \tag{5.7.1}$$

になるようにして Gupta-Bleuler 形式を継承したものが，本節で述べる Källén 形式である[47]．Källén 形式には，くりこみ前の Z_3 ゲージでの自由場を記述する枠組がないので，はじめからくりこまれた量だけを取り扱うことになる．

くりこまれた Feynman ゲージでの場の方程式が

$$\Box A_\mu = -j_\mu \tag{5.7.2}$$

$$\partial_\mu j_\mu = 0 \tag{5.7.3}$$

を満足するものとしよう*)．すると$\Box\partial_\mu A_\mu=0$であるから，Heisenberg演算子A_μに対しても

$$[\partial_\mu A_\mu(x),\ A_\nu(y)]=i\partial_\nu D(x-y) \tag{5.7.4}$$

が成立するはずである．右辺の係数は，(5.7.1)と質量殻上条件(5.2.7)からきまる．(5.7.4)と並進不変性により，

$$\langle\tilde{0}|[A_\mu(x),\ A_\nu(y)]|\tilde{0}\rangle=i\delta_{\mu\nu}D(x-y)+\sigma_{\mu\nu}(x-y) \tag{5.7.5}$$

$$\partial_\mu\sigma_{\mu\nu}(x)=0 \tag{5.7.6}$$

を得る．$\sigma_{\mu\nu}$は，Lorentz共変性，局所可換性および(5.7.6)により，

$$\sigma_{\mu\nu}(x)=2iM\partial_\mu\partial_\nu D(x)+i\int_0^\infty ds\sigma(s)(s\delta_{\mu\nu}-\partial_\mu\partial_\nu)\Delta(x-y\,;s) \tag{5.7.7}$$

のように書ける．ここに$M,\sigma(s)$は未定である．(5.7.5)，(5.7.7)，(5.7.2)から

$$\langle 0|[A_\mu(x),j_\nu(y)]|0\rangle=-i\int_0^\infty dss\sigma(s)(s\delta_{\mu\nu}-\partial_\mu\partial_\nu)\Delta(x-y\,;s) \tag{5.7.8}$$

$$\langle 0|[j_\mu(x),j_\nu(y)]|0\rangle=i\int_0^\infty dss^2\sigma(s)(s\delta_{\mu\nu}-\partial_\mu\partial_\nu)\Delta(x-y\,;s) \tag{5.7.9}$$

である**)．(5.7.4)は

$$[\partial_\mu A_\mu(x),j_\nu(y)]=0 \tag{5.7.10}$$

を導くから，Guptaの補助条件をみたす$|\Phi_{\rm P}\rangle$に対して$j_\mu(x)|\Phi_{\rm P}\rangle$もまた物理的状態である．すなわち

$$\partial_\mu A_\mu^{(+)}(x)j_\nu(y)|\Phi_{\rm P}\rangle=0 \tag{5.7.11}$$

が成立する．

次に$M,\sigma(s)$を求めよう．そのためには，2点関数$\langle 0|j_\mu(x)j_\nu(y)|0\rangle$の構造を調べる必要がある．状態ベクトルの空間は，横光子と電子および陽電子を物理的粒子として，§2.4で述べたような構造をもつとすれば，(4.1.1)，(4.1.2)を満足するエネルギー運動量演算子T_μの固有状態は完全直交系をはる．すなわち，

*)　本節と次節では，くりこまれた演算子に対する添字(r)は省略する．

**)　$|\tilde{0}\rangle$に対する～は省略した．以後，Heisenberg演算子を考察する場合でも真空を$|0\rangle$と略記するが，正確には$|\tilde{0}\rangle$のことである．

$$T_\mu|k;\lambda\rangle = k_\mu|k;\lambda\rangle \tag{5.7.12}$$

$$\langle k';\lambda'|k;\lambda\rangle = \varepsilon_\lambda\delta_{\lambda\lambda'}\delta(k-k') \qquad (\varepsilon_\lambda=\pm 1) \tag{5.7.13}$$

$$\int dk \sum_\lambda \varepsilon_\lambda|k;\lambda\rangle\langle k;\lambda| = 1 \tag{5.7.14}$$

のような $|k;\lambda\rangle$ が存在する．ただし，λ は固有値 k_μ についての縮退を離散的パラメターとして表わしたものである．(5.7.14)を用いて，$\langle 0|j_\mu(x)j_\nu(y)|0\rangle$ を

$$\int dk \sum_\lambda \varepsilon_\lambda\langle 0|j_\mu(x)|k;\lambda\rangle\langle k;\lambda|j_\nu(y)|0\rangle \tag{5.7.15}$$

と書いたとき，その中間状態には正ノルムの物理的状態だけが寄与する．その事情は次のようである．

(5.7.14)を(2.4.10)の $\mathcal{V}_0$ 内のベクトルを用いて書き直すことを考える．$|\Phi_0\rangle$ は $\mathcal{V}_\mathrm{P}$ 内のすべてのベクトルと直交するゼロ・ノルムのベクトルであるから，全空間が縮退していなければ，$|\Phi_0\rangle$ と直交しない相手のベクトルは Gupta の補助条件を満足しない非物理的空間 $\mathcal{V}_\mathrm{U}$ 内にあることになる．従って，(5.7.14)で縦光子とスカラー光子を含む射影演算子の部分は

$$\sum a(|\Phi_0\rangle\langle\Phi_\mathrm{U}|+|\Phi_\mathrm{U}\rangle\langle\Phi_0|)+\cdots \tag{5.7.16}$$

のような形に書ける．ただし，$|\Phi_\mathrm{U}\rangle$ は $\mathcal{V}_\mathrm{U}$ 内の $|\Phi_0\rangle$ と直交しないゼロ・ノルムのベクトルで，$\cdots$ の部分は $|\Phi_\mathrm{T}\rangle$, $|\Phi_0\rangle$, $|\Phi_\mathrm{U}\rangle$ のすべてと直交する $\mathcal{V}_\mathrm{U}$ 内のベクトルだけから成っている．$j_\mu(x)|0\rangle$ は物理的状態であるから，(5.7.15)で(5.7.16)からくる部分は完全に落ちて，正ノルムの物理的状態からの寄与($\varepsilon_\lambda=1$)だけが残る．

(4.1.2), (4.1.13)から

$$\langle 0|j_\mu(x)|k;\lambda\rangle = \langle 0|j_\mu(0)|k;\lambda\rangle e^{ikx} \tag{5.7.17}$$

を得る．これを(5.7.15)に代入すれば，

$$\langle 0|j_\mu(x)j_\nu(y)|0\rangle = \int dk\pi_{\mu\nu}(k)e^{ik(x-y)} \tag{5.7.18}$$

$$\pi_{\mu\nu}(k) \equiv \sum_\lambda \langle 0|j_\mu(0)|k;\lambda\rangle\langle k;\lambda|j_\nu(0)|0\rangle \tag{5.7.19}$$

となる．(5.7.3)により，$\pi_{\mu\nu}(k)$ は

$$k_\mu\pi_{\mu\nu}(k) = \pi_{\mu\nu}(k)k_\nu = 0 \tag{5.7.20}$$

をみたす．固有値 k_μ は

$$k^2 \leq 0, \qquad k_0 \geq 0 \tag{5.7.21}$$

を満足しなければならない．それ故，(5.7.20), (5.7.21) および Lorentz 共変性により，

$$\pi_{\mu\nu}(k) = \frac{1}{(2\pi)^3}(-k^2\delta_{\mu\nu}+k_\mu k_\nu)\theta(k)\pi(-k^2) \tag{5.7.22}$$

$$-3k^2\theta(k)\pi(-k^2) = (2\pi)^3 \sum_\lambda \langle 0|j_\mu(0)|k;\lambda\rangle\langle k;\lambda|j_\mu(0)|0\rangle \tag{5.7.23}$$

$$\pi(-k^2) = \int_0^\infty ds\delta(k^2+s)\pi(s) \tag{5.7.24}$$

を得る．結局，(5.7.18) は

$$\langle 0|j_\mu(x)j_\nu(y)|0\rangle = \frac{1}{(2\pi)^3}\int dk(-k^2\delta_{\mu\nu}+k_\mu k_\nu)\theta(k)\pi(-k^2)e^{ik(x-y)}$$
$$= i\int_0^\infty ds\pi(s)(s\delta_{\mu\nu}-\partial_\mu\partial_\nu)\Delta^{(+)}(x-y;s) \tag{5.7.25}$$

となる．(5.7.25) は

$$\langle 0|j_\mu(x)j_\nu(y)|0\rangle = -i\int_0^\infty ds\pi(s)(s\delta_{\mu\nu}-\partial_\mu\partial_\nu)\Delta^{(-)}(y-x;s) \tag{5.7.26}$$

と書くこともできる*)．それ故，

$$\langle 0|[j_\mu(x), j_\nu(y)]|0\rangle = i\int_0^\infty ds\pi(s)(s\delta_{\mu\nu}-\partial_\mu\partial_\nu)\Delta(x-y;s) \tag{5.7.27}$$

を得る．(5.7.22) で $\mu=\nu=1$ ととれば

$$(-k^2+k_1{}^2)\theta(k)\pi(-k^2) = (2\pi)^3\sum_\lambda|\langle 0|j_1(0)|k;\lambda\rangle|^2 \geq 0 \tag{5.7.28}$$

となるから，(5.7.21) により

$$\pi(-k^2) \geq 0 \tag{5.7.29}$$

である．(5.7.25), (5.7.26), (5.7.27) のような式をスペクトル表示 (spectral representation) という．

上に求めた電流密度に対するスペクトル表示は，特定な理論形式やそこでの q 数ゲージに依存しない一般的内容をもっている．それは，本質的には，(1) 並進不変性，(2) Lorentz 共変性，(3) スペクトル条件とエネルギーの正定値性

---

*) $\Delta^{(\pm)}(x;s) = \dfrac{\mp i}{(2\pi)^3}\displaystyle\int dk\theta(\pm k)\delta(k^2+s)e^{ikx}$.

[(5.7.21)], (4) $j_\mu(x)$ の連続性[(5.7.3)], (5) 中間状態のノルムの正定値性[(5.7.28)], の5つの要請だけからの帰結である．これに対して，電磁場 $A_\mu(x)$ についての表式(5.7.5)の方は，もちろん q 数ゲージに依存している．

(5.7.9) と (5.7.27) を比較すれば，

$$\sigma(s) = \frac{\pi(s)}{s^2} \tag{5.7.30}$$

を得る．従って，(5.7.5), (5.7.7) から，

$$\begin{aligned}\langle 0|[A_\mu(x), A_\nu(y)]|0\rangle &= i\partial_{\mu\nu}D(x-y)+2iM\partial_\mu\partial_\nu D(x-y)\\ &\quad +i\int_0^\infty ds\,\frac{\pi(s)}{s^2}(s\partial_{\mu\nu}-\partial_\mu\partial_\nu)\Delta(x-y\,;s)\end{aligned} \tag{5.7.31}$$

である．

Heisenberg 演算子 $A_\mu(x)$ は同時刻の正準交換関係を満足するはずであるから，$[A_\mu(x), A_\nu(y)]_0=0$ である．すると，(5.7.31) で $\mu=k\ (k=1,2,3)$，$\nu=4$ と置いて，

$$M = \frac{1}{2}\int_0^\infty ds\frac{\pi(s)}{s^2} \tag{5.7.32}$$

を得る．また，(5.7.31) の両辺を y_0 で微分し，$\mu=\nu=k$ に対して $x_0=y_0$ と置けば，正準交換関係により，その左辺は $iZ_3^{-1}\delta(\boldsymbol{x}-\boldsymbol{y})$ となるはずである．それ故，

$$Z_3^{-1} = 1+\int_0^\infty ds\frac{\pi(s)}{s} \tag{5.7.33}$$

であることが推測される．(5.7.31), (5.7.32), (5.7.33) は，$A_\mu(x)$ に対する正準交換関係の内容が

$$[A_\mu(x), A_\nu(y)]_0 = 0 \tag{5.7.34}$$

$$[A_\mu(x), \dot{A}_\nu(y)]_0 = i\delta(\boldsymbol{x}-\boldsymbol{y})[Z_3^{-1}\delta_{\mu\nu}-(Z_3^{-1}-1)\delta_{\mu4}\delta_{\nu4}] \tag{5.7.35}$$

$$[\dot{A}_\mu(x), \dot{A}_\nu(y)]_0 = (Z_3^{-1}-1)(\delta_{\mu4}\partial_\nu+\delta_{\nu4}\partial_\mu)\delta(\boldsymbol{x}-\boldsymbol{y}) \tag{5.7.36}$$

であることを示唆している．

場の方程式(5.7.2), (5.7.3) および正準交換関係の内容(5.7.34), (5.7.35), (5.7.36) が導出されるくりこまれた Feynman ゲージにおける Lagrangian 密度は

$$\mathcal{L} = -\frac{Z_3}{4}F_{\mu\nu}F_{\mu\nu}-\frac{1}{2}(\partial_\mu A_\mu)^2-Z_2\overline{\psi}(\gamma\partial+m)\psi$$

$$+ie^{(r)}Z_2\overline{\psi}\gamma_\mu\psi A_\mu+\delta mZ_2\overline{\psi}\psi \tag{5.7.37}$$

によって与えられる．ここに，$e^{(r)}$ はくりこまれた電荷で，(5.4.6)を満足する．Källén 形式は(5.7.37)を出発点とする．$j_\mu(x)$ の具体的な形は，(5.7.37)から，

$$\Box A_\mu = -ie^{(r)}Z_2\overline{\psi}\gamma_\mu\psi+(1-Z_3)(\Box A_\mu-\partial_\mu\partial_\nu A_\nu) \equiv -j_\mu \tag{5.7.38}$$

で与えられる．$j_\mu(x)$ は

$$j_\mu = ie^{(r)}Z_3{}^{-1}Z_2\overline{\psi}\gamma_\mu\psi+(Z_3{}^{-1}-1)\partial_\mu\partial_\nu A_\nu \tag{5.7.39}$$

とも書ける．スピノル場の方程式は

$$(\gamma\partial+m)\psi = ie^{(r)}\gamma_\mu A_\mu\psi+\delta m\psi \tag{5.7.40}$$

である．(5.7.40)は(5.7.3)を導く．$A_\mu(x)$ に対する正準共役変数は

$$\pi_k = iZ_3F_{4k} = Z_3(\dot{A}_k-i\partial_k A_4) \tag{5.7.41}$$

$$\pi_4 = i\partial_\mu A_\mu = i\partial_k A_k+\dot{A}_4 \tag{5.7.42}$$

となる．(5.7.41), (5.7.42)を用いて§2.1で述べた正準量子化の処方を適用すれば，(5.7.34), (5.7.35), (5.7.36)が得られる．スピノル場に対する正準反交換関係は

$$\{\psi_\alpha(x), \psi_\beta{}^\dagger(y)\}_0 = Z_2{}^{-1}\delta_{\alpha\beta}\delta(\boldsymbol{x}-\boldsymbol{y}) \tag{5.7.43}$$

である．

光子や電子(陽電子)の1体状態 $|1\rangle$ は安定なはずであるから，$\langle 0|A_\mu|1\rangle$ や $\langle 0|\psi|1\rangle$ は自由場の方程式を満足しなければならない．すなわち，

$$\Box\langle 0|A_\mu|1\rangle = 0, \qquad \langle 0|j_\mu|1\rangle = 0 \tag{5.7.44}$$

である*)．従って，(5.7.15)の中間状態としてこのような1体状態は寄与しない．ところで，(5.7.31)に $\Box^x$ や $\Box^y$ を作用させれば，右辺の最初の2項は0となるから，その部分は $A_\mu(x)$, $A_\nu(y)$ の漸近場からの寄与と考えられる．それ故，$A_\mu(x)$ に対する Yang-Feldman 方程式は，(3.3.1), (3.3.2)の形ではなく，

$$A_\mu(x) = A^{(\mathrm{in})}{}_\mu(x)+M\partial_\mu\partial_\nu A^{(\mathrm{in})}{}_\nu(x)+\int dx' D_R(x-x')j_\mu(x') \tag{5.7.45}$$

$$A_\mu(x) = A^{(\mathrm{out})}{}_\mu(x)+M\partial_\mu\partial_\nu A^{(\mathrm{out})}{}_\nu(x)+\int dx' D_A(x-x')j_\mu(x') \tag{5.7.46}$$

---

*) $|1\rangle$ には束縛状態は含めていない．

のようにとることにする[48, 45]．$A^{(\mathrm{in})}{}_{\mu}$, $A^{(\mathrm{out})}{}_{\mu}$ は Gupta-Bleuler 形式によって与えられる Feynman ゲージの漸近場である．(5.7.45), (5.7.46)は，(5.7.44)のもとで，

$$\langle 0|A_\mu(x)|1\rangle = \langle 0|A^{(0)}{}_\mu(x)|1\rangle + M\partial_\mu\partial_\nu\langle 0|A^{(0)}{}_\nu(x)|1\rangle \qquad (5.7.47)$$

を導く．ここに添字(0)は(in)または(out)のことである．$|1\rangle$ が物理的状態のときは，(5.7.47)の右辺の第2項はもちろん落ちる．(5.7.45)を(5.7.31)の左辺に代入し，中間状態を $|1\rangle$ とそれ以外の状態に分けて考えれば，

$$\langle 0|[A_\mu(x), A_\nu(y)]|0\rangle = i\delta_{\mu\nu}D(x-y) + 2iM\partial_\mu\partial_\nu D(x-y)$$
$$+\iint dx'dy' D_R(x-x')D_R(y-y')\langle 0|[j_\mu(x'), j_\nu(y')]|0\rangle$$
$$(5.7.48)$$

を得る．この結果は，(5.7.27)により，(5.7.31)の右辺にほかならない．

(5.7.45), (5.7.46)，または(5.7.47)から，$A_\mu(x)$ に対する漸近条件は

$$A_\mu(x) \to A^{(\mathrm{in})}{}_\mu(x) + M\partial_\mu\partial_\nu A^{(\mathrm{in})}{}_\nu(x) \qquad (x_0\to -\infty) \qquad (5.7.49)$$

$$A_\mu(x) \to A^{(\mathrm{out})}{}_\mu(x) + M\partial_\mu\partial_\nu A^{(\mathrm{out})}{}_\nu(x) \qquad (x_0\to +\infty) \qquad (5.7.50)$$

と書ける．もし

$$\hat{A}^{(0)}{}_\mu(x) = A^{(0)}{}_\mu(x) + M\partial_\mu\partial_\nu A^{(0)}{}_\nu(x) \qquad (5.7.51)$$

によって改めて漸近場を定義すれば，$[\hat{A}^{(0)}{}_k(x), \hat{A}^{(0)}{}_4(y)]_0 \neq 0$ である．このように，$A_\mu(x)$ の直接的漸近場は $A^{(0)}{}_\mu(x)$ から q 数ゲージがずれるので，それは正準交換関係を満足しない[49]．

スピノル場の4次元反交換関係の真空期待値に対しても，(5.7.31)を導く場合と同様の一般的取扱いをすることができる．その結果から，(5.7.31)から Z_3 が求まったように，$Z_1=Z_2$ と δm とが求まる．しかし，本書では，その問題は割愛する．なお，スペクトル関数 $\pi(s)$ の $e^{(\mathrm{r})}$ についての摂動計算の2次までの結果は，

$$\pi(s) = \frac{[e^{(\mathrm{r})}]^2}{12\pi^2}\left(1+\frac{2m^2}{s}\right)\sqrt{1-\frac{4m^2}{s}}\,\theta(s-4m^2) \qquad (5.7.52)$$

となることを付記しておく．

§5.2で述べたくりこみの処方箋に基づいて，§5.3, §5.4, §5.5で行なった無限大相殺の引き算は，次のようにくりこみ項を選ぶことによって再現される．

すなわち，Lagrangian 密度(5.7.37)から

$$\mathcal{L} = \mathcal{L}_0 + \mathcal{L}_{\rm int} \tag{5.7.53}$$

$$\mathcal{L}_0 \equiv -\frac{1}{4}F_{\mu\nu}F_{\mu\nu} - \frac{1}{2}(\partial_\mu A_\mu)^2 - \overline{\psi}(\gamma\partial + m)\psi \tag{5.7.54}$$

によって自由 Lagrangian 密度部分をひき出し，その残り

$$\mathcal{L}_{\rm int} = ie^{(\rm r)}Z_2\overline{\psi}\gamma_\mu\psi A_\mu + \delta m Z_2\overline{\psi}\psi + \frac{1}{4}(1-Z_3)F_{\mu\nu}F_{\mu\nu} + (1-Z_2)\overline{\psi}(\gamma\partial + m)\psi \tag{5.7.55}$$

を相互作用 Lagrangian 密度として Dyson の S 行列を求めれば，自動的に引き算が成立して，直接くりこまれた結果が得られることになる．ただし，(5.7.55)の $\mathcal{L}_{\rm int}$ は場の演算子の微分を含むから，S 行列は，(3.7.6)のように相互作用 Hamiltonian に対する T 記号法によってではなく，直接相互作用 Lagrangian に対する T^* 記号法によって求める方がよい[50]．そのとき，S 行列は

$$S = \sum_{n=0}^{\infty}\frac{i^n}{n!}\int dx_1\cdots\int dx_n T^*[\mathcal{L}^{(\rm I)}_{\rm int}(x_1)\cdots\mathcal{L}^{(\rm I)}_{\rm int}(x_n)] \tag{5.7.56}$$

で与えられる．T^* の意味は，時間順序積であることには変りはないが，次のような演算

$$T^*[\partial^x{}_\mu\Omega(x)\partial^y{}_\nu\Omega(y)] = \partial^x{}_\mu\partial^y{}_\nu T[\Omega(x)\Omega(y)] \neq T[\partial^x{}_\mu\Omega(x)\partial^y{}_\nu\Omega(y)] \tag{5.7.57}$$

が成立するものとして定義されている．それ以外の点では T 記号法と同じである．

§5.8 Gotō-Imamura-Schwinger 項

前節で求めた $\langle 0|[j_\mu(x), j_\nu(y)]|0\rangle$ に対するスペクトル表示(5.7.27)において，$\mu=4$, $\nu=k$ のときの同時刻関係は

$$\langle 0|[j_4(x), j_k(y)]_0|0\rangle = \partial_k\delta(\boldsymbol{x}-\boldsymbol{y})\int_0^\infty ds\pi(s) \tag{5.8.1}$$

となる．一方，(5.7.39)と同時刻の正準反交換関係(5.7.43)とから，直接 $[j_4(x), j_k(y)]_0$ を計算すれば，

$$[j_4(x), j_k(y)]_0 = 0 \tag{5.8.2}$$

となるはずである．$\pi(s)\geq 0$ であるから，(5.8.1)と(5.8.2)が矛盾しないため

には，$\pi(s)=0$ でなければならない．すると，(5.7.33) より，$Z_3=1$ である．これは，スペクトル表示が自由場のときしか成立しないことになり，無意味である．この矛盾は，はじめ Gotō-Imamura によって指摘された[51]．その後，Schwinger も同様のことを指摘している[52]．

以上のようなことが起こるのは，電流密度の定義に問題がある．もともと，$j_\mu(x)$ のように同一時空点での場の演算子の積の形によって与えられる量は，超関数の意味でよく定義されていない．それに対して，正準反交換関係を分配則を適用して持ち込むことの数学的正当性は見当らない．厳密には，保存電流密度に対して (5.8.2) が成立するのは無理と考えられる[53]．このような矛盾が起こるのは，電流密度についてのときだけに限るわけではない．一般に，演算子間の交換関係の正準交換あるいは反交換関係による結果からのずれを，Gotō-Imamura-Schwinger 項 (GIS 項) と呼んでいる．GIS 項については未解決の点も多いが，場の量子論が矛盾なく成立するためには，その存在は不可欠とする立場が今日の主流といえる．しかし，純理論上の問題を除けば，GIS 項は物理的にほとんど何の役目もせず，ただわずらわしいだけのものともいえる．事実，regularization によって GIS 項を落すこともできる[54]．本書では，GIS 項の存在は，場の量子論が超関数病にかかっているための 1 つの症状とみて，特に支障がない限り，正準形式に基づいて考察を進める．

今度は，(5.7.8) について考えてみよう．(5.7.8) に (5.7.39) を代入し，(5.7.30), (5.7.31) を用いると，

$$ie^{(r)}Z_3^{-1}Z_2\langle 0|[A_\mu(x), \overline{\psi}(y)\gamma_\nu\psi(y)]|0\rangle$$
$$= -i(Z_3^{-1}-1)\partial_\mu\partial_\nu D(x-y) - i\int_0^\infty ds\frac{\pi(s)}{s}(s\delta_{\mu\nu}-\partial_\mu\partial_\nu)\Delta(x-y;s) \tag{5.8.3}$$

を得る．この両辺について同時刻関係を求めれば，(5.7.33) から，

$$\langle 0|[A_\mu(x), \overline{\psi}(y)\gamma_\nu\psi(y)]_0|0\rangle = 0 \tag{5.8.4}$$

という正準交換関係による結果を得る．しかし，(5.8.3) の両辺を x_0 で微分してから同時刻関係を求めれば，

$$ie^{(r)}Z_3^{-1}Z_2\langle 0|[\dot{A}_\mu(x), \overline{\psi}(y)\gamma_\nu\psi(y)]_0|0\rangle$$
$$= i(\delta_{\mu\nu}-\delta_{\mu4}\delta_{\nu4})\delta(\boldsymbol{x}-\boldsymbol{y})\int_0^\infty ds\pi(s) \tag{5.8.5}$$

となる．つまり，$A_\mu(x)$ は $\overline{\psi}(y)\gamma_\nu\psi(y)$ と同時刻で可換であるが，$\dot{A}_\mu(x)$ の方はそうではない．(5.8.5)の右辺は $\int_0^\infty ds\pi(s)$ に比例しているから，それは(5.8.1)の場合と同質のGIS項である．一見，(5.7.8)あるいは(5.8.3)には病的要素はなさそうにみえるが，それを微分するとおかしくなることがわかる．

前章の§4.2で，(4.2.25)をそれ以上に変形しなかった理由は，GIS項の問題があるからである．(4.2.25)はくりこみの前がFeynmanゲージである場合の関係式であるが，GIS項はゲージに関係なく現われる．(4.2.25)，つまり，

$$\Pi^{(u)}{}_{\mu\nu}(x-y)=\Box\langle 0|T[j^{(u)}{}_\mu(x)A^{(u)}{}_\nu(y)]|0\rangle \tag{5.8.6}$$

において，$A^{(u)}{}_\mu, j^{(u)}{}_\mu$ は

$$\Box A^{(u)}{}_\mu=-j^{(u)}{}_\mu \qquad [j^{(u)}{}_\mu=ie\overline{\psi}^{(u)}\gamma_\mu\psi^{(u)}] \tag{5.8.7}$$

$$\partial_\mu j^{(u)}{}_\mu=0 \tag{5.8.8}$$

$$[A^{(u)}{}_\mu(x), j^{(u)}{}_\nu(y)]_0=0 \tag{5.8.9}$$

を満足している*)．$\langle 0|j^{(u)}{}_\mu(x)j^{(u)}{}_\nu(y)|0\rangle$ に対する中間状態には正ノルムの状態だけが寄与すると仮定すれば**)，$\langle 0|j_\mu(x)j_\nu(y)|0\rangle$ に対するスペクトル表示を求めたときと同じ条件で，

$$\langle 0|j^{(u)}{}_\mu(x)j^{(u)}{}_\nu(y)|0\rangle=i\int_0^\infty ds\pi^{(u)}(s)(s\delta_{\mu\nu}-\partial_\mu\partial_\nu)\Delta^{(+)}(x-y;s) \tag{5.8.10}$$

$$\pi^{(u)}(s)\geq 0 \tag{5.8.11}$$

が成立する．また，(5.8.7), (5.8.8)から，

$$\begin{aligned}&\langle 0|[A^{(u)}{}_\mu(x), j^{(u)}{}_\nu(y)]|0\rangle\\&\quad=ia\partial_\mu\partial_\nu D(x-y)-i\int_0^\infty ds\frac{\pi^{(u)}(s)}{s}(s\delta_{\mu\nu}-\partial_\mu\partial_\nu)\Delta(x-y;s)\end{aligned} \tag{5.8.12}$$

である．定数 a は，(5.8.9)から，

$$a=-\int_0^\infty ds\frac{\pi^{(u)}(s)}{s} \tag{5.8.13}$$

によって与えられる．(5.8.12), (5.8.13)から，

---

*)　添字(u)はunrenormalizedの意味．

**)　事実，そうであることが§7.4でわかる．

$$\langle 0|[\dot{A}^{(\mathrm{u})}{}_\mu(x), j^{(\mathrm{u})}{}_\nu(y)]_0|0\rangle = i(\delta_{\mu\nu}-\delta_{\mu4}\delta_{\nu4})\delta(\boldsymbol{x}-\boldsymbol{y})\int_0^\infty ds\pi^{(\mathrm{u})}(s) \tag{5.8.14}$$

を得る．それ故，(5.8.6)は

$$\begin{aligned}\Pi^{(\mathrm{u})}{}_{\mu\nu}(x-y) &= -\langle 0|T[j^{(\mathrm{u})}{}_\mu(x)j^{(\mathrm{u})}{}_\nu(y)]|0\rangle+\delta(x_0-y_0)\langle 0|[j^{(\mathrm{u})}{}_\mu(x), \dot{A}^{(\mathrm{u})}{}_\nu(y)]|0\rangle\\ &= -\langle 0|T[j^{(\mathrm{u})}{}_\mu(x)j^{(\mathrm{u})}{}_\nu(y)]|0\rangle-i(\delta_{\mu\nu}-\delta_{\mu4}\delta_{\nu4})\delta(x-y)\int_0^\infty ds\pi^{(\mathrm{u})}(s)\end{aligned} \tag{5.8.15}$$

となる．ところで，(5.8.10)を用いれば，$\langle 0|T[j^{(\mathrm{u})}{}_\mu(x)j^{(\mathrm{u})}{}_\nu(y)]|0\rangle$ は

$$\begin{aligned}\langle 0|T[j^{(\mathrm{u})}{}_\mu(x)j^{(\mathrm{u})}{}_\nu(y)]|0\rangle &= \int ds\pi^{(\mathrm{u})}(s)(\Box\delta_{\mu\nu}-\partial_\mu\partial_\nu)\Delta_F(x-y;s)\\ &\quad -i(\delta_{\mu\nu}-\delta_{\mu4}\delta_{\nu4})\delta(x-y)\int_0^\infty ds\pi^{(\mathrm{u})}(s)\end{aligned} \tag{5.8.16}$$

となり，それはLorentz共変な形をとらない．その非共変部分は(5.8.15)の第2項と打ち消し合って

$$\Pi^{(\mathrm{u})}{}_{\mu\nu}(x-y) = -\int ds\pi^{(\mathrm{u})}(s)(\Box\delta_{\mu\nu}-\partial_\mu\partial_\nu)\Delta_F(x-y;s) \tag{5.8.17}$$

を導く．普通は，GIS項を無視して，$\Pi^{(\mathrm{u})}{}_{\mu\nu}$ を(5.8.15)の第1項だけで表わしているが，正しくは，(5.8.17)の形ではじめて共変なものとなる．

(5.8.16)にみるように，ベクトル量の時間順序積の真空期待値は，一般にLorentz共変とはならない．しかし，A_μ については，(5.7.31)の第2項のおかげで，

$$\begin{aligned}&\langle 0|T[A_\mu(x)A_\nu(y)]|0\rangle\\ &= (\delta_{\mu\nu}+2M\partial_\mu\partial_\nu)D_F(x-y)+\int ds\frac{\pi(s)}{s^2}(s\delta_{\mu\nu}-\partial_\mu\partial_\nu)\Delta_F(x-y;s)\end{aligned} \tag{5.8.18}$$

のように共変な形を得る．この事情は，(5.8.12)の場合も同様で，(5.8.13)のもとで，

$$\langle 0|T[j^{(\mathrm{u})}{}_\mu(x)A^{(\mathrm{u})}{}_\nu(y)]|0\rangle = a\partial_\mu\partial_\nu D_F(x-y)-\int ds\frac{\pi^{(\mathrm{u})}(s)}{s}(s\delta_{\mu\nu}-\partial_\mu\partial_\nu)\Delta_F(x-y;s) \tag{5.8.19}$$

を得る．(5.8.17)は，(5.8.6), (5.8.19)からの直接の結果になっている．

第6章　共変ゲージ形式 I—— dipole ghost の導入

これまでのところ，場の量子論としては，Feynman ゲージでの理論体系だけを取り扱ってきた．本章からは，光子の Feynman 伝播関数が直接(4.4.11)の形で与えられるような共変ゲージにおける電磁場の量子論に入る．共変ゲージ理論の特徴は，'dipole ghost' という概念を導入することである．dipole ghost の導入により，不定計量のベクトル空間の構造は，Gupta-Bleuler 形式の場合に比較して，さらに複雑なものとなる．しかし，dipole ghost なしで明白に Lorentz 共変な理論の定式化は一般に不可能である．本章のはじめの4節は，dipole ghost に関する必要知識の整理に当てる．

§6.1　Froissart 模型

dipole ghost を Lorentz 共変な形で取り扱う際の一番原型となるものが，本節で述べる Froissart 模型である．この模型は質量のある dipole ghost (massive dipole-ghost)の体系を記述する．共変ゲージ形式に必要なものは質量のない dipole ghost (massless dipole-ghost)であるが，その場合に対しても Froissart 模型は大変参考的内容を提示する．

この模型は，A, B を2つの自己共役なスカラー場として，次の Lagrangian 密度によって与えられる．

$$\mathcal{L} = -\partial_\mu A \partial_\mu B - m^2 AB - \frac{1}{2}\lambda A^2 \tag{6.1.1}$$

ここに，m, λ は実数である．(6.1.1)から Euler 方程式を求めれば，A についての変分からは B に対する場の方程式

$$(\Box - m^2)B = \lambda A \tag{6.1.2}$$

が，B についての変分からは A に対する方程式

$$(\Box - m^2)A = 0 \tag{6.1.3}$$

が得られる．それ故，

$$(\Box - m^2)^2 B = 0 \tag{6.1.4}$$

である．同時刻の正準交換関係は

$$[B(x), \dot{A}(y)]_0 = [A(x), \dot{B}(y)]_0 = i\delta(\boldsymbol{x}-\boldsymbol{y}) \tag{6.1.5}$$

となる．これ以外の同時刻交換関係は全部 0 である．

いま，

$$\begin{aligned}\tilde{\Delta}(x; m^2) &\equiv \frac{\partial}{\partial m^2}\Delta(x; m^2) \\ &= \frac{-i}{(2\pi)^3}\int dk\varepsilon(k)\delta'(k^2+m^2)e^{ikx}\end{aligned} \tag{6.1.6}$$

によって超関数 $\tilde{\Delta}(x; m^2)$ を導入すれば，$x\delta'(x) = -\delta(x)$ により，

$$(\Box - m^2)\tilde{\Delta}(x; m^2) = \Delta(x; m^2) \tag{6.1.7}$$

が成立する $[(\Box - m^2)\Delta(x; m^2) = 0]$．一方，$(\Box - m^2)f = 0$ をみたす任意の f に対して，$m \neq 0$ ならば，

$$(\Box - m^2)\frac{1}{2m^2}x\partial f = f \tag{6.1.8}$$

である．それ故，$(2m^2)^{-1}x\partial\Delta(x; m^2)$ と $\tilde{\Delta}(x; m^2)$ とは，a を定数として，

$$\tilde{\Delta}(x; m^2) = \frac{1}{2m^2}(x\partial + a)\Delta(x; m^2) \tag{6.1.9}$$

の関係がある．定数 a は次のようにして実際に求められる．

$$\begin{aligned}x\partial\Delta(x; m^2) &= \frac{-i}{(2\pi)^3}\int dk\varepsilon(k)\delta(k^2+m^2)k_\mu\frac{\partial}{\partial k_\mu}e^{ikx} \\ &= \frac{i}{(2\pi)^3}\int dk e^{ikx}\frac{\partial}{\partial k_\mu}[\varepsilon(k)k_\mu\delta(k^2+m^2)]\end{aligned} \tag{6.1.10}$$

において，$\partial[\varepsilon(k)k_\mu]/\partial k_\mu = 4\varepsilon(k)$ だから，(6.1.10) の右辺は

$$\begin{aligned}&\frac{i}{(2\pi)^3}\int dk[4\varepsilon(k)\delta(k^2+m^2) + 2\varepsilon(k)k^2\delta'(k^2+m^2)]e^{ikx} \\ &= 2m^2\tilde{\Delta}(x; m^2) - 2\Delta(x; m^2)\end{aligned} \tag{6.1.11}$$

となり，$a=2$ である．$\tilde{\Delta}(x; m^2)$ は，(6.1.6) からわかるように，

$$\tilde{\Delta}(-x; m^2) = -\tilde{\Delta}(x; m^2) \tag{6.1.12}$$

$$\left.\begin{aligned}&\tilde{\Delta}(x; m^2) = \partial_\mu\tilde{\Delta}(x; m^2) = \partial_\mu\partial_\nu\tilde{\Delta}(x; m^2) = 0 \\ &\dddot{\tilde{\Delta}}(x; m^2) \equiv \frac{\partial^3}{\partial {x_0}^3}\tilde{\Delta}(x; m^2) = \delta(\boldsymbol{x})\end{aligned}\right\}(x_0 = 0 \text{ において}) \tag{6.1.13}$$

を満足している．$\tilde{\Delta}(x; m^2)$ を用いると，(6.1.4) をみたす B を，y_0 を任意とし

て，

$$B(x) = -\int d\boldsymbol{y}\Delta(x-y;m^2)\overleftrightarrow{\partial}^y{}_0 B(y) - \int d\boldsymbol{y}\tilde{\Delta}(x-y;m^2)\overleftrightarrow{\partial}^y{}_0(\Box^y - m^2)B(y) \tag{6.1.14}$$

と書くことができる．実際に，(6.1.14)の右辺を y_0 で微分すれば0となるから，$y_0=x_0$ ととれば，(6.1.13)と $\dot{\Delta}(\boldsymbol{x},0)=-\delta(\boldsymbol{x})$ から，右辺は左辺に等しいことがわかる．A に対しては，もちろん

$$A(x) = -\int d\boldsymbol{y}\Delta(x-y;m^2)\overleftrightarrow{\partial}^y{}_0 A(y) \tag{6.1.15}$$

が任意の y_0 について成立している．(6.1.15)と同時刻交換関係により，§2.1 のときと同じ要領で，次の4次元交換関係

$$[A(x), B(y)] = [B(x), A(y)] = i\Delta(x-y;m^2) \tag{6.1.16}$$

$$[A(x), A(y)] = 0 \tag{6.1.17}$$

を得る．$[B(x), B(y)]$ に対しても，$B(x)$ か $B(y)$ のどちらかに(6.1.14), (6.1.2)を代入して同様の操作を行えば，

$$[B(x), B(y)] = i\lambda\tilde{\Delta}(x-y;m^2) \tag{6.1.18}$$

を得る．

(6.1.8)を用いると，(6.1.2)の解は

$$B(x) = B_0(x) + \frac{\lambda}{2m^2}(x\partial + b)A(x) \tag{6.1.19}$$

の形に書ける．ここに，B_0 は

$$(\Box - m^2)B_0 = 0 \tag{6.1.20}$$

をみたす A と独立な自由場で，b は未定定数である．(6.1.16), (6.1.17)から，

$$[B_0(x), A(y)] = [A(x), B_0(y)] = i\Delta(x-y;m^2) \tag{6.1.21}$$

である．また，(6.1.18), (6.1.9)から，

$$[B_0(x), B_0(y)] = i\frac{\lambda}{m^2}(1-b)\Delta(x-y;m^2) \tag{6.1.22}$$

を得る．(6.1.19)で b を変えることは，B_0 に A を加えることと同等であるから，$b=1$ として一般性を失わない．それ故，

$$[B_0(x), B_0(y)] = 0 \tag{6.1.23}$$

を得る．(6.1.3), (6.1.20)から，A, B_0 は

$$A(x)=\frac{1}{(2\pi)^{3/2}}\int d\boldsymbol{k}\frac{1}{\sqrt{2\omega_k}}[a(\boldsymbol{k})e^{ikx}+a^\dagger(\boldsymbol{k})e^{-ikx}] \tag{6.1.24}$$

$$B_0(x)=\frac{1}{(2\pi)^{3/2}}\int d\boldsymbol{k}\frac{1}{\sqrt{2\omega_k}}[b(\boldsymbol{k})e^{ikx}+b^\dagger(\boldsymbol{k})e^{-ikx}] \tag{6.1.25}$$

と書ける($k_4=i\omega_k$, $\omega_k=\sqrt{\boldsymbol{k}^2+m^2}$). このとき, (6.1.21), (6.1.22), (6.1.23)から,

$$[a(\boldsymbol{k}),b^\dagger(\boldsymbol{k}')]=[b(\boldsymbol{k}),a^\dagger(\boldsymbol{k}')]=\delta(\boldsymbol{k}-\boldsymbol{k}') \tag{6.1.26}$$

$$[a(\boldsymbol{k}),a^\dagger(\boldsymbol{k}')]=[b(\boldsymbol{k}),b^\dagger(\boldsymbol{k}')]=\cdots=0 \tag{6.1.27}$$

が成立している.

真空は,

$$a(\boldsymbol{k})|0\rangle=b(\boldsymbol{k})|0\rangle=0,\qquad \langle 0|0\rangle=1 \tag{6.1.28}$$

によって定義される. 1体状態 $|a(\boldsymbol{k})\rangle\equiv a^\dagger(\boldsymbol{k})|0\rangle$, $|b(\boldsymbol{k})\rangle\equiv b^\dagger(\boldsymbol{k})|0\rangle$ は,

$$\langle a(\boldsymbol{k})|b(\boldsymbol{k}')\rangle=\langle b(\boldsymbol{k})|a(\boldsymbol{k}')\rangle=\delta(\boldsymbol{k}-\boldsymbol{k}') \tag{6.1.29}$$

$$\langle a(\boldsymbol{k})|a(\boldsymbol{k}')\rangle=\langle b(\boldsymbol{k})|b(\boldsymbol{k}')\rangle=0 \tag{6.1.30}$$

を満足する. 1体状態への射影演算子は

$$\int d\boldsymbol{k}[|a(\boldsymbol{k})\rangle\langle b(\boldsymbol{k})|+|b(\boldsymbol{k})\rangle\langle a(\boldsymbol{k})|] \tag{6.1.31}$$

となる.

次の関係

$$[T_\mu,A(x)]=i\partial_\mu A(x),\qquad [T_\mu,B(x)]=i\partial_\mu B(x) \tag{6.1.32}$$

をみたすエネルギー運動量演算子 T_μ は,

$$T_\mu=\int d\boldsymbol{k}k_\mu N(\boldsymbol{k})\qquad (k_4=i\omega_k) \tag{6.1.33}$$

$$N(\boldsymbol{k})\equiv a^\dagger(\boldsymbol{k})b(\boldsymbol{k})+b^\dagger(\boldsymbol{k})a(\boldsymbol{k})+\frac{\lambda}{2m^2}a^\dagger(\boldsymbol{k})a(\boldsymbol{k}) \tag{6.1.34}$$

によって与えられる. $|a(\boldsymbol{k})\rangle$, $|b(\boldsymbol{k})\rangle$ に対しては

$$(T_\mu-k_\mu)|a(\boldsymbol{k})\rangle=0 \tag{6.1.35}$$

$$(T_\mu-k_\mu)|b(\boldsymbol{k})\rangle=\frac{\lambda}{2m^2}k_\mu|a(\boldsymbol{k})\rangle \tag{6.1.36}$$

が成立する. (6.1.35), (6.1.36)は

$$(T_\mu-k_\mu)(T_\nu-k_\nu)|b(\boldsymbol{k})\rangle=0 \tag{6.1.37}$$

を導く. $|b(\boldsymbol{k})\rangle$ を dipole ghost 状態, B を dipole ghost 場, また A をその対

の場(pair field, associated field)という．

§6.2　multipole ghost 状態

Froissart 模型における多体状態について考えてみよう．まず，2体状態を $b^\dagger(\boldsymbol{k})b^\dagger(\boldsymbol{k}')|0\rangle \equiv |b(\boldsymbol{k})b(\boldsymbol{k}')\rangle$, $b^\dagger(\boldsymbol{k})a^\dagger(\boldsymbol{k}')|0\rangle \equiv |b(\boldsymbol{k})a(\boldsymbol{k}')\rangle, \cdots$ のように書くと，前節の結果から，

$$[T_\mu-(k_\mu+k'_\mu)]|b(\boldsymbol{k})b(\boldsymbol{k}')\rangle = \frac{\lambda}{2m^2}[k_\mu|a(\boldsymbol{k})b(\boldsymbol{k}')\rangle+k'_\mu|b(\boldsymbol{k})a(\boldsymbol{k}')\rangle] \tag{6.2.1}$$

$$[T_\mu-(k_\mu+k'_\mu)][k_\nu|a(\boldsymbol{k})b(\boldsymbol{k}')\rangle+k'_\nu|b(\boldsymbol{k})a(\boldsymbol{k}')\rangle] = \frac{\lambda}{2m^2}(k'_\mu k_\nu+k_\mu k'_\nu)|a(\boldsymbol{k})a(\boldsymbol{k}')\rangle \tag{6.2.2}$$

$$[T_\mu-(k_\mu+k'_\mu)]|a(\boldsymbol{k})a(\boldsymbol{k}')\rangle = 0 \tag{6.2.3}$$

を得る．つまり，$|b(\boldsymbol{k})b(\boldsymbol{k}')\rangle$ については

$$\prod_{i=1}^{3}[T_{\mu_i}-(k_{\mu_i}+k'_{\mu_i})]|b(\boldsymbol{k})b(\boldsymbol{k}')\rangle = 0 \tag{6.2.4}$$

$$\prod_{i=1}^{<3}[T_{\mu_i}-(k_{\mu_i}+k'_{\mu_i})]|b(\boldsymbol{k})b(\boldsymbol{k}')\rangle \neq 0 \tag{6.2.5}$$

である．この $|b(\boldsymbol{k})b(\boldsymbol{k}')\rangle$ は，dipole ghost 状態ではなく，tripole ghost 状態と呼ばれるものである．同様の手続きを，3体状態，4体状態，…等についてやってみれば，dipole ghost の多体状態は一般に以下に示すような multipole ghost 状態をなすことがわかる．

multipole ghost 状態とは，次のようなものをさす．一般に自己共役演算子 P について，

$$(P-p)^n|n,p\rangle = 0 \qquad (n\geq 2) \tag{6.2.6}$$

$$\langle n,p|(P-p)^{n-1}|n,p\rangle \neq 0 \tag{6.2.7}$$

が成立し，さらに $|n,p\rangle=(P-p)|n+1,p\rangle$ と書けるいかなる状態 $|n+1,p\rangle$ も存在しないとき，$|n,p\rangle$ を P の p に属する n 次の multipole ghost 状態という．このような $|n,p\rangle$ が存在すれば，n 個のベクトル

$$|n,p\rangle, (P-p)|n,p\rangle, \cdots, (P-p)^{n-1}|n,p\rangle \tag{6.2.8}$$

は1次独立である．それ故，

$$|n, p\rangle' = |n, p\rangle + \sum_{k=1}^{n-1} a_k (P-p)^k |n, p\rangle \tag{6.2.9}$$

によって，(6.2.6)，(6.2.7)を満足する新しい $|n, p\rangle'$ を得ることができる．(6.2.7)の右辺は，適当な規格化をすれば，$\varepsilon = \pm 1$ にとれる．(6.2.7)のおかげで，(6.2.9)の係数 a_k を

$$'\langle n, p|(P-p)^m|n, p\rangle' = \varepsilon \delta_{m, n-1} \tag{6.2.10}$$

が成立するように選ぶことが可能である．つまり，multipole ghost 系では，$(P-p)^m|n, p\rangle$ と $(P-p)^{m'}|n, p\rangle$ との内積は $m+m'=n-1$ のときだけ 0 でないような基底が存在する．このような基底を用いれば，その n 次元空間では

$$\varepsilon \sum_{m=0}^{n-1} (P-p)^m |n, p\rangle\langle n, p|(P-p)^{n-m-1} = 1 \tag{6.2.11}$$

が成立する．Froissart 模型を拡張して，1 体状態そのものが multipole ghost 状態で与えられるような場の量子論を構成することもできる[56]．

以上の考察から明らかなように，dipole ghost が存在すれば，その多体状態として必ず multipole ghost 状態が現われ，状態ベクトルの全空間における完全性の問題がややこしくなる．自己共役演算子の固有状態だけでは，一般に完全系は作れない．(6.2.6)，(6.2.7)で与えられる 1 種類の multipole ghost 状態だけを 1 体状態として，そのすべての多体状態を含む状態ベクトルの全空間 $\mathcal{V}$ を考えてみよう．p はいろいろ可能な値をとるであろうが，これも簡単のため一定値とする．まず，$\mathcal{V}$ を

$$\mathcal{V} = \mathcal{V}_0 \oplus \mathcal{V}_1 \oplus \cdots \oplus \mathcal{V}_m \oplus \cdots \tag{6.2.12}$$

のように直和分解をしてみる．ここに，$\mathcal{V}_0$ は真空だけを含む 1 次元の部分空間，$\mathcal{V}_m$ は，n 次の multipole ghost 系の要素からなる m 体状態の全体で，n^m 次元の部分空間である．$\mathcal{V}_m$ 内の基底は $|n_1\rangle \times |n_2\rangle \times \cdots \times |n_m\rangle$ [$|n_i\rangle \equiv (P-p)^{n-n_i}|n, p\rangle, n \geq n_i \geq 1$] と等価なベクトル $|n_1, n_2, \cdots, n_m\rangle$ によって表わすことができる．$\mathcal{V}_m$ 内には $|n, n, \cdots, n\rangle$，$|1, 1, \cdots, 1\rangle$ が存在するから，

$$(P_T - mp)^k |n, n, \cdots, n\rangle = 0 \qquad [k=(n-1)m+1] \tag{6.2.13}$$

$$\langle 1, 1, \cdots, 1|n, n, \cdots, n\rangle = \varepsilon \tag{6.2.14}$$

をみたす k 次の multipole ghost 系が存在するはずである．ただし，P_T は P を

$$P_T|n_1, n_2, \cdots, n_m\rangle \equiv \sum_{i=1}^{m} |n_1, \cdots, Pn_i, \cdots, n_m\rangle \tag{6.2.15}$$

によって拡張した $\mathcal{V}$ 上の自己共役演算子である．(6.2.15)から明らかなように，$\mathcal{V}_m$ は P_T の不変部分空間である*)．もちろん，$\mathcal{V}_m$ 内の任意のベクトル $|\Phi\rangle$ は

$$(P_T - mp)^k |\Phi\rangle = 0 \tag{6.2.16}$$

を満足している．

$\mathcal{V}_m$ から k 次元の multipole ghost 系を取り出せば，$\{|n, \cdots, n-1, \cdots, n\rangle\}$ のうち $m-1$ 個の独立成分が残る．その $m-1$ 個から，$k-2$ 次の multipole ghost 状態($|n, \cdots, n\rangle$，$|1, \cdots, 1\rangle$ の2個はすでに使ってしまったから)が $m-1$ 個構成されるはずである．さらに，$n \geq 3$ ならば残りの独立なベクトルから $k-4$ 次の multipole ghost 状態が ${}_mC_2$ ($n=2$ ならば ${}_mC_2 - m$) 個できる．このような操作を続行すれば，$\mathcal{V}_m$ を，

$$\left.\begin{aligned} &\mathcal{V}_m = \mathcal{V}_m^{(k_1)} \oplus \mathcal{V}_m^{(k_2)} \oplus \cdots \oplus \mathcal{V}_m^{(k_l)} \\ &k_1 = k,\ k_2 = \cdots = k_m = k-2, \cdots \end{aligned}\right\} \tag{6.2.17}$$

のように，1組の multipole ghost 系だけで構成される部分空間 $\mathcal{V}_m^{(k_i)}$ の直和に分解することができる．ただし，$\mathcal{V}_m^{(k_i)}$ と $\mathcal{V}_m^{(k_j)}$ は $i \neq j$ ならば直交するように選ぶ．例えば，$n=2$ の dipole ghost の場合に対しては，

$$\mathcal{V}_2 = \mathcal{V}_2^{(3)} \oplus \mathcal{V}_2^{(1)} \tag{6.2.18}$$

$$\mathcal{V}_3 = \mathcal{V}_3^{(4)} \oplus \mathcal{V}_3^{(2)} \oplus \mathcal{V}'^{(2)}_3 \tag{6.2.19}$$

$$\mathcal{V}_4 = \mathcal{V}_4^{(5)} \oplus \mathcal{V}_4^{(3)} \oplus \mathcal{V}'^{(3)}_4 \oplus \mathcal{V}''^{(3)}_4 \oplus \mathcal{V}_4^{(1)} \oplus \mathcal{V}'^{(1)}_4 \tag{6.2.20}$$

……………

を得る．$\mathcal{V}_m^{(k_i)}$ は P_T の最小の不変部分空間になっている．以上のように，全空間 $\mathcal{V}$ は P_T の最小の不変部分空間の直和に分解され，完全性の条件は，この場合，

$$\sum_m \sum_{k_i} \varepsilon_{k_i} \sum_{s=0}^{k_i-1} (P_T - mp)^s |k_i, mp\rangle\langle k_i, mp| (P_T - mp)^{k_i-s-1} = 1 \tag{6.2.21}$$

のように書ける．p がいろいろな値をとり，さらに，multipole ghost も何種類も存在するような一般的場合には，自由度が増すことによる複雑さは生ずる

*)　$|\Phi\rangle \in \mathcal{V}_m$ ならつねに $P_T|\Phi\rangle \in \mathcal{V}_m$ のとき，$\mathcal{V}_m$ を P_T の不変部分空間という．

が，本質的な空間の構造はやはり(6.2.12), (6.2.17)によって代表される．

§6.3 質量のない dipole ghost——真空の定義

Froissart 模型では，dipole ghost 場 B を，(6.1.19)によって，B_0 と A とで Lorentz 共変な形に表わすことができた．しかし，$m=0$ なら，それは不可能である．すなわち，

$$\square B = \lambda A \qquad (\lambda \neq 0) \tag{6.3.1}$$

$$\square A = 0 \tag{6.3.2}$$

の解 B を(A によって)Lorentz 共変な形で求めることができない．この点が $m \neq 0$ と $m=0$ の場合の本質的な違いである．A を

$$A(x) = \int dk A(k) \delta(k^2) e^{ikx} \tag{6.3.3}$$

と書き，

$$B(x) = \lambda \int dk A(k) \delta'(k^2) e^{ikx} \tag{6.3.4}$$

とすれば，確かに(6.3.1), (6.3.2)が満足されていてよさそうにみえるが，実はそうではない．(6.3.3)における $A(k)$ は $k^2=0$ の光円錐上だけで定義されるのに対し，(6.3.4)では $\delta'(k^2)$ があるため $k^2=0$ の近傍の知識を必要とするからである．つまり，(6.3.4)では $B(x)$ は一般に定義されていないのである．$A(k) = \alpha\theta(k) + \beta$ (α, β は定数)の場合は例外で，このときは $B(x)$ を(6.3.4)によって求めることができる．しかし，そのような解は，場の量としては無意味である．明白な共変性を犠牲にすれば，話は別である．事実，

$$B(x) = B_0(x) - \frac{\lambda}{2\triangle}(x_0 \partial_0 + b) A(x) \qquad (\triangle \equiv \partial_j \partial_j) \tag{6.3.5}$$

のような非共変な解は存在する[57]．しかし，明白に共変な場の量子論の立場では，(6.3.5)を採用するわけにはいかない．

B を B_0 と A とで表わすことができないから，場の演算子として(6.3.1)をみたす B それ自体を直接取り扱うことになる．(6.1.1)で $m=0$ と置いた Lagrangian 密度

$$\mathcal{L} = -\partial_\mu A \partial_\mu B - \frac{1}{2}\lambda A^2 \tag{6.3.6}$$

から出発すれば，(6. 3. 1), (6. 3. 2)，および(6. 1. 5)と全く同型の同時刻の正準交換関係を得る．(6. 1. 14), (6. 1. 15)に代る積分形は

$$B(x) = -\int d\boldsymbol{y} D(x-y)\overleftrightarrow{\partial^y}_0 B(y) - \int d\boldsymbol{y} \tilde{D}(x-y)\overleftrightarrow{\partial^y}_0 \Box^y B(y) \tag{6.3.7}$$

$$A(x) = -\int d\boldsymbol{y} D(x-y)\overleftrightarrow{\partial^y}_0 A(y) \tag{6.3.8}$$

である．ただし，

$$\tilde{D}(x) \equiv \tilde{\Delta}(x;0) = \frac{-i}{(2\pi)^3}\int dk\varepsilon(k)\delta'(k^2)e^{ikx}$$

$$= \frac{1}{8\pi}\varepsilon(x)\theta(-x^2) \tag{6.3.9}$$

$$\Box\tilde{D}(x) = D(x) \tag{6.3.10}$$

である*)．もちろん，$\tilde{D}(x)$ に対しても

$$\left.\begin{aligned} &\tilde{D}(x) = \partial_\mu\tilde{D}(x) = \partial_\mu\partial_\nu\tilde{D}(x) = 0 \qquad (6.3.11)\\ &\dddot{\tilde{D}}(x) = \delta(\boldsymbol{x}) \qquad (6.3.12)\end{aligned}\right\} \quad (x_0=0 \text{ において})$$

は成立している．この場合の 4 次元交換関係は

$$[B(x), B(y)] = i\lambda\tilde{D}(x-y) \tag{6.3.13}$$

$$[A(x), B(y)] = [B(x), A(y)] = iD(x-y) \tag{6.3.14}$$

$$[A(x), A(y)] = 0 \tag{6.3.15}$$

によって与えられる．ここまでは Froissart 模型で単に $m=0$ と置いた結果である．

次に，A, B からその正振動部分を取り出し，それによって真空を定義しなければならない．このとき，B に対して直接に

$$B^{(\pm)}(x) = -\int d\boldsymbol{y} D^{(\pm)}(x-y)\overleftrightarrow{\partial^y}_0 B(y) - \int d\boldsymbol{y} \tilde{D}^{(\pm)}(x-y)\overleftrightarrow{\partial^y}_0 \Box^y B(y) \tag{6.3.16}$$

のような定義式を適用することができない．その理由は，

$$\tilde{D}^{(\pm)}(x) = \frac{\mp i}{(2\pi)^3}\int dk\theta(\pm k)\delta'(k^2)e^{ikx} \tag{6.3.17}$$

における k 積分が $k_\mu=0$ の近くで対数発散してしまい，そのため $\tilde{D}^{(\pm)}(x)$ を実

*)　$\tilde{D}(x)$ は (6. 3. 4) で $A(k)=\varepsilon(k)$ の場合にあたることに注意．

は定義することができないからである*)．この事情を回避して，真空を定義する方法が２通りある．

その１つの方法は，

$$\tilde{D}^{(\pm)}(x;\tau)\equiv\frac{\mp i}{(2\pi)^3}\int dk\theta(\pm k-\tau)\delta'(k^2)e^{ikx}\quad(\tau>0)\tag{6.3.18}$$

によって(6.3.17)での赤外発散領域を切断した超関数を導入し，この $\tilde{D}^{(\pm)}(x;\tau)$ を仲介として真空の定義を与えるものである[58]．(6.3.18)から

$$\Box\tilde{D}^{(\pm)}(x;\tau)=D^{(\pm)}(x;\tau),\qquad\Box D^{(\pm)}(x;\tau)=0\tag{6.3.19}$$

$$D^{(\pm)}(x;\tau)\equiv\frac{\mp i}{(2\pi)^3}\int dk\theta(\pm k-\tau)\delta(k^2)e^{ikx}\tag{6.3.20}$$

を得る．$\tilde{D}^{(\pm)}(x;\tau)$ や $D^{(\pm)}(x;\tau)$ は，$\tau>0$ のため，Lorentz 不変ではない．しかし，明らかに，

$$\tilde{D}(x)=\lim_{\tau\to0}[\tilde{D}^{(+)}(x;\tau)+\tilde{D}^{(-)}(x;\tau)]\tag{6.3.21}$$

$$[\tilde{D}^{(\pm)}(x;\tau)]^*=-\tilde{D}^{(\pm)}(-x;\tau)=\tilde{D}^{(\mp)}(x;\tau)\tag{6.3.22}$$

$$[D^{(\pm)}(x;\tau)]^*=-D^{(\pm)}(-x;\tau)=D^{(\mp)}(x;\tau)\tag{6.3.23}$$

である．この $\tilde{D}^{(\pm)}(x;\tau)$, $D^{(\pm)}(x;\tau)$ を用いて，$B(x)$, $A(x)$ の正，負振動部分を

$$\begin{aligned}B^{(\pm)}(x;\tau)\equiv&-\int d\boldsymbol{y}D^{(\pm)}(x-y;\tau)\overleftrightarrow{\partial^y}_0B(y)\\&-\int d\boldsymbol{y}\tilde{D}^{(\pm)}(x-y;\tau)\overleftrightarrow{\partial^y}_0\Box^yB(y)\end{aligned}\tag{6.3.24}$$

$$A^{(\pm)}(x)\equiv-\int d\boldsymbol{y}D^{(\pm)}(x-y)\overleftrightarrow{\partial^y}_0A(y)\tag{6.3.25}$$

によって定義する．これは y_0 には依存しない．$A^{(\pm)}(x)$ については，通常の定義そのままである．$B^{(\pm)}(x;\tau)$, $A^{(\pm)}(x)$ は

$$B(x)=\lim_{\tau\to0}[B^{(+)}(x;\tau)+B^{(-)}(x;\tau)]\tag{6.3.26}$$

$$[B^{(\pm)}(x;\tau)]^\dagger=B^{(\mp)}(x;\tau),\qquad[A^{(\pm)}(x)]^\dagger=A^{(\mp)}(x)\tag{6.3.27}$$

$$\Box^2B^{(\pm)}(x;\tau)=0,\qquad\Box A^{(\pm)}(x)=0\tag{6.3.28}$$

を満足している．ただし，

$$\Box B^{(\pm)}(x;\tau)\mp\lambda A^{(\pm)}(x)\tag{6.3.29}$$

---

*)　$\tilde{D}(x)$ 自体はよく定義された量である．(6.3.9)では $\varepsilon(k)=\theta(k)-\theta(-k)$ のため，その赤外発散は相殺されている．

である．$B^{(\pm)}(x;\tau)$ は4次元スカラーではない．

次に，$B(x)$, $A(x)$ に対する消滅演算子を，それぞれ

$$b(k)\equiv\frac{i}{(2\pi)^{3/2}}\theta(k)\int d\boldsymbol{x}[\delta(k^2)e^{-ikx}\overleftrightarrow{\partial}_0 B(x)+\delta'(k^2)e^{-ikx}\overleftrightarrow{\partial}_0\Box B(x)] \tag{6.3.30}$$

$$a(k)\equiv\frac{i}{(2\pi)^{3/2}}\theta(k)\delta(k^2)\int d\boldsymbol{x}e^{-ikx}\overleftrightarrow{\partial}_0 A(x) \tag{6.3.31}$$

によって定義する．もちろん，$b(k)$, $a(k)$ は x_0 には依存していない．場の方程式により，

$$k^2b(k)=-\lambda a(k),\qquad k^2a(k)=0 \tag{6.3.32}$$

である．(6.3.18), (6.3.20), (6.3.24), (6.3.25) を用いると，

$$B^{(+)}(x;\tau)=\frac{1}{(2\pi)^{3/2}}\int dk\theta(k-\tau)b(k)e^{ikx} \tag{6.3.33}$$

$$A^{(+)}(x)=\frac{1}{(2\pi)^{3/2}}\int dka(k)e^{ikx} \tag{6.3.34}$$

の関係が成立することがわかる．(6.3.34), (6.3.32) により $a(k)$ は明らかにスカラーである $[A(x)=A^{(+)}(x)+A^{(-)}(x)]$*)．また，(6.3.26), (6.3.27) から

$$B(x)=\frac{1}{(2\pi)^{3/2}}\int dk[b(k)+b^\dagger(-k)]e^{ikx} \tag{6.3.35}$$

であるから，(6.3.32) により，$b(k)$ もスカラーであることが保証される．(6.3.35) の括弧内の2項について別々に積分すれば発散するが，それを一括したものについては収束しているわけである．4次元交換関係 (6.3.13)～(6.3.15) から，$b(k)$, $a(k)$ について次の交換関係を得る．

$$[b(k), b^\dagger(k')]=\lambda\delta(k-k')\theta(k)\delta'(k^2) \tag{6.3.36}$$

$$[b(k), a^\dagger(k')]=[a(k), b^\dagger(k')]=\delta(k-k')\theta(k)\delta(k^2) \tag{6.3.37}$$

$$[a(k), a^\dagger(k')]=0 \tag{6.3.38}$$

$b(k)$, $a(k)$ を用いて真空を

$$b(k)|0\rangle=a(k)|0\rangle=0 \tag{6.3.39}$$

によって定義する．ただし，$\langle 0|0\rangle=1$ である．この運動量表示における定義を時空点についての表示で表現することが必要であり，$B^{(+)}(x;\tau)$ はそのために導入されたものである．(6.3.39) と等価な真空の定義は

*)　§3.2 参照．

$$B^{(+)}(x;\tau)|0\rangle=0 \qquad (\text{すべての}\ \tau>0\ \text{に対し}) \tag{6.3.40}$$

$$A^{(+)}(x)|0\rangle=0 \tag{6.3.41}$$

によって与えられる．(6.3.40) からは $\theta(k-\tau)b(k)|0\rangle=0$ が導かれるが，その $\tau\to 0$ の極限は存在し，(6.3.39) に至る．$b(k)$, $a(k)$ そのものはよく定義された演算子であるが，$b(k)$ を含む k 積分で問題が起こるわけである．$A^{(+)}(x)$ に対しては，通常の3次元運動量表示

$$A^{(+)}(x)=\frac{1}{(2\pi)^{3/2}}\int d\boldsymbol{k}\frac{1}{\sqrt{2|\boldsymbol{k}|}}\tilde{a}(\boldsymbol{k})e^{i\boldsymbol{kx}-i|\boldsymbol{k}|x_0} \tag{6.3.42}$$

が存在し，

$$a(k)=\sqrt{2|\boldsymbol{k}|}\,\theta(k)\delta(k^2)\tilde{a}(\boldsymbol{k}) \tag{6.3.43}$$

の関係がある．

真空を定義するもう1つの方法は，質量についての極限操作を導入するものである[59]．$B^{(m)}$, $A^{(m)}$ を2つのスカラー場として次の Lagrangian 密度

$$\mathcal{L}^{(m)}=-\partial_\mu A^{(m)}\partial_\mu B^{(m)}-\frac{\lambda}{2}\left[A^{(m)}+\frac{m^2}{2\lambda}B^{(m)}\right]^2 \tag{6.3.44}$$

によって記述される体系を考えよう．場の方程式は，

$$\Box B^{(m)}=\lambda\left[A^{(m)}+\frac{m^2}{2\lambda}B^{(m)}\right] \tag{6.3.45}$$

$$\Box A^{(m)}=\frac{m^2}{2}\left[A^{(m)}+\frac{m^2}{2\lambda}B^{(m)}\right] \tag{6.3.46}$$

によって与えられる．(6.3.45), (6.3.46) から

$$(\Box-m^2)\left[A^{(m)}+\frac{m^2}{2\lambda}B^{(m)}\right]=0 \tag{6.3.47}$$

が導かれるから，

$$(\Box-m^2)\Box B^{(m)}=(\Box-m^2)\Box A^{(m)}=0 \tag{6.3.48}$$

を得る．(6.3.48) をみたす場の量 ϕ に対する積分形は，

$$\begin{aligned}\phi(x)=&-\int d\boldsymbol{y}D(x-y)\overleftrightarrow{\partial}^y{}_0\phi(y)\\&-\frac{1}{m^2}\int d\boldsymbol{y}[\Delta(x-y;m^2)-D(x-y)]\overleftrightarrow{\partial}^y{}_0\Box^y\phi(y)\end{aligned} \tag{6.3.49}$$

で与えられる．この右辺は y_0 に依存しないから，そこで $y_0=x_0$ に選べば，直ちに左辺が導かれることがわかる．従って，(6.3.45), (6.3.46) から，

$$B^{(m)}(x)=-\int d\boldsymbol{y}D(x-y)\overleftrightarrow{\partial^y}_0 B^{(m)}(y)$$
$$-\frac{\lambda}{m^2}\int d\boldsymbol{y}[\Delta(x-y;m^2)-D(x-y)]\overleftrightarrow{\partial^y}_0\left[A^{(m)}(y)+\frac{m^2}{2\lambda}B^{(m)}(y)\right] \tag{6.3.50}$$

$$A^{(m)}(x)=-\int d\boldsymbol{y}D(x-y)\overleftrightarrow{\partial^y}_0 A^{(m)}(y)$$
$$-\frac{1}{2}\int d\boldsymbol{y}[\Delta(x-y;m^2)-D(x-y)]\overleftrightarrow{\partial^y}_0\left[A^{(m)}(y)+\frac{m^2}{2\lambda}B^{(m)}(y)\right] \tag{6.3.51}$$

を得る．正準交換関係は(6.3.6)の場合と変らないから，これにより次の4次元交換関係を得る．

$$[B^{(m)}(x),B^{(m)}(y)]=i\frac{\lambda}{m^2}[\Delta(x-y;m^2)-D(x-y)] \tag{6.3.52}$$

$$[B^{(m)}(x),A^{(m)}(y)]=[A^{(m)}(x),B^{(m)}(y)]$$
$$=\frac{i}{2}[\Delta(x-y;m^2)+D(x-y)] \tag{6.3.53}$$

$$[A^{(m)}(x),A^{(m)}(y)]=i\frac{m^2}{4\lambda}[\Delta(x-y;m^2)-D(x-y)] \tag{6.3.54}$$

(6.3.44)～(6.3.54)のすべてについて，$m\to 0$ の極限をとれば，

$$B^{(m)}(x)\to B(x),\qquad A^{(m)}(x)\to A(x) \tag{6.3.55}$$

として，質量のない dipole ghost 場の結果に移行する．ただし

$$\lim_{m\to 0}\frac{1}{m^2}[\Delta(x-y;m^2)-D(x-y)]=\tilde{D}(x-y) \tag{6.3.56}$$

を用いる．(6.3.50)，(6.3.51)において，$D(x-y)$ を $D^{(\pm)}(x-y)$ に，$\Delta(x-y;m^2)$ を $\Delta^{(\pm)}(x-y;m^2)$ に置き換えることによって，$B^{(m)}(x)$, $A^{(m)}(x)$ の正，負振動部分を取り出せば，そこでは $m\neq 0$ である限り発散は現われない．この場合の消滅演算子を

$$b^{(m)}(k)\equiv\frac{i}{(2\pi)^{3/2}}\theta(k)\int d\boldsymbol{x}\Big[\delta(k^2)e^{-ikx}\overleftrightarrow{\partial}_0 B^{(m)}(x)$$
$$+\frac{\lambda}{m^2}\{\delta(k^2+m^2)-\delta(k^2)\}e^{-ikx}\overleftrightarrow{\partial}_0\left\{A^{(m)}(x)+\frac{m^2}{2\lambda}B^{(m)}(x)\right\}\Big] \tag{6.3.57}$$

$$a^{(m)}(k)\equiv\frac{i}{(2\pi)^{3/2}}\theta(k)\int d\boldsymbol{x}\Big[\delta(k^2)e^{-ikx}\overleftrightarrow{\partial}_0 A^{(m)}(x)$$

$$+\frac{1}{2}\{\delta(k^2+m^2)-\delta(k^2)\}e^{-ikx}\overleftrightarrow{\partial_0}\left\{A^{(m)}(x)+\frac{m^2}{2\lambda}B^{(m)}(x)\right\} \tag{6.3.58}$$

によって定義すれば,

$$[B^{(m)}(x)]^{(+)}=\frac{1}{(2\pi)^{3/2}}\int dk b^{(m)}(k)e^{ikx} \tag{6.3.59}$$

$$[A^{(m)}(x)]^{(+)}=\frac{1}{(2\pi)^{3/2}}\int dk a^{(m)}(k)e^{ikx} \tag{6.3.60}$$

となる．(6.3.57), (6.3.58) では $m\to 0$ の極限がよく定義されていて，それは (6.3.30), (6.3.31) にほかならない．すなわち，$m\to 0$ のとき，

$$b^{(m)}(k)\to b(k), \qquad a^{(m)}(k)\to a(k) \tag{6.3.61}$$

$B(x), A(x)$ は

$$B(x)=\lim_{m\to 0}[\{B^{(m)}(x)\}^{(+)}+\{B^{(m)}(x)\}^{(-)}] \tag{6.3.62}$$

$$A(x)=\lim_{m\to 0}[\{A^{(m)}(x)\}^{(+)}+\{A^{(m)}(x)\}^{(-)}] \tag{6.3.63}$$

と書ける．真空は,

$$b^{(m)}(k)|0^{(m)}\rangle=a^{(m)}(k)|0^{(m)}\rangle=0 \tag{6.3.64}$$

あるいは

$$[B^{(m)}(x)]^{(+)}|0^{(m)}\rangle=[A^{(m)}(x)]^{(+)}|0^{(m)}\rangle=0 \tag{6.3.65}$$

によって定義される．それ故，$m\to 0$ の場合の真空 $|0\rangle$ は

$$|0\rangle\equiv\lim_{m\to 0}|0^{(m)}\rangle \tag{6.3.66}$$

で与えられる．$|0\rangle$ は，もちろん，(6.3.39) で定義された真空そのものになっている．

以後，便宜上 B, A を

$$B(x)=\frac{1}{(2\pi)^{3/2}}\int dk[b(k)e^{ikx}+b^\dagger(k)e^{-ikx}] \tag{6.3.67}$$

$$A(x)=\frac{1}{(2\pi)^{3/2}}\int dk[a(k)e^{ikx}+a^\dagger(k)e^{-ikx}] \tag{6.3.68}$$

のように書くが，その意味は (6.3.26) あるいは (6.3.62), (6.3.63) によって解釈する．

(6.3.17) 自体は発散しているが，$\partial_\mu\tilde{D}^{(\pm)}(x;\tau)$ の $\tau\to 0$ の極限，あるいは $[\partial_\mu\Delta^{(\pm)}(x;m)-\partial_\mu D^{(\pm)}(x)]/m^2$ の $m\to 0$ の極限は，∂_μ のおかげで，赤外発散を免

れている．そこで，

$$\partial_\mu \tilde{D}^{(\pm)}(x)=\frac{\pm 1}{(2\pi)^3}\int dk\theta(\pm k)\delta'(k^2)k_\mu e^{ikx} \tag{6.3.69}$$

のように，その極限を $\partial_\mu \tilde{D}^{(\pm)}(x)$ と略記する．$\langle 0|T[B(x)B(y)]|0\rangle$ 自体も，

$$\langle 0|T[B(x)B(y)]|0\rangle \equiv \lim_{m\to 0}\frac{\lambda}{m^2}[\Delta_F(x-y;m^2)-D_F(x-y)]$$

$$=\frac{\lambda}{(2\pi)^4}\int dk\tilde{D}_F(k)e^{ik(x-y)} \tag{6.3.70}$$

$$i\tilde{D}_F(k)\equiv -\frac{1}{(k^2-i\varepsilon)^2} \tag{6.3.71}$$

によって与えられるため，発散している．しかし，$[\partial_\mu \Delta_F(x;m)-\partial_\mu D_F(x)]/m^2$ の $m\to 0$ の極限は存在する．その意味で，微分を含む表式に限り，

$$\partial_\mu \tilde{D}_F(x)=\frac{i}{(2\pi)^4}\int dk k_\mu \tilde{D}_F(k)e^{ikx} \tag{6.3.72}$$

のような略記を採る．例えば，

$$\langle 0|T[\partial^x{}_\mu B(x)B(y)]|0\rangle=\lambda\partial_\mu \tilde{D}_F(x-y) \tag{6.3.73}$$

$$\langle 0|T[\partial^x{}_\mu B(x)\partial^y{}_\nu B(y)]|0\rangle=-\lambda\partial_\mu\partial_\nu \tilde{D}_F(x-y) \tag{6.3.74}$$

である．ここに，(6.3.13), (6.3.11) から，

$$\partial^x{}_\mu\langle 0|T[B(x)B(y)]|0\rangle=\langle 0|T[\partial^x{}_\mu B(x)B(y)]|0\rangle \tag{6.3.75}$$

$$\partial^x{}_\mu\partial^y{}_\nu\langle 0|T[B(x)B(y)]|0\rangle=\langle 0|T[\partial^x{}_\mu B(x)\partial^y{}_\nu(y)]|0\rangle \tag{6.3.76}$$

であることに注意する．

§4.4 で考察した q 数ゲージ変換におけるスカラー場 B の典型が本節の dipole ghost 場である．B は A_μ や j_μ とは全く無関係に選べるから，(4.4.2), (4.4.3) はもちろん成立する．また，(6.3.13), (6.3.11) により，(4.4.4) も満足されている．q 数ゲージ変換を

$$A_\mu \;\to\; \hat{A}_\mu=A_\mu+\alpha\partial_\mu B \tag{6.3.77}$$

とすれば，Feynman 伝播関数 $\langle 0|T[A_\mu(x)A_\nu(y)]|0\rangle$ は

$$\langle 0|T[\hat{A}_\mu(x)\hat{A}_\nu(y)]|0\rangle$$

$$=\langle 0|T[A_\mu(x)A_\nu(y)]|0\rangle+\alpha^2\langle 0|T[\partial^x{}_\mu B(x)\partial^y{}_\nu B(y)]|0\rangle$$

$$=\delta_{\mu\nu}D_F(x-y)-\lambda\alpha^2\partial_\mu\partial_\nu\tilde{D}_F(x-y)$$

$$=\frac{1}{(2\pi)^4}\int dkD_{\mu\nu}(k)e^{ik(x-y)} \tag{6.3.78}$$

$$iD_{\mu\nu}(k) \equiv \frac{\delta_{\mu\nu}}{k^2 - i\varepsilon} - \lambda\alpha^2 \frac{k_\mu k_\nu}{(k^2 - i\varepsilon)^2} \tag{6.3.79}$$

に変換される.

§6.4　4次元運動量表示

前節でみたように，質量のない dipole ghost 場の場合は，通常の3次元運動量表示を適用することができない．そのため4次元運動量表示で理論を展開することになるが，4次元運動量表示における演算子の構造は3次元表示の場合に比べて大変複雑なものとなるので，種々の注意を必要とする．本節では，4次元運動量表示における，エネルギー運動量演算子，個数演算子，射影演算子等の構造を，$m \to 0$ の極限操作に基づく立場で考察する[59].

まず，(6.1.33)に対応するエネルギー運動量演算子について考えよう．(6.3.6), (4.1.3), (4.1.4)により，

$$T_{\mu\nu} = -\delta_{\mu\nu}\left(\partial_\alpha A \partial_\alpha B + \frac{1}{2}\lambda A^2\right) + \partial_\nu B \partial_\mu A + \partial_\nu A \partial_\mu B \tag{6.4.1}$$

$$T_\mu = \int d\sigma_\nu T_{\mu\nu}(x) = -i\int d\boldsymbol{x} T_{\mu 4}(x) \tag{6.4.2}$$

である($\partial_\mu T_{\mu\nu} = 0$)．これを，

$$\partial_\nu B \partial_\mu A \;\rightarrow\; \frac{1}{2}(\partial_\nu B \partial_\mu A + \partial_\mu A \partial_\nu B)$$

によって演算子の積の順序を対称化し，そこに(6.3.67), (6.3.68)を代入して(6.4.2)の $\boldsymbol{x}$ 積分を遂行すれば，

$$\boldsymbol{T} = \int dk dk' \delta(\boldsymbol{k} - \boldsymbol{k}') \boldsymbol{k} \left[2|\boldsymbol{k}| \{ b^\dagger(k) a(k') + a^\dagger(k) b(k') \} + \frac{\lambda}{|\boldsymbol{k}|} a^\dagger(k) a(k') \right] \tag{6.4.3}$$

$$T_0 = \int dk dk' \delta(\boldsymbol{k} - \boldsymbol{k}') |\boldsymbol{k}| \left[2|\boldsymbol{k}| \{ b^\dagger(k) a(k') + a^\dagger(k) b(k') \} + \frac{2\lambda}{|\boldsymbol{k}|} a^\dagger(k) a(k') \right] \tag{6.4.4}$$

を得る．ただし，(6.3.32)から得られる次の関係

$$k_0 b(k) = |\boldsymbol{k}| b(k) + \frac{\lambda}{2|\boldsymbol{k}|} a(k) \tag{6.4.5}$$

$$k_0 a(k) = |\boldsymbol{k}| a(k) \tag{6.4.6}$$

を用いた．(6.4.5), (6.4.6)に留意すれば，$\boldsymbol{T}, T_0$ は

$$T_\mu = \int dk dk' \delta(\boldsymbol{k}-\boldsymbol{k}')\{k_\mu \text{ または } k'_\mu\}$$
$$\times\left[2|\boldsymbol{k}|\{b^\dagger(k)a(k')+a^\dagger(k)b(k')\}+\frac{\lambda}{|\boldsymbol{k}|}a^\dagger(k)a(k')\right] \qquad (6.4.7)$$

のように，4成分についての一括した形に書ける．

理論の並進不変性により，T_μ は

$$[T_\mu, B(x)] = i\partial_\mu B(x), \qquad [T_\mu, A(x)] = i\partial_\mu A(x) \qquad (6.4.8)$$

を満足しなければならない．従って，

$$[T_\mu, b(k)] = -k_\mu b(k), \qquad [T_\mu, a(k)] = -k_\mu a(k) \qquad (6.4.9)$$

が成立しているはずである．(6.4.7) と (6.3.36)～(6.3.38) を用いて (6.4.9) を調べてみると，$a(k)$ に対する関係式は

$$2|\boldsymbol{k}|\theta(k)\delta(k^2)\delta(\boldsymbol{k}-\boldsymbol{k}')a(k') = \delta(k-k')a(k) \qquad (6.4.10)$$

から容易に確かめられるが，$b(k)$ に対してはさらに

$$\theta(k)\delta(\boldsymbol{k}-\boldsymbol{k}')\left[2|\boldsymbol{k}|\delta(k^2)b(k')+\lambda\left\{\frac{1}{|\boldsymbol{k}|}\delta(k^2)+2|\boldsymbol{k}|\delta'(k^2)\right\}a(k')\right]$$
$$= \delta(k-k')b(k) \qquad (6.4.11)$$

の関係が必要なことがわかる．この関係は，$b(k)$, $a(k)$ の原義 (6.3.57), (6.3.58) に立ち戻ることによって導出される．(6.3.57) により，$(k^2+m^2)b^{(m)}(k)$ は $\theta(k)\delta(k^2)$ に比例する項だけから成る．それ故，

$$2|\boldsymbol{k}|\theta(k)\delta(k^2)\delta(\boldsymbol{k}-\boldsymbol{k}')(k'^2+m^2)b^{(m)}(k') = \delta(k-k')(k^2+m^2)b^{(m)}(k) \qquad (6.4.12)$$

が成立する．一方，$k^2b^{(m)}(k)$ は $\theta(k)\delta(k^2+m^2)$ だけに比例するから，

$$2\omega_k\theta(k)\delta(k^2+m^2)\delta(\boldsymbol{k}-\boldsymbol{k}')k'^2b^{(m)}(k') = \delta(k-k')k^2b^{(m)}(k) \qquad (6.4.13)$$

を得る ($\omega_k = \sqrt{\boldsymbol{k}^2+m^2}$)．この2式を組合わせた関係

$$\theta(k)\delta(\boldsymbol{k}-\boldsymbol{k}')[2|\boldsymbol{k}|\delta(k^2)b^{(m)}(k')-\frac{2}{m^2}\{\omega_k\delta(k^2+m^2)-|\boldsymbol{k}|\delta(k^2)\}k'^2b^{(m)}(k')]$$
$$= \delta(k-k')b^{(m)}(k) \qquad (6.4.14)$$

において $m\to 0$ の極限をとり，(6.3.32) を使用すれば，(6.4.11) が得られる．(6.4.11) のおかげで，(6.4.9) が証明される．

1体状態 $|b(k)\rangle (\equiv b^\dagger(k)|0\rangle)$, $|a(k)\rangle (\equiv a^\dagger(k)|0\rangle)$ に対して，(6.4.9) から，

$$(T_\mu - k_\mu)|b(k)\rangle = 0, \qquad (T_\mu - k_\mu)|a(k)\rangle = 0 \qquad (6.4.15)$$

を得る．それ故，

$$T^2|b(k)\rangle = k^2|b(k)\rangle = -\lambda|a(k)\rangle \tag{6.4.16}$$

$$T^2|a(k)\rangle = k^2|a(k)\rangle = 0 \tag{6.4.17}$$

となる($T^2=T_\mu T_\mu$)．これらの結果を Froissart 模型の場合の(6.1.35), (6.1.36)と比較してみるのは興味深い．Froissart 模型では，$|b(\boldsymbol{k})\rangle$ そのものには dipole ghost の特性はもり込まれていない．$|b(\boldsymbol{k})\rangle$ が dipole ghost 状態であるのは T_μ の構造のおかげであった．いまの場合は，4次元運動量表示によって，演算子 $b(k)$ にも dipole ghost の特性が必然的に包含され，その結果が，(6.4.15)～(6.4.17)の形となって現われているわけである．ただし，(6.4.5)により，(6.4.15)を

$$(T_\mu-\bar{k}_\mu)|b(k)\rangle = i\delta_{\mu 4}\frac{\lambda}{2|\boldsymbol{k}|}|a(k)\rangle \qquad [\bar{k}_\mu\equiv(\boldsymbol{k}, i|\boldsymbol{k}|)] \tag{6.4.18}$$

と非共変的な形に書くこともできる．(6.4.9)から明らかなように，n 体状態 $b^\dagger(k_1)b^\dagger(k_2)\cdots b^\dagger(k_n)|0\rangle$ に対して，

$$\left(T_\mu-\sum_{i=1}^{n}k_{i\mu}\right)b^\dagger(k_1)b^\dagger(k_2)\cdots b^\dagger(k_n)|0\rangle = 0 \tag{6.4.19}$$

が成立する．この結果は任意個の $b^\dagger(k_i)$ を $a^\dagger(k_i)$ に置き換えても変らない．それ故，4次元運動量表示においては，T_μ の固有状態は完全系をはる．ただし，直交関係は複雑である．

(6.4.7)における T_μ の演算子構造は，個数演算子 N が

$$N = \int dkdk'\delta(\boldsymbol{k}-\boldsymbol{k}')\left[2|\boldsymbol{k}|\{b^\dagger(k)a(k')+a^\dagger(k)b(k')\}+\frac{\lambda}{|\boldsymbol{k}|}a^\dagger(k)a(k')\right] \tag{6.4.20}$$

であることを示唆している．実際に，(6.3.36)～(6.3.38)と(6.4.10), (6.4.11)を用いて，

$$[N, b(k)] = -b(k), \qquad [N, b^\dagger(k)] = b^\dagger(k) \tag{6.4.21}$$

$$[N, a(k)] = -a(k), \qquad [N, a^\dagger(k)] = a^\dagger(k) \tag{6.4.22}$$

が成立することが直ちに確かめられる．

1体状態への射影演算子は，上の類推から，

$$P_1 = \int dkdk'\delta(\boldsymbol{k}-\boldsymbol{k}')\left[2|\boldsymbol{k}|\{|b(k)\rangle\langle a(k')|+|a(k)\rangle\langle b(k')|\}+\frac{\lambda}{|\boldsymbol{k}|}|a(k)\rangle\langle a(k')|\right] \tag{6.4.23}$$

であることがわかる．ただし $|b(k)\rangle = b^\dagger(k)|0\rangle$, $|a(k)\rangle = a^\dagger(k)|0\rangle$ である．(6.4.21), (6.4.22) を導くときと同様にして，

$$P_1|b(k)\rangle = |b(k)\rangle, \qquad P_1|a(k)\rangle = |a(k)\rangle \tag{6.4.24}$$

$$P_1{}^2 = P_1 \tag{6.4.25}$$

が証明される．

§6.5　Nakanishi-Lautrup 形式

パラメター1つの共変ゲージにおける量子電磁力学の理論形式は，1967年に，Nakanishi [60] と Lautrup [45] とによって独立に提出された．本節で述べる形式は，その2つの内容の短所を捨て，長所を総合整理したもので，これを Nakanishi-Lautrup 形式と呼ぶ [13]．

この形式での Lagrangian 密度は

$$\mathcal{L} = \mathcal{L}_0 + \mathcal{L}_\psi \tag{6.5.1}$$

$$\mathcal{L}_0 = -\frac{1}{4}F_{\mu\nu}F_{\mu\nu} + B_0\partial_\mu A_\mu + \frac{a}{2}B_0{}^2 \tag{6.5.2}$$

$$\mathcal{L}_\psi = -\overline{\psi}[\gamma_\mu(\partial_\mu - ieA_\mu) + m]\psi + \delta m\overline{\psi}\psi \tag{6.5.3}$$

によって与えられる．ここに，自己共役なスカラー場 B_0 が，Lagrange 乗数の形で補助場として，1つ余計に導入されている．a は実数のゲージ・パラメターである．$a \neq 0$ の場合は，$C = \partial_\mu A_\mu + aB_0$ によって B_0 を消去すれば，(6.5.2) は

$$\mathcal{L}_0 = -\frac{1}{4}F_{\mu\nu}F_{\mu\nu} - \frac{1}{2a}(\partial_\mu A_\mu)^2 + \frac{1}{2a}C^2 \tag{6.5.4}$$

となる．この最後の項は，他の部分と全く無関係であるから，この場合の (6.5.2) はそれを取り除いてしまった次の Lagrangian 密度

$$\mathcal{L}_0' = -\frac{1}{4}F_{\mu\nu}F_{\mu\nu} - \frac{1}{2a}(\partial_\mu A_\mu)^2 \tag{6.5.5}$$

と等価である．しかし，$a=0$ の場合を含めるために，(6.5.2) の形で出発する．$a=0$ のときが，この形式での Landau ゲージである．$a=1$ のときは，(6.5.5) から明らかなように，Gupta-Bleuler 形式における Feynman ゲージになっている．

変分原理により $\mathcal{L}$ から導かれる場の方程式は

$$\partial_\nu F_{\nu\mu} = \Box A_\mu - \partial_\mu \partial_\nu A_\nu = \partial_\mu B_0 - j_\mu \tag{6.5.6}$$

$$\partial_\mu A_\mu = -aB_0 \quad (6.5.\ )$$

$$(\gamma\partial + m)\psi = ie\gamma_\mu A_\mu \psi + \delta m \psi \tag{6.5.8}$$

である．ただし

$$j_\mu \equiv ie\bar{\psi}\gamma_\mu \psi \tag{6.5.9}$$

である．(6.5.8)により，j_μ は

$$\partial_\mu j_\mu = 0 \tag{6.5.10}$$

をみたす保存電流密度である．(6.5.6)，(6.5.10)から，補助場 B_0 に対して

$$\Box B_0 = 0 \tag{6.5.11}$$

が導かれる．それ故，(6.5.7)により，

$$\Box \partial_\mu A_\mu = 0 \tag{6.5.12}$$

である*)．特に $a=0$ に対しては，

$$\partial_\mu A_\mu = 0 \qquad (\text{Landau ゲージのとき}) \tag{6.5.13}$$

のように，Lorentz 条件が演算子についての等式として成立している．

$\mathcal{L}$ が $\mathcal{L}_0$ だけの自由電磁場の場合の演算子 $A^{(0)}{}_\mu$, $B_0{}^{(0)}$ に対しては，(6.5.6)，(6.5.7)で $e=0$ として，

$$\Box A^{(0)}{}_\mu - \partial_\mu \partial_\nu A^{(0)}{}_\nu = \partial_\mu B_0{}^{(0)} \tag{6.5.14}$$

$$\partial_\mu A^{(0)}{}_\mu = -aB_0{}^{(0)} \tag{6.5.15}$$

を得る．(6.5.14)は，(6.5.15)により，

$$\Box A^{(0)}{}_\mu = (1-a)\partial_\mu B_0{}^{(0)} \tag{6.5.16}$$

とも書ける．(6.5.11)は $B_0{}^{(0)}$ に対しても成立するから，$A^{(0)}{}_\mu$ は一般に

$$\Box^2 A^{(0)}{}_\mu = 0 \tag{6.5.17}$$

を満足する．特に，

$$\Box A^{(0)}{}_\mu = \partial_\mu B_0{}^{(0)}, \quad \partial_\mu A^{(0)}{}_\mu = 0 \quad (\text{Landau ゲージのとき}) \tag{6.5.18}$$

$$\Box A^{(0)}{}_\mu = 0, \quad \partial_\mu A^{(0)}{}_\mu = -B_0{}^{(0)} \quad (\text{Feynman ゲージのとき}) \tag{6.5.19}$$

のように，Landau ゲージと Feynman ゲージの場合は，場の方程式が簡単な形をとる．

---

*) スピノル場以外の荷電粒子場との相互作用の場合でも，A_μ が保存電流密度と結合する限り(6.5.11)，(6.5.12)はつねに成立することに注意．

Lagrangian 密度(6.5.1)により，正準量子化の処方を遂行することができる．A_μ を正準変数とすれば，その正準共役変数 π_μ は

$$\pi_k \equiv \frac{\partial \mathcal{L}}{\partial \dot{A}_k} = \dot{A}_k - i\partial_k A_4 \quad (k=1,2,3) \tag{6.5.20}$$

$$\pi_4 \equiv \frac{\partial \mathcal{L}}{\partial \dot{A}_4} = -iB_0 \tag{6.5.21}$$

で与えられる．この場合，B_0 は正準変数ではなく，正準共役変数の役目をする*)．同時刻の正準交換関係

$$[A_\mu(x), \pi_\nu(y)]_0 = i\delta_{\mu\nu}\delta(\boldsymbol{x}-\boldsymbol{y}) \tag{6.5.22}$$

$$[A_\mu(x), A_\nu(y)]_0 = [\pi_\mu(x), \pi_\nu(y)]_0 = 0 \tag{6.5.23}$$

に(6.5.20)，(6.5.21)を代入した結果を整理すれば，

$$[A_\mu(x), A_\nu(y)]_0 = [B_0(x), B_0(y)]_0 = 0 \tag{6.5.24}$$

$$[A_\mu(x), \dot{A}_k(y)]_0 = i\delta_{\mu k}\delta(\boldsymbol{x}-\boldsymbol{y}) \tag{6.5.25}$$

$$[A_\mu(x), B_0(y)]_0 = -\delta_{\mu 4}\delta(\boldsymbol{x}-\boldsymbol{y}) \tag{6.5.26}$$

$$[B_0(x), \dot{A}_k(y)]_0 = -i\partial_k\delta(\boldsymbol{x}-\boldsymbol{y}) \tag{6.5.27}$$

$$[\dot{A}_k(x), \dot{A}_l(y)]_0 = 0 \tag{6.5.28}$$

を得る．ψ に対しては，

$$\{\psi_\alpha(x), \psi_\beta{}^\dagger(y)\}_0 = \delta_{\alpha\beta}\delta(\boldsymbol{x}-\boldsymbol{y}) \tag{6.5.29}$$

$$\{\psi_\alpha(x), \psi_\beta(y)\}_0 = \{\psi_\alpha{}^\dagger(x), \psi_\beta{}^\dagger(y)\}_0 = 0 \tag{6.5.30}$$

である．もちろん，

$$\begin{aligned}[A_\mu(x), \psi(y)]_0 &= [B_0(x), \psi(y)]_0 \\ &= [\dot{A}_k(x), \psi(y)]_0 = 0\end{aligned} \tag{6.5.31}$$

である．$\dot{B}_0$, $\dot{A}_4$ のような量は π_μ に含まれていないが，それらについての同時刻交換関係は，場の方程式(6.5.6)，(6.5.7)からの結果

$$\dot{B}_0 = i\triangle A_4 - \partial_k \dot{A}_k + ij_4 \tag{6.5.32}$$

$$\dot{A}_4 = -iaB_0 - i\partial_k A_k \tag{6.5.33}$$

と(6.5.24)～(6.5.31)を用いて求めることができる．すなわち，

---

*)　$\mathcal{L}_0$ において $B_0\partial_\mu A_\mu$ を $-\partial_\mu B_0 A_\mu$ と書き直しても，それによる差は4次元発散 $\partial_\mu(B_0 A_\mu)$ なので，$\int dx\mathcal{L}$ にはきかない．しかし，その場合は B_0 が正準変数，A_4 がその正準共役変数と役目が入れ換る．

$$[B_0(x), \dot{B}_0(y)]_0 = 0 \tag{6.5.34}$$

$$[A_\mu(x), \dot{B}_0(y)]_0 = i\delta_{\mu k}\partial_k\delta(\boldsymbol{x}-\boldsymbol{y}) \tag{6.5.35}$$

$$[\psi(x), \dot{B}_0(y)]_0 = -e\psi(x)\delta(\boldsymbol{x}-\boldsymbol{y}) \tag{6.5.36}$$

$$[A_\mu(x), \dot{A}_4(y)]_0 = ia\delta_{\mu 4}\delta(\boldsymbol{x}-\boldsymbol{y}) \tag{6.5.37}$$

等を得る．(6.5.36)の導出には，(6.5.9), (6.5.29)～(6.5.31)を使用する．

B_0は自由場の方程式を満足するから，

$$B_0(x) = -\int d\boldsymbol{y} D(x-y)\overleftrightarrow{\partial^y}_0 B_0(y) \tag{6.5.38}$$

の積分形が成立する*)．これと以上に求めた同時刻交換関係を用いて，次の4次元交換関係を得る．

$$[A_\mu(x), B_0(y)] = i\partial_\mu D(x-y) \tag{6.5.39}$$

$$[B_0(x), B_0(y)] = 0 \tag{6.5.40}$$

$$[B_0(x), \psi(y)] = -eD(x-y)\psi(y) \tag{6.5.41}$$

もちろん，$A^{(0)}{}_\mu$, $B_0{}^{(0)}$に対しても，(6.5.39), (6.5.40)は成立している．$A^{(0)}{}_\mu$に対しては，次の積分形

$$\begin{aligned} A^{(0)}{}_\mu(x) &= -\int d\boldsymbol{y} D(x-y)\overleftrightarrow{\partial^y}_0 A^{(0)}{}_\mu(y) - \int d\boldsymbol{y}\tilde{D}(x-y)\overleftrightarrow{\partial^y}_0 \Box^y A^{(0)}{}_\mu(y) \\ &= -\int d\boldsymbol{y} D(x-y)\overleftrightarrow{\partial^y}_0 A^{(0)}{}_\mu(y) - (1-a)\int d\boldsymbol{y}\tilde{D}(x-y)\overleftrightarrow{\partial^y}_0 \partial^y{}_\mu B_0{}^{(0)}(y) \end{aligned} \tag{6.5.42}$$

を用いて，

$$[A^{(0)}{}_\mu(x), A^{(0)}{}_\nu(y)] = i\delta_{\mu\nu}D(x-y) - i(1-a)\partial_\mu\partial_\nu\tilde{D}(x-y) \tag{6.5.43}$$

を得る．これらの4次元交換関係が，すべての場の方程式と矛盾しないことは，当然のことながら容易に確かめられる．(6.5.41)の共役関係を求めれば，

$$[B_0(x), \overline{\psi}(y)] = eD(x-y)\overline{\psi}(y) \tag{6.5.44}$$

を得る．それ故，

$$[B_0(x), \overline{\psi}_\alpha(y)\psi_\beta(y)] = 0 \tag{6.5.45}$$

特に，

$$[B_0(x), j_\mu(y)] = 0 \tag{6.5.46}$$

---

*) B_0は自由場の演算子$B_0{}^{(0)}$とは一般に異なる．B_0は自由場の方程式を満足はするが，それは相互作用をしている Heisenberg 演算子である．

が4次元交換関係として成立する.

(6.5.16), (6.5.17) から推測されるように, $A^{(0)}{}_\mu$ は dipole ghost 場の形をしている. そこで, 自由電磁場の場合の消滅演算子を, §6.3 でやったように,

$$a_\mu(k) \equiv \frac{i}{(2\pi)^{3/2}}\theta(k)\int d\boldsymbol{x}[\delta(k^2)e^{-ikx}\overleftrightarrow{\partial}_0 A^{(0)}{}_\mu(x) + (1-a)\delta'(k^2)e^{-ikx}\overleftrightarrow{\partial}_0\partial_\mu B_0{}^{(0)}(x)] \tag{6.5.47}$$

$$b_0(k) \equiv \frac{i}{(2\pi)^{3/2}}\theta(k)\delta(k^2)\int d\boldsymbol{x}e^{-ikx}\overleftrightarrow{\partial}_0 B_0{}^{(0)}(x) \tag{6.5.48}$$

によって定義すれば,

$$A^{(0)}{}_\mu(x) = \frac{1}{(2\pi)^{3/2}}\int dk[a_\mu(k)e^{ikx} + \bar{a}_\mu(k)e^{-ikx}] \tag{6.5.49}$$

$$B_0{}^{(0)}(x) = \frac{1}{(2\pi)^{3/2}}\int dk[b_0(k)e^{ikx} + b_0{}^\dagger(k)e^{-ikx}] \tag{6.5.50}$$

となる. ただし, $\bar{a}_j(k) \equiv a_j{}^\dagger(k)$ $(j=1,2,3)$, $\bar{a}_4(k) \equiv ia_0{}^\dagger(k)$ であり, $\tau \to 0$ あるいは $m \to 0$ の極限操作はあらわに表わしていない*). $\Box A^{(0)}{}_\mu$, $\partial_\mu A^{(0)}{}_\mu$ は d'Alembert 方程式を満足するから,

$$\Box A^{(0)}{}_\mu(x) = \frac{-1}{(2\pi)^{3/2}}\int dk[k^2 a_\mu(k)e^{ikx} + k^2\bar{a}_\mu(k)e^{-ikx}] \tag{6.5.51}$$

$$\partial_\mu A^{(0)}{}_\mu(x) = \frac{1}{(2\pi)^{3/2}}\int dk[ik_\mu a_\mu(k)e^{ikx} - ik_\mu\bar{a}_\mu(k)e^{-ikx}] \tag{6.5.52}$$

の左辺の正, 負振動部分は, その極限をとってしまった結果についても, よく定義されている. それ故, (6.5.16), (6.5.15) から,

$$k^2 a_\mu(k) = -i(1-a)k_\mu b_0(k) \tag{6.5.53}$$

$$k_\mu a_\mu(k) = iab_0(k) \tag{6.5.54}$$

$$k^2 b_0(k) = 0 \tag{6.5.55}$$

を得る. これらの関係は, (6.5.47), (6.5.48) から直接求めることもできる. $a_\mu(k), b_0(k)$ に対する交換関係は, (6.5.43), (6.5.39), (6.5.40) から,

$$[a_\mu(k), \bar{a}_\nu(k')] = \delta(k-k')\theta(k)[\delta_{\mu\nu}\delta(k^2) + (1-a)k_\mu k_\nu\delta'(k^2)] \tag{6.5.56}$$

$$[a_\mu(k), b_0{}^\dagger(k')] = -[b_0(k), \bar{a}_\mu(k')] = i\delta(k-k')k_\mu\theta(k)\delta(k^2) \tag{6.5.57}$$

$$[b_0(k), b_0{}^\dagger(k')] = 0 \tag{6.5.58}$$

となる.

---

*) $m \to 0$ の極限操作の具体的内容については, §7.4 および §8.2 参照.

自由電磁場における真空は，§6.3の場合と同様にして，

$$a_\mu(k)|0\rangle = b_0(k)|0\rangle = 0 \tag{6.5.59}$$

によって定義される．(6.5.59)は，

$$[A^{(0)}{}_\mu(x;\tau)]^{(+)}|0\rangle = 0 \qquad (\text{すべての } \tau>0 \text{ に対し}) \tag{6.5.60}$$

$$[B_0{}^{(0)}(x)]^{(+)}|0\rangle = 0 \tag{6.5.61}$$

あるいは

$$[A_\mu^{(0)(m)}(x)]^{(+)}|0^{(m)}\rangle = [B_0^{(0)(m)}(x)]^{(+)}|0^{(m)}\rangle = 0 \tag{6.5.62}$$

$$|0\rangle = \lim_{m\to 0}|0^{(m)}\rangle \tag{6.5.63}$$

のように表わすことができる．光子の1体状態は $\bar{a}_\mu(k)|0\rangle$ と $b_0{}^\dagger(k)|0\rangle$ であるが，(6.5.54)のため独立なものは4つである．その4つを，$k_1=k_2=0$ であるLorentz系を選んで，

$$|k;T_i\rangle = a_i{}^\dagger(k)|0\rangle \qquad (i=1,2) \tag{6.5.64}$$

$$|k;L\rangle = a_3{}^\dagger(k)|0\rangle \tag{6.5.65}$$

$$|k;S\rangle = b_0{}^\dagger(k)|0\rangle \tag{6.5.66}$$

のようにとれば，$|k;T_i\rangle$ は横光子，$|k;L\rangle$ は縦光子，$|k;S\rangle$ はスカラー光子の状態を表わす*)．(6.5.53)，(6.5.55)から，

$$k^2|k;T_i\rangle = k^2|k;S\rangle = 0 \tag{6.5.67}$$

$$k^2|k;L\rangle = i(1-a)k_3|k;S\rangle \tag{6.5.68}$$

が成立する．それ故，(6.4.16)，(6.4.17)と比較して，縦光子の状態 $|k;L\rangle$ が dipole ghost 状態，スカラー光子の状態 $|k;S\rangle$ がその pair 状態になっていることがわかる．(6.5.56)～(6.5.58)を用いて，4つの状態の内積を求めれば，

$$\langle k;T_i|k';T_j\rangle = \delta_{ij}\delta(k-k')\theta(k)\delta(k^2) \tag{6.5.69}$$

$$\langle k;T_i|k';L\rangle = \langle k;T_i|k';S\rangle = 0 \tag{6.5.70}$$

$$\langle k;L|k';L\rangle = \delta(k-k')\theta(k)[\delta(k^2)+(1-a)k_3{}^2\delta'(k^2)] \tag{6.5.71}$$

$$\langle k;L|k';S\rangle = i\delta(k-k')k_3\theta(k)\delta(k^2) \tag{6.5.72}$$

$$\langle k;S|k';S\rangle = 0 \tag{6.5.73}$$

となる．$|k;T_i\rangle$ は他の光子の状態と直交する正ノルムの状態，$|k;S\rangle$ は $|k;L\rangle$ とだけ直交しないゼロ・ノルムの状態である．

*) $b_0{}^\dagger(k)$ は4次元スカラーであるから，$a_0{}^\dagger(k)$ より $b_0{}^\dagger(k)$ によって表わされる光子をスカラー光子と呼ぶ方がピッタリする．

ゲージ・パラメター a の値如何にかかわらず，$|k;L\rangle$ のような縦光子を含む状態が存在すると，状態ベクトルのノルムが正または0であることが保証されない．そこで，物理的状態ベクトルに対する補助条件を

$$[B_0^{(0)}(x)]^{(+)}|\Phi_{\mathrm{P}}\rangle=0 \tag{6.5.74}$$

と設定する．これは

$$b_0(k)|\Phi_{\mathrm{P}}\rangle=0 \tag{6.5.75}$$

と同等である．$|k;T_i\rangle$, $|k;S\rangle$ に対しては

$$b_0(k')|k;T_i\rangle=b_0(k')|k;S\rangle=0 \tag{6.5.76}$$

が成立するから，それらは物理的状態である．もちろん真空 $|0\rangle$ は物理的状態である．$|k;L\rangle$ に対しては

$$b_0(k')|k;L\rangle\neq 0 \tag{6.5.77}$$

であるから，$|k;L\rangle$ は非物理的状態である．一般に，ある $|\Phi_{\mathrm{P}}\rangle$ に対して，(6.5.40)から，

$$[B_0^{(0)}(x)]^{(+)}B_0^{(0)}(y)|\Phi_{\mathrm{P}}\rangle=0 \tag{6.5.78}$$

であるから，$B_0^{(0)}(y)|\Phi_{\mathrm{P}}\rangle$ もまた物理的状態である．このようにして，物理的状態ベクトルの空間 $\mathcal{V}_{\mathrm{P}}$ は横光子とゼロ・ノルムのスカラー光子の状態だけから成り，それは§2.4で求めた Gupta-Bleuler 形式におけるものと全く同様な構造をもつことがわかる．すなわち，$\mathcal{V}_{\mathrm{P}}$ は横光子だけから成る Hilbert 空間とゼロ・ノルム空間との直和に分解される．Maxwell 方程式はそこでの期待値の形で再現され，観測にかかわる粒子は横光子だけである．Gupta-Bleuler 形式の場合との違いは，非物理的状態ベクトルの空間が一般に multipole ghost 状態を含むことである．

§6.3での略記法に従い，(6.5.43)から，

$$\langle 0|A^{(0)}{}_{\mu}(x)A^{(0)}{}_{\nu}(y)|0\rangle=i\delta_{\mu\nu}D^{(+)}(x-y)-i(1-a)\partial_{\mu}\partial_{\nu}\tilde{D}^{(+)}(x-y) \tag{6.5.79}$$

を得る．それ故，時間順序積の真空期待値は

$$\begin{aligned}\langle 0|T[A^{(0)}{}_{\mu}(x)A^{(0)}{}_{\nu}(y)]|0\rangle&=\delta_{\mu\nu}D_F(x-y)-(1-a)\partial_{\mu}\partial_{\nu}\tilde{D}_F(x-y)\\&=\frac{1}{(2\pi)^4}\int dkD_{\mu\nu}(k;a)e^{ikx}\end{aligned} \tag{6.5.80}$$

$$iD_{\mu\nu}(k;a)\equiv\delta_{\mu\nu}D_F(k)-(1-a)k_{\mu}k_{\nu}\tilde{D}_F(k) \tag{6.5.81}$$

となる．

相互作用がある場合でも，補助条件を

$$[B_0(x)]^{(+)}|\Phi_P\rangle = 0 \qquad (6.5.82)$$

によって与えれば，それは，(6.5.11) のおかげで，相互作用の全時刻を通して成立する．このときは，(6.5.46) により，$j_\mu(x)|\Phi_P\rangle$ もまた物理的状態である．true vacuum $|\tilde{0}\rangle$ は，上の $|0\rangle$ ではなく，§4.1 で定義されるようなものであるが，それは Heisenberg 演算子 A_μ, B_0 の漸近場によって (6.5.60)，(6.5.61) [あるいは (6.5.62)，(6.5.63)] と同様の形で与えられる．

相互作用 Lagrangian 密度を

$$\mathcal{L}_{\text{int}} = j_\mu A_\mu + \delta m\bar{\psi}\psi \qquad (6.5.83)$$

として，Dyson の S 行列を求めれば，そこでは第4章で述べた共変ゲージにおける内容が自動的に実現されることは明白であろう．$\langle\tilde{0}|A_\mu(x)A_\nu(y)|\tilde{0}\rangle$ のような2点関数に対するスペクトル表示や，A_μ, B_0 の漸近条件等についての考察は，次章の内容と重複するので，本節では省略する．

§6.6　q 数ゲージ変換の困難

前節の Lagrangian 密度 (6.5.1) は，次の c 数ゲージ変換

$$A_\mu \to A_\mu + \partial_\mu \Lambda, \qquad \Box\Lambda = 0 \qquad (6.6.1)$$

$$B_0 \to B_0 \qquad (6.6.2)$$

$$\psi \to e^{ie\Lambda}\psi, \qquad \bar{\psi} \to e^{-ie\Lambda}\bar{\psi} \qquad (6.6.3)$$

に対して不変である．正準量子化の処方もこの変換に対して不変であるから，場の方程式も交換関係もすべて (6.6.1)～(6.6.3) のもとで不変である．その点については，Gupta-Bleuler 形式の場合と全く変りがない．

問題は q 数ゲージ変換にある．それについては，自由場のゲージ構造が本質的である．あるゲージから他のゲージへ移るため，

$$A_\mu \to \hat{A}_\mu = A_\mu + (a-\hat{a})\partial_\mu\chi \qquad (6.6.4)$$

$$B_0 \to \hat{B}_0 = B_0 \qquad (6.6.5)$$

のような q 数ゲージ変換を考える*)．ただし χ は

*)　自由場に対する添字 (0) は省いた．

$$\Box\chi = B_0 \qquad (\Box B_0=0) \tag{6.6.6}$$

を満足するものとする．場の方程式は，この変換のもとで

$$\Box\hat{A}_\mu-\partial_\mu\partial_\nu\hat{A}_\nu = \partial_\mu\hat{B}_0 \tag{6.6.7}$$

$$\partial_\mu\hat{A}_\mu = -\hat{a}\hat{B}_0 \tag{6.6.8}$$

のように，ゲージ・パラメター a の値が $\hat{a}$ に変換されたものになる．この場合，(6.6.6)を満足する χ を B_0 によって求めなければならない．しかし，§6.3 で述べたように，そのような Lorentz 共変な解は存在しない．止むなく，(6.3.5)のように，

$$\chi(x) = \frac{-1}{2\triangle}\left[x_0\partial_0 B_0(x)-\frac{1}{2}B_0(x)\right] \tag{6.6.9}$$

ととるとする[45]．(6.6.9)を採用してよければ，交換関係(6.5.39)は，(6.5.40)のおかげで，不変である．また，(6.5.43)も

$$[\hat{A}_\mu(x), \hat{A}_\nu(y)] = i\delta_{\mu\nu}D(x-y)-i(1-\hat{a})\partial_\mu\partial_\nu\tilde{D}(x-y) \tag{6.6.10}$$

のようにゲージ共変な形に変換されることがわかる．(6.6.10)の導出には，まずその左辺を

$$[A_\mu(x), A_\nu(y)]+i(a-\hat{a})\partial_\mu\partial_\nu\frac{1}{2\triangle}[(x_0-y_0)\partial_0 D(x-y)-D(x-y)] \tag{6.6.11}$$

のように整理し，この第2項に対して

$$\tilde{D}(x) = \frac{-1}{2\triangle}[x_0\partial_0 D(x)-D(x)] \tag{6.6.12}$$

の関係を適用すればよい．(6.6.12)は(6.3.9)から導かれる．

以上の手続きは，(6.6.9)により，明らかに Lorentz 共変性を破っている．B_0 が4次元スカラーであっても，χ はそうではない．従って，A_μ は4次元ベクトルであっても，$\hat{A}_\mu$ はもはやそうではなくなってしまう*)．どうやってみても，(6.6.6)を満足する χ を，明白な Lorentz 共変性を犠牲にすることなく，Nakanishi-Lautrup 形式の範囲内で求めることはできない．つまり，この形式では，ゲージ・パラメターの値を変えるような q 数ゲージ変換は存在しないのである．それ故，a の異なる値に属する各ゲージの場合が，それぞれ異なっ

*) $\tilde{D}(x)$ は，(6.3.9)により，明らかに Lorentz スカラーである．(6.6.12)の右辺の不変性は $D(x)$ の特殊性によって保証されている(§6.3 参照)．

た状態ベクトルの空間上での異なった量子論になっている．a が異なれば，光子も異なることになる．これが，この形式における困難である．

前章で述べたように，くりこみの操作によって q 数ゲージは一般にずれる．ゲージが a である自由電磁場が荷電粒子場と相互作用をすると，そのゲージは $a^{(r)}=Z_3^{-1}a$ に移ってしまう．それ故，Nakanishi-Lautrup 形式では，Landau ゲージ $(a=0)$ のとき以外は，2 つの異なる電磁場の理論をつねに用意するという不都合な面がある．Landau ゲージのときだけは，ただ 1 つの理論を一貫して使用することができる．その意味で，この形式では Landau ゲージが最も好ましいわけである．

以上に考察した q 数ゲージ変換を明白に Lorentz 共変な形で可能にするには，どうすればよいであろうか．(6.5.68) からみて B_0 は縦光子場の pair field であるから，もともと (6.6.6) を満足するようなスカラー場 χ は存在するはずがないわけである．一方，(6.6.4), (6.6.10) から明らかなように，χ はともかく dipole ghost 場でなければならない．それ故，この形式の枠を拡張して，更に新しい dipole ghost 場とその pair field を導入することが要求されよう．Gupta-Bleuler 形式では電磁場の独立成分は 4 個であった．Nakanishi-Lautrup 形式では，それにさらに B_0 を 1 成分追加して 5 個の場から出発した*)．しかし，それでもなお役者不足なことがわかる．q 数ゲージ変換の役を演ずるためのカップルをさらに理論に組み込むことによって，ゲージの異なるそれぞれの場合がはじめて量子論的に等価なものとなる．次章でみるように，満足すべき量子電磁力学の理論形式としては，A_μ の他に最小限 3 個の補助場を必要とする．

*) Landau ゲージ以外のときでも，(6.5.7) により，独立成分はやはり 4 個である．

第7章　共変ゲージ形式II——gaugeonの導入

ゲージ・パラメターの異なる値に属する場の演算子間の対応関係が明白にLorentz共変な形の q 数ゲージ変換によって与えられる理論形式を本章で述べる[61, 62]．この形式は，Nakanishi-Lautrup形式におけるLandauゲージの場合を拡張したものに相当する．ここでは，同一のゲージ族に属するすべての q 数ゲージは，みな量子論的に等価である．理論に登場する場の演算子としては，A_μ のほかに3つの自己共役な補助スカラー場 B, B_1, B_2 が導入されている．このうち，B_1 はNakanishi-Lautrup形式での B_0 に対応し，B は新しいdipole ghost場，B_2 はそのpair fieldである．B は q 数ゲージ変換における主役であり，これをgaugeon場と呼ぶ．

§7.1　gaugeon場を含むLagrangian

この形式の出発点となるのは，gaugeon場 B を含む次のLagrangian密度である[61]．

$$\mathcal{L} = \mathcal{L}_0 + \mathcal{L}_\phi \tag{7.1.1}$$

$$\mathcal{L}_0 = -\frac{1}{4}F_{\mu\nu}F_{\mu\nu} + B_1\partial_\mu A_\mu - \partial_\mu B\partial_\mu B_2 - \frac{1}{2}\varepsilon(B_2+\alpha B_1)^2 \tag{7.1.2}$$

$$\mathcal{L}_\phi = -\overline{\varphi}(\gamma\partial+m)\varphi + \delta m\overline{\varphi}\varphi + j_\mu A_\mu \tag{7.1.3}$$

ここに，ε は $\varepsilon^2=1$ である符号因子，α は実数のゲージ・パラメターである．前章の a は $-\varepsilon\alpha^2$ に相当する．電流密度 j_μ は

$$j_\mu \equiv ie\overline{\varphi}\gamma_\mu\varphi \tag{7.1.4}$$

によって与えられる．スピノル場を含む部分(7.1.3)は(6.5.3)と同じである．

上のLagrangian密度から導かれる場の方程式は

$$\partial_\nu F_{\nu\mu} = \Box A_\mu - \partial_\mu\partial_\nu A_\nu = \partial_\mu B_1 - j_\mu \tag{7.1.5}$$

$$\partial_\mu A_\mu = \varepsilon\alpha(B_2+\alpha B_1) \tag{7.1.6}$$

$$\Box B = \varepsilon(B_2+\alpha B_1) \tag{7.1.7}$$

$$\Box B_2 = 0 \tag{7.1.8}$$

および

$$(\gamma\partial + m)\psi = ie\gamma_\mu \tag{7.1.9}$$

である．もちろん，

$$\partial_\mu j_\mu = 0 \tag{7.1.10}$$

が成立するから，(7.1.5) から，

$$\Box B_1 = 0 \tag{7.1.11}$$

を得る．(7.1.11), (7.1.8) により，(7.1.6), (7.1.7) から

$$\Box \partial_\mu A_\mu = 0 \tag{7.1.12}$$

$$\Box^2 B = 0 \tag{7.1.13}$$

が導かれる．自由電磁場 $A^{(0)}{}_\mu$ は

$$\Box^2 A^{(0)}{}_\mu = 0 \tag{7.1.14}$$

を満足する．

正準変数と正準共役変数との対応関係は，

$$A_k \longleftrightarrow \dot{A}_k - i\partial_k A_4 \qquad (k=1, 2, 3) \tag{7.1.15}$$

$$A_4 \longleftrightarrow -iB_1 \qquad (A_0 \longleftrightarrow B_1) \tag{7.1.16}$$

$$B \longleftrightarrow \dot{B}_2 \tag{7.1.17}$$

$$B_2 \longleftrightarrow \dot{B} \tag{7.1.18}$$

$$\psi \longleftrightarrow i\psi^\dagger \tag{7.1.19}$$

によって与えられる．ここに左側に書いた量が正準変数である．§6.5 でやったように，同時刻の正準交換，反交換関係を求め，それ等を整理すれば，

$$[A_\mu(x), \dot{A}_k(y)]_0 = i\delta_{\mu k}\delta(\boldsymbol{x}-\boldsymbol{y}) \tag{7.1.20}$$

$$[A_\mu(x), B_1(y)]_0 = -\delta_{\mu 4}\delta(\boldsymbol{x}-\boldsymbol{y}) \tag{7.1.21}$$

$$[B_1(x), \dot{A}_k(y)]_0 = -i\partial_k\delta(\boldsymbol{x}-\boldsymbol{y}) \tag{7.1.22}$$

$$[B(x), \dot{B}_2(y)]_0 = [B_2(x), \dot{B}(y)]_0 = i\delta(\boldsymbol{x}-\boldsymbol{y}) \tag{7.1.23}$$

および

$$\{\psi_\alpha(x), \psi_\beta{}^\dagger(y)\}_0 = \delta_{\alpha\beta}\delta(\boldsymbol{x}-\boldsymbol{y}) \tag{7.1.24}$$

となる．(7.1.15)～(7.1.19) に現われる量についての同時刻交換，反交換関係で，(7.1.20)～(7.1.24) 以外のものは，すべて 0 となる．§6.5 のときと同様にして，場の方程式

$$\dot{B}_1 = i\triangle A_4 - \partial_k \dot{A}_k + ij_4 \tag{7.1.25}$$

$$\dot{A}_4 = i\varepsilon\alpha(B_2 + \alpha B_1) - i\partial_k A_k \tag{7.1.26}$$

を用いて，

$$[B_1(x), \dot{B}_1(y)]_0 = 0 \tag{7.1.27}$$

$$[A_\mu(x), \dot{B}_1(y)]_0 = i\partial_{\mu k}\partial_k \delta(\boldsymbol{x}-\boldsymbol{y}) \tag{7.1.28}$$

$$[\dot{B}_1(x), \psi(y)]_0 = e\psi(x)\delta(\boldsymbol{x}-\boldsymbol{y}) \tag{7.1.29}$$

$$[A_\mu(x), \dot{A}_4(y)]_0 = -i\varepsilon\alpha^2 \delta_{\mu 4}\delta(\boldsymbol{x}-\boldsymbol{y}) \tag{7.1.30}$$

等を得る．

B, B_1, B_2 に対する積分形

$$\begin{aligned} B(x) &= -\int d\boldsymbol{y} D(x-y)\overleftrightarrow{\partial^y}_0 B(y) - \int d\boldsymbol{y}\tilde{D}(x-y)\overleftrightarrow{\partial^y}_0 \Box B(y) \\ &= -\int d\boldsymbol{y} D(x-y)\overleftrightarrow{\partial^y}_0 B(y) - \varepsilon\int d\boldsymbol{y}\tilde{D}(x-y)\overleftrightarrow{\partial^y}_0 [B_2(y)+\alpha B_1(y)] \end{aligned} \tag{7.1.31}$$

$$B_i(x) = -\int d\boldsymbol{y} D(x-y)\overleftrightarrow{\partial^y}_0 B_i(y) \qquad (i=1, 2) \tag{7.1.32}$$

と上に求めた同時刻交換関係により，次の 4 次元交換関係を得る．

$$[B_i(x), B_j(y)] = 0 \qquad (i, j=1, 2) \tag{7.1.33}$$

$$[B(x), B_1(y)] = 0 \tag{7.1.34}$$

$$[B(x), B_2(y)] = iD(x-y) \tag{7.1.35}$$

$$[B(x), B(y)] = i\varepsilon\tilde{D}(x-y) \tag{7.1.36}$$

$$[A_\mu(x), B_1(y)] = i\partial_\mu D(x-y) \tag{7.1.37}$$

$$[A_\mu(x), B_2(y)] = 0 \tag{7.1.38}$$

$$[A_\mu(x), B(y)] = i\varepsilon\alpha\partial_\mu \tilde{D}(x-y) \tag{7.1.39}$$

$$[B_1(x), \psi(y)] = -eD(x-y)\psi(y) \tag{7.1.40}$$

$$[B_2(x), \psi(y)] = 0 \tag{7.1.41}$$

$$[B(x), \psi(y)] = -\varepsilon\alpha e\tilde{D}(x-y)\psi(y) \tag{7.1.42}$$

(7.1.40), (7.1.41), (7.1.42) の共役な関係は，それぞれ

$$[B_1(x), \overline{\psi}(y)] = eD(x-y)\overline{\psi}(y) \tag{7.1.43}$$

$$[B_2(x), \overline{\psi}(y)] = 0 \tag{7.1.44}$$

$$[B(x), \overline{\psi}(y)] = \varepsilon\alpha e\tilde{D}(x-y)\overline{\psi}(y) \tag{7.1.45}$$

であるから，

$$[B(x), \overline{\varphi}_\alpha(y)\varphi_\beta(y)] = [B_i(x), \overline{\varphi}_\alpha(y)\varphi_\beta(y)] = 0 \tag{7.1.46}$$

特に，

$$[B(x), j_\mu(y)] = [B_i(x), j_\mu(y)] = 0 \tag{7.1.47}$$

が成立する．

上の 4 次元交換関係(7.1.33)～(7.1.39)は自由場の演算子 $A^{(0)}{}_\mu$, $B^{(0)}$, $B_1{}^{(0)}$, $B_2{}^{(0)}$ に対しても成立している．$A^{(0)}{}_\mu$ は

$$\Box A^{(0)}{}_\mu = (1+\varepsilon\alpha^2)\partial_\mu B_1{}^{(0)} + \varepsilon\alpha\partial_\mu B_2{}^{(0)} \tag{7.1.48}$$

とも書けるから，それに対する積分形は

$$\begin{aligned} A^{(0)}{}_\mu(x) &= -\int d\boldsymbol{y} D(x-y)\overleftrightarrow{\partial^y}_0 A^{(0)}{}_\mu(y) - \int d\boldsymbol{y} \tilde{D}(x-y)\overleftrightarrow{\partial^y}_0 \Box^y A^{(0)}{}_\mu(y) \\ &= -\int d\boldsymbol{y} D(x-y)\overleftrightarrow{\partial^y}_0 A^{(0)}{}_\mu(y) - (1+\varepsilon\alpha^2)\int d\boldsymbol{y} \tilde{D}(x-y)\overleftrightarrow{\partial^y}_0 \partial^y{}_\mu B_1{}^{(0)}(y) \\ &\quad -\varepsilon\alpha\int d\boldsymbol{y} \tilde{D}(x-y)\overleftrightarrow{\partial^y}_0 \partial^y{}_\mu B_2{}^{(0)}(y) \end{aligned} \tag{7.1.49}$$

である．これを使用して，さらに

$$[A^{(0)}{}_\mu(x), A^{(0)}{}_\nu(y)] = i\partial_{\mu\nu} D(x-y) - i(1+\varepsilon\alpha^2)\partial_\mu\partial_\nu \tilde{D}(x-y) \tag{7.1.50}$$

を得る．(7.1.50) と (6.5.43) とを比較すれば，Nakanishi-Lautrup 形式におけるゲージ・パラメター a は，本節の $-\varepsilon\alpha^2$ に相当していることがわかる．

この形式には，A_μ と gaugeon 場 B の 2 種類の dipole ghost 場が導入されている．それらに対する生成・消滅演算子や正，負振動部分の定義は，§6.3, §6.5 の場合と同様にして与えられ，それによってこの体系に対する真空を定義することができる．物理的状態ベクトルに課せられる補助条件は，

$$B_1{}^{(+)}(x)|\Phi_{\mathrm{P}}\rangle = B_2{}^{(+)}(x)|\Phi_{\mathrm{P}}\rangle = 0 \tag{7.1.51}$$

となる．(7.1.11), (7.1.8) のおかげで，この補助条件は相互作用の全時刻を通して成立する．(7.1.33), (7.1.47) により，ある $|\Phi_{\mathrm{P}}\rangle$ に対して

$$B_1|\Phi_{\mathrm{P}}\rangle, \quad B_2|\Phi_{\mathrm{P}}\rangle, \quad j_\mu(x)|\Phi_{\mathrm{P}}\rangle \tag{7.1.52}$$

等もまた物理的状態である．しかし，$B(x)|\Phi_{\mathrm{P}}\rangle$ は非物理的状態である．物理的状態ベクトルの空間 $\mathcal{V}_{\mathrm{P}}$ は

$$\mathcal{V}_{\mathrm{P}} = \mathcal{H} \oplus \mathcal{V}_0 \tag{7.1.53}$$

のようにHilbert空間 $\mathcal{H}$ とそれと直交するゼロ・ノルム空間 $\mathcal{V}_0$ との直和に分解するが，その場合 $\mathcal{V}_0$ は B_1, B_2 によって記述される2種類の粒子(光子)を含むことになる．非物理的状態ベクトルの空間 $\mathcal{V}_{\mathrm{U}}$ は，縦光子と gaugeon を含む状態ベクトルの全体である．

§7.2 q数ゲージ変換

Lagrangian 密度(7.1.2), (7.1.3)は，次の c 数ゲージ変換

$$A_\mu \to A_\mu+\partial_\mu \xi \tag{7.2.1}$$

$$B \to B+\zeta \tag{7.2.2}$$

$$B_i \to B_i \qquad (i=1,2) \tag{7.2.3}$$

$$\psi \to e^{ie\xi}\psi, \quad \overline{\psi} \to e^{-ie\xi}\overline{\psi} \tag{7.2.4}$$

に対して不変である．ここに，ξ, ζ は

$$\Box\xi = \Box\zeta = 0 \tag{7.2.5}$$

を満足する c 数であり，不変という意味は，Lagrangian 密度に現われる $\partial_\mu K_\mu$ のような形の4次元発散項を無視した上でのことである*)．この c 数ゲージ変換に対して，場の方程式や交換関係はもちろん不変である．(7.2.1)～(7.2.4)によってつくられるゲージ群を G_c と書く．

さて，gaugeon 場による次の q 数ゲージ変換を考えよう．

$$A_\mu \to \hat{A}_\mu = A_\mu+\lambda\partial_\mu B \tag{7.2.6}$$

$$B \to \hat{B} = B \tag{7.2.7}$$

$$B_1 \to \hat{B}_1 = B_1 \tag{7.2.8}$$

$$B_2 \to \hat{B}_2 = B_2-\lambda B_1 \tag{7.2.9}$$

$$\psi \to \hat{\psi} = e^{ie\lambda B}\psi, \quad \overline{\psi} \to \hat{\overline{\psi}} = \overline{\psi}e^{-ie\lambda B} \tag{7.2.10}$$

ここに λ は任意の実数パラメターである．この変換に対して，

$$\hat{B}_1\partial_\mu\hat{A}_\mu-\partial_\mu\hat{B}\partial_\mu\hat{B}_2 = B_1\partial_\mu A_\mu-\partial_\mu B\partial_\mu B_2+\lambda\partial_\mu(B_1\partial_\mu B) \tag{7.2.11}$$

$$\hat{B}_2+\hat{\alpha}\hat{B}_1 = B_2+\alpha B_1 \tag{7.2.12}$$

$$\hat{\alpha} \equiv \alpha+\lambda \tag{7.2.13}$$

$$\hat{j}_\mu = j_\mu \tag{7.2.14}$$

---

*) 以後，Lagrangian 密度について不変という場合は，いつでもこの約束をしてあるものとする．

が成立するから，$\mathcal{L}$ は，そこでのゲージ・パラメター α が(7.2.13)によって $\hat{\alpha}$ に変換されるだけで，形状不変(form-invariant)である．すなわち，

$$\mathcal{L}(A_\mu, B, B_i, \psi; \alpha, \varepsilon) = \mathcal{L}(\hat{A}_\mu, \hat{B}, \hat{B}_i, \hat{\psi}; \hat{\alpha}, \varepsilon) \tag{7.2.15}$$

が成立している*)．それ故，この変換に対して，場の方程式(7.1.5)～(7.1.9)は

$$\Box \hat{A}_\mu - \partial_\mu \partial_\nu \hat{A}_\nu = \partial_\mu \hat{B}_1 - \hat{j}_\mu \tag{7.2.16}$$

$$\partial_\mu \hat{A}_\mu = \varepsilon \hat{\alpha}(\hat{B}_2 + \hat{\alpha}\hat{B}_1) \tag{7.2.17}$$

$$\Box \hat{B} = \varepsilon(\hat{B}_2 + \hat{\alpha}\hat{B}_1) \tag{7.2.18}$$

$$\Box \hat{B}_2 = 0 \tag{7.2.19}$$

$$(\gamma\partial + m)\hat{\psi} = ie\gamma_\mu \hat{A}_\mu \hat{\psi} + \delta m \hat{\psi} \tag{7.2.20}$$

となる．

正準量子化の処方はこの q 数ゲージ変換に対して不変であるから，4次元交換関係(7.1.33)～(7.1.38)は不変に残り，(7.1.39)は

$$[\hat{A}_\mu(x), \hat{B}(y)] = i\varepsilon\hat{\alpha}\partial_\mu \tilde{D}(x-y) \tag{7.2.21}$$

に，(7.1.40)～(7.1.42)は，それぞれ

$$[\hat{B}_1(x), \hat{\psi}(y)] = -eD(x-y)\hat{\psi}(y) \tag{7.2.22}$$

$$[\hat{B}_2(x), \hat{\psi}(y)] = 0 \tag{7.2.23}$$

$$[\hat{B}(x), \hat{\psi}(y)] = -\varepsilon\hat{\alpha}e\tilde{D}(x-y)\hat{\psi}(y) \tag{7.2.24}$$

に変わる．以上の事実は，(7.2.6)～(7.2.10)と(7.1.33)～(7.1.42)を用いて，実際に確かめることができる．特に，(7.2.23)は

$$[\hat{B}_2(x), \hat{\psi}(y)] = [B_2(x), e^{ie\lambda B(y)}]\psi(y) - \lambda e^{ie\lambda B(y)}[B_1(x), \psi(y)] \tag{7.2.25}$$

$$[B_2(x), e^{ie\lambda B(y)}] = -e\lambda D(x-y)e^{ie\lambda B(y)} \tag{7.2.26}$$

から，また(7.2.24)は

$$[\hat{B}(x), \hat{\psi}(y)] = [B(x), e^{ie\lambda B(y)}]\psi(y) + e^{ie\lambda B(y)}[B(x), \psi(y)] \tag{7.2.27}$$

$$[B(x), e^{ie\lambda B(y)}] = -\varepsilon e\lambda \tilde{D}(x-y)e^{ie\lambda B(y)} \tag{7.2.28}$$

から，導出される．自由場 $A^{(0)}{}_\mu$ については，

$$[\hat{A}^{(0)}{}_\mu(x), \hat{A}^{(0)}{}_\nu(y)] = i\delta_{\mu\nu}D(x-y) - i(1+\varepsilon\hat{\alpha}^2)\partial_\mu\partial_\nu \tilde{D}(x-y) \tag{7.2.29}$$

---

*) ε は変らないことに注意．

を得る．

q 数ゲージ変換(7.2.6)〜(7.2.10)は明白に Lorentz 共変な内容をもっていることに注意する．この形式では，はじめから B がスカラー場の演算子として導入されているので，(7.1.7)を他の演算子によって解く必要はないわけである．この変換によって，符号因子 ε は不変である．それ故，ε が $+1$ と -1 との場合について，(7.1.50)の第2項(ゲージ項)の係数の部分がそれぞれ$(1+\alpha^2)$と$(1-\alpha^2)$の形に分類される2つの q 数ゲージ族が存在する．同じゲージ族に属するすべてのゲージの場合が，みな互いに q 数ゲージ変換によって結ばれていて，量子論的に等価なものになっている．(7.2.6)〜(7.2.10)と(7.2.13)とによってつくられるゲージ群を $G_B{}^{\varepsilon}$ と書く．$(1+\alpha^2)$型のゲージ族は $G_B{}^{+}$ の，$(1-\alpha^2)$型のゲージ族は $G_B{}^{-}$ の不変ゲージ族である．理論は $G_B{}^{\varepsilon}$ に対して不変，つまりゲージ共変である*)．

$\alpha=0$ の Landau ゲージの場合を考えよう．任意の α から出発して，(7.2.6)〜(7.2.10)で $\lambda=-\alpha$ と選べば Landau ゲージの場合を得る．そのとき，$\mathcal{L}_0$ は

$$\mathcal{L}_0=\mathcal{L}_{\mathrm{V}}+\mathcal{L}_{\mathrm{G}} \tag{7.2.30}$$

$$\mathcal{L}_{\mathrm{V}}=-\frac{1}{4}F_{\mu\nu}F_{\mu\nu}+B_1\partial_\mu A_\mu \tag{7.2.31}$$

$$\mathcal{L}_{\mathrm{G}}=-\partial_\mu B\partial_\mu B_2-\frac{1}{2}\varepsilon B_2{}^2 \tag{7.2.32}$$

のように，全く無関係な2つの部分 $\mathcal{L}_{\mathrm{V}}$ と $\mathcal{L}_{\mathrm{G}}$ とに分離する．$\mathcal{L}_{\mathrm{V}}$ は A_μ と B_1 とからなり，それは Nakanishi-Lautrup 形式での Landau ゲージのときの自由 Lagrangian 密度と全く同型であり，$\mathcal{L}_{\mathrm{G}}$ は B と B_2 とからなる gaugeon 系の自由 Lagrangian 密度である．それ故，場の方程式と交換関係も，その独立な2つの体系について分離する．$\mathcal{L}_G$ は(6.3.6)で $A=B_2$, $\lambda=\varepsilon$ ととったものになっている．$G_B{}^{+}$ のゲージ族と $G_B{}^{-}$ のゲージ族とは量子論的に異質なものであるが，その差違は，Landau ゲージのときは，gaugeon 系の ε の違いだけで $\mathcal{L}_{\mathrm{V}}$ は同一である．この形式における Landau ゲージの A_μ, B_1 は，Nakanishi-Lautrup 形式における Landau ゲージの A_μ, B_0 と一致してとれる．Landau ゲージから出発して q 数ゲージ変換を行えば，A_μ に gaugeon 場が入り混り，

*) gaugeon 場によるさらに一般的な電磁場のゲージ構造については[62]を参照．

2つのゲージ族が現われる．それ故，Landau ゲージ以外の A_μ は，Nakanishi-Lautrup 形式での $a=-\varepsilon\alpha^2$ のときの A_μ とは別物である．以上の考察から，ゲージ共変な理論形式には3種類の補助場が不可欠であることがわかる．

次に，$G_B{}^\varepsilon$ に属さない q 数ゲージ変換として，

$$A_\mu \to \tilde{A}_\mu = A_\mu+\omega\partial_\mu B_2 \tag{7.2.33}$$

$$B \to \tilde{B} = B-\omega B_1 \tag{7.2.34}$$

$$B_i \to \tilde{B}_i = B_i \qquad (i=1,2) \tag{7.2.35}$$

$$\psi \to \tilde{\psi} = e^{ie\omega B_2}\psi, \qquad \overline{\psi} \to \tilde{\overline{\psi}} = \overline{\psi}e^{-ie\omega B_2} \tag{7.2.36}$$

を考えよう．場の演算子の次元は

$$[A_\mu] = L^{-1}, \quad [B]=1, \quad [B_i] = L^{-2} \tag{7.2.37}$$

であるから，ω は L^2 の次元をもつパラメターである．この q 数ゲージ変換に対して，$\mathcal{L}$ は不変である．すなわち，今度は

$$\mathcal{L}(\tilde{A}_\mu, \tilde{B}, \tilde{B}_i, \tilde{\psi}\,;\alpha, \varepsilon) = \mathcal{L}(A_\mu, B, B_i, \psi\,;\alpha, \varepsilon) \tag{7.2.38}$$

のように，α も ε も変らない．それ故，(7.2.33)～(7.2.36)はある定まった q 数ゲージにおける q 数ゲージ変換の自由度を与える．(7.2.33)～(7.2.36)のつくるゲージ群を G_{B_2} と書く*)．$G_c, G_B{}^\varepsilon, G_{B_2}$ はみな Abel 群(可換群)であり，またそれらは互いに可換でもある．

§7.3 Heisenberg 演算子のくりこみ

ある α ゲージの自由電磁場と自由荷電粒子場とが与えられると，そこに極小相互作用を導入することにより相互作用系の Heisenberg 演算子が得られる．その Heisenberg 演算子をくりこむことにより，α ゲージは $\alpha^{(r)}$ ゲージにずれる．このことは，くりこまれた Heisenberg 演算子の漸近場が $\alpha^{(r)}$ ゲージであることを意味する．この形式における自由電磁場のゲージ構造は定まっているから，くりこみの操作は場の方程式と交換関係をゲージ共変に保つことを要請する．

Heisenberg 演算子のくりこみは次の形で遂行される．

$$A_\mu = Z_3{}^{1/2}A^{(r)}{}_\mu \tag{7.3.1}$$

---

*) G_{B_2} に対して，場の方程式も交換関係も，もちろん不変である．

$$B = K^{1/2}B^{(\mathrm{r})} \tag{7.3.2}$$

$$B_i = K_i{}^{1/2}B_i{}^{(\mathrm{r})} \qquad (i=1,2) \tag{7.3.3}$$

$$\psi = Z_2{}^{1/2}\psi^{(\mathrm{r})} \tag{7.3.4}$$

K, K_i は，それぞれ B, B_i に対する波動関数のくりこみ定数である．

くりこみに対する上に述べたゲージ構造の不変性の要請により，(7.1.35)，(7.1.36) は，それぞれ

$$[B^{(\mathrm{r})}(x), B_2{}^{(\mathrm{r})}(y)] = iD(x-y) \tag{7.3.5}$$

$$[B^{(\mathrm{r})}(x), B^{(\mathrm{r})}(y)] = i\varepsilon\tilde{D}(x-y) \tag{7.3.6}$$

を導かねばならない．これにより，

$$K = K_2 = 1 \tag{7.3.7}$$

を得る．(7.1.37) に対しては，同様に

$$[A^{(\mathrm{r})}{}_\mu(x), B_1{}^{(\mathrm{r})}(y)] = i\partial_\mu D(x-y) \tag{7.3.8}$$

が成立しなければならないから，

$$K_1 = Z_3{}^{-1} \tag{7.3.9}$$

である．(7.1.39) からは

$$[A^{(\mathrm{r})}{}_\mu(x), B^{(\mathrm{r})}(y)] = i\varepsilon\alpha^{(\mathrm{r})}\partial_\mu\tilde{D}(x-y) \tag{7.3.10}$$

すなわち，ゲージ・パラメターのくりこみ

$$\alpha \to \alpha^{(\mathrm{r})} = Z_3{}^{-1/2}\alpha \tag{7.3.11}$$

が自動的に導かれる．(7.3.11) は

$$a \to a^{(\mathrm{r})} = Z_3{}^{-1}a \tag{7.3.12}$$

を意味する*)．同様にして，(7.1.40)，(7.1.42) に対しては

$$[B_1{}^{(\mathrm{r})}(x), \psi^{(\mathrm{r})}(y)] = -e^{(\mathrm{r})}D(x-y)\psi^{(\mathrm{r})}(y) \tag{7.3.13}$$

$$[B^{(\mathrm{r})}(x), \psi^{(\mathrm{r})}(y)] = -\varepsilon\alpha^{(\mathrm{r})}e^{(\mathrm{r})}\tilde{D}(x-y)\psi^{(\mathrm{r})}(y) \tag{7.3.14}$$

であるから，(7.3.7)，(7.3.9) により，荷電のくりこみ

$$e \to e^{(\mathrm{r})} = Z_3{}^{1/2}e \qquad [\alpha e = \alpha^{(\mathrm{r})}e^{(\mathrm{r})}] \tag{7.3.15}$$

が導出される．

くりこまれた Heisenberg 演算子に対する場の方程式は，(7.1.5)～(7.1.9)

---

*) 同じことを Nakanishi–Lautrup 形式でやれば，やはり (7.3.12) が得られる．しかし，くりこみに対するゲージ構造の不変性の要請は，理論の $G_B{}^{\varepsilon}$ に対する不変性のもとで，はじめて量子論的意味をもつことに注意する．

から,

$$\Box A^{(r)}{}_\mu-\partial_\mu\partial_\nu A^{(r)}{}_\nu=\partial_\mu B_1{}^{(r)}-j^{(r)}{}_\mu \tag{7.3.16}$$

$$j^{(r)}{}_\mu\equiv ie^{(r)}Z_2\overline{\psi}^{(r)}\gamma_\mu\psi^{(r)}-(1-Z_3)(\Box A^{(r)}{}_\mu-\partial_\mu\partial_\nu A^{(r)}{}_\nu) \tag{7.3.17}$$

$$\partial_\mu A^{(r)}{}_\mu=\varepsilon\alpha^{(r)}[B_2{}^{(r)}+\alpha^{(r)}B_1{}^{(r)}] \tag{7.3.18}$$

$$\Box B^{(r)}=\varepsilon[B_2{}^{(r)}+\alpha^{(r)}B_1{}^{(r)}] \tag{7.3.19}$$

$$\Box B_2{}^{(r)}=0 \tag{7.3.20}$$

$$(\gamma\partial+m)\psi^{(r)}=ie^{(r)}\gamma_\mu A^{(r)}{}_\mu\psi^{(r)}+\delta m\psi \tag{7.3.21}$$

となる．くりこまれた電流密度 $j^{(r)}{}_\mu$ はゲージ不変量であるから，それは Källén 形式における(5.7.38)と同じ形をとる．$j^{(r)}{}_\mu$ は次の関係を満足している．

$$\partial_\mu j^{(r)}{}_\mu=0 \tag{7.3.22}$$

$$[B^{(r)}(x),j^{(r)}{}_\mu(y)]=[B_i{}^{(r)}(x),j^{(r)}{}_\mu(y)]=0 \tag{7.3.23}$$

それ故，$|\Phi_P\rangle$ に対して，$j^{(r)}{}_\mu(x)|\Phi_P\rangle$ も物理的状態である．光子や電子(陽電子)の1体状態 $|1\rangle$ は安定であるから，$|1\rangle$ に対しては

$$\langle\tilde{0}|j^{(r)}{}_\mu(x)|1\rangle=0 \tag{7.3.24}$$

である．

Lagrangian 密度(7.1.1)を，以上に求めたくりこまれた量によって書き直せば,

$$\begin{aligned}\mathcal{L}=&-\frac{Z_3}{4}F^{(r)}{}_{\mu\nu}F^{(r)}{}_{\mu\nu}+B^{(r)}{}_1\partial_\mu A^{(r)}{}_\mu-\partial_\mu B^{(r)}\partial_\mu B_2{}^{(r)}\\&-\frac{1}{2}\varepsilon[B_2{}^{(r)}+\alpha^{(r)}B_1{}^{(r)}]^2-Z_2\overline{\psi}^{(r)}(\gamma\partial+m)\psi^{(r)}\\&+\delta mZ_2\overline{\psi}^{(r)}\psi^{(r)}+ie^{(r)}Z_2\overline{\psi}^{(r)}\gamma_\mu\psi^{(r)}A^{(r)}{}_\mu\end{aligned} \tag{7.3.25}$$

となる．これから，自由 Lagrangian 密度部分を

$$\begin{aligned}&-\frac{1}{4}F^{(r)}{}_{\mu\nu}F^{(r)}{}_{\mu\nu}+B_1{}^{(r)}\partial_\mu A^{(r)}{}_\mu-\partial_\mu B^{(r)}\partial_\mu B_2{}^{(r)}\\&-\frac{1}{2}\varepsilon[B_2{}^{(r)}+\alpha^{(r)}B_1{}^{(r)}]^2-\overline{\psi}^{(r)}(\gamma\partial+m)\psi^{(r)}\end{aligned} \tag{7.3.26}$$

によって取り出せば，その残り $\mathcal{L}_{\rm int}$ は

$$\begin{aligned}\mathcal{L}_{\rm int}=&ie^{(r)}Z_2\overline{\psi}^{(r)}\gamma_\mu\psi^{(r)}A^{(r)}{}_\mu+\delta mZ_2\overline{\psi}^{(r)}\psi^{(r)}\\&+\frac{1}{4}(1-Z_3)F^{(r)}{}_{\mu\nu}F^{(r)}{}_{\mu\nu}+(1-Z_2)\overline{\psi}^{(r)}(\gamma\partial+m)\psi^{(r)}\end{aligned} \tag{7.3.27}$$

となる．この$\mathcal{L}_{\rm int}$を相互作用Lagrangian密度として，DysonのS行列を求めれば，共変ゲージの場合における第5章の結果が再現される．この場合のくりこみ項は，$\mathcal{L}_{\rm int}-ie^{(\rm r)}\overline{\psi}^{(\rm r)}\gamma_\mu\psi^{(\rm r)}A^{(\rm r)}{}_\mu$である．

§7.4　電磁場の4次元運動量表示

本節では，自由電磁場の場合について，§6.4と並行して4次元運動量表示を考察する[59].

自由Lagrangian密度が(7.1.2)によって与えられたとき，正準エネルギー運動量テンソル$T_{\mu\nu}$は

$$T_{\mu\nu}=\delta_{\mu\nu}\mathcal{L}_0+F_{\nu\rho}\partial_\mu A_\rho-B_1\partial_\mu A_\nu+\partial_\nu B\partial_\mu B_2+\partial_\nu B_2\partial_\mu B \tag{7.4.1}$$

となる．q数ゲージ変換(7.2.6)～(7.2.9)に対し，$\mathcal{L}_0$は(7.2.15)に示したように形状不変であるが，それをより正確に表わせば

$$\hat{\mathcal{L}}_0\equiv\mathcal{L}_0(\hat{A}_\mu,\hat{B},\hat{B}_i;\hat{\alpha},\varepsilon)=\mathcal{L}_0(A_\mu,B,B_i;\alpha,\varepsilon)+\lambda\partial_\mu(B_1\partial_\mu B) \tag{7.4.2}$$

である．ところで，ゲージ・パラメターが$\hat{\alpha}$のときの$T_{\mu\nu}$を$\hat{T}_{\mu\nu}$とすれば，$\hat{T}_{\mu\nu}$と$T_{\mu\nu}$との差は

$$\begin{aligned}t_{\mu\nu}&\equiv\hat{T}_{\mu\nu}-T_{\mu\nu}\\&=\lambda\partial_\rho(F_{\nu\rho}\partial_\mu B)-\lambda\partial_\mu(B_1\partial_\nu B)+\delta_{\mu\nu}(\hat{\mathcal{L}}_0-\mathcal{L}_0)\end{aligned} \tag{7.4.3}$$

となる．それ故，$t_{\mu\nu}$は

$$t_{\mu\nu}=\lambda\partial_\rho f_{\mu\nu\rho},\qquad \partial_\nu t_{\mu\nu}=0 \tag{7.4.4}$$

$$\begin{aligned}f_{\mu\nu\rho}&=-f_{\mu\rho\nu}\\&\equiv F_{\nu\rho}\partial_\mu B-\delta_{\mu\rho}B_1\partial_\nu B+\delta_{\mu\nu}B_1\partial_\rho B\end{aligned} \tag{7.4.5}$$

と書ける．従って，

$$\int d\sigma_\nu t_{\mu\nu}=-i\int d\boldsymbol{x}t_{\mu4}=0 \tag{7.4.6}$$

となり，その差$t_{\mu\nu}$はエネルギー運動量演算子T_μには寄与しない．その結果，

$$\hat{T}_\mu=T_\mu\equiv\int d\sigma_\nu T_{\mu\nu} \tag{7.4.7}$$

はゲージ不変な定義になっている．§7.2でみたように，Landauゲージのときは(A_μ, B_1)の体系と(B, B_2)の体系とが分離してしまうので，T_μに対する考察

は Landau ゲージでやるのが便利である．一度 Landau ゲージのときの結果がわかれば，あとは q 数ゲージ変換によって一般のゲージの場合に移れる．

Landau ゲージのときの自由電磁場を，§6.3, §6.5 にならって

$$A_\mu(x) = \frac{1}{(2\pi)^{3/2}}\int dk[a_\mu(k)e^{ikx}+\bar{a}_\mu(k)e^{-ikx}] \tag{7.4.8}$$

$$B_1(x) = \frac{1}{(2\pi)^{3/2}}\int dk[b_1(k)e^{ikx}+b_1{}^\dagger(k)e^{-ikx}] \tag{7.4.9}$$

$$B(x) = \frac{1}{(2\pi)^{3/2}}\int dk[b(k)e^{ikx}+b^\dagger(k)e^{-ikx}] \tag{7.4.10}$$

$$B_2(x) = \frac{1}{(2\pi)^{3/2}}\int dk[b_2(k)e^{ikx}+b_2{}^\dagger(k)e^{-ikx}] \tag{7.4.11}$$

と書く．もちろん，消滅演算子 $a_\mu(k), b_1(k), \cdots$ は，(6.5.47), (6.5.48) と同様にして定義されるもので，それは $\theta(k)a_\mu(k)=a_\mu(k)$, $\theta(k)b_1(k)=b_1(k), \cdots$ を満足している．(A_μ, B_1) 系については，

$$k^2a_\mu(k) = -ik_\mu b_1(k) \tag{7.4.12}$$

$$k_\mu a_\mu(k) = 0 \tag{7.4.13}$$

$$k^2b_1(k) = 0 \tag{7.4.14}$$

$$[a_\mu(k), \bar{a}_\nu(k')] = \delta(k-k')\theta(k)[\delta_{\mu\nu}\delta(k^2)+k_\mu k_\nu\delta'(k^2)] \tag{7.4.15}$$

$$\begin{aligned}[a_\mu(k), b_1{}^\dagger(k')] &= -[b_1(k), \bar{a}_\mu(k')] \\ &= i\delta(k-k')k_\mu\theta(k)\delta(k^2)\end{aligned} \tag{7.4.16}$$

$$[b_1{}^\dagger(k), b_1(k')] = 0 \tag{7.4.17}$$

が成立している．(B, B_2) 系については，§6.3 で $A=B_2$, $\lambda=\varepsilon$ とおけばよい．

一般の α の場合に対しては，$b(k), b_1(k)$ はそのままにして，

$$a_\mu(k) \to \hat{a}_\mu(k) = a_\mu(k)+i\alpha k_\mu b(k) \tag{7.4.18}$$

$$b_2(k) \to \hat{b}_2(k) = b_2(k)-\alpha b_1(k) \tag{7.4.19}$$

によって $\hat{a}_\mu(k), \hat{b}_2(k)$ を求めればよい．

さて，$T_{\mu\nu}$ は

$$T_{\mu\nu} = T_{\mu\nu}{}^{(\mathrm{V})}+T_{\mu\nu}{}^{(\mathrm{G})} \tag{7.4.20}$$

のように，(A_μ, B_1) 系の $T_{\mu\nu}{}^{(\mathrm{V})}$ と (B, B_2) 系の $T_{\mu\nu}{}^{(\mathrm{G})}$ とに分離している．$T_{\mu\nu}{}^{(\mathrm{V})}$ についても，演算子の積の順序を対称化して，そこに (7.4.8), (7.4.9) を代入し，3次元積分を遂行すれば，

$$\boldsymbol{T}^{(\mathrm{V})}=\int dkdk'\delta(\boldsymbol{k}-\boldsymbol{k}')\boldsymbol{k}\Big[2|\boldsymbol{k}|\bar{a}_\mu(k)a_\mu(k')$$
$$+\bar{a}_4(k)b_1(k')-b_1{}^\dagger(k)a_4(k')+\frac{1}{2|\boldsymbol{k}|}b_1{}^\dagger(k)b_1(k)\Big] \tag{7.4.21}$$

$$T_0{}^{(\mathrm{V})}=\int dkdk'\delta(\boldsymbol{k}-\boldsymbol{k}')|\boldsymbol{k}|\Big[2|\boldsymbol{k}|\bar{a}_\mu(k)a_\mu(k')$$
$$+\bar{a}_4(k)b_1(k')-b_1{}^\dagger(k)a_4(k')+\frac{3}{2|\boldsymbol{k}|}b_1{}^\dagger(k)b_1(k')\Big] \tag{7.4.22}$$

を得る．ただし，この導出には，(7.4.12), (7.4.14) からの結果である

$$k_0a_\mu(k)=|\boldsymbol{k}|a_\mu(k)+\frac{ik_\mu}{2|\boldsymbol{k}|}b_1(k) \tag{7.4.23}$$

$$k_0b_1(k)=|\boldsymbol{k}|b_1(k) \tag{7.4.24}$$

を使用してある．$\boldsymbol{T}^{(\mathrm{V})}, T_0{}^{(\mathrm{V})}$ は，さらに (7.4.23), (7.4.24) により，

$$T_\mu{}^{(\mathrm{V})}=\int dkdk'\delta(\boldsymbol{k}-\boldsymbol{k}')\{k_\mu \text{ または } k_\mu'\}\Big[2|\boldsymbol{k}|\bar{a}_\nu(k)a_\nu(k')$$
$$+\bar{a}_4(k)b_1(k')-b_1{}^\dagger(k)a_4(k')+\frac{1}{2|\boldsymbol{k}|}b_1{}^\dagger(k)b_1(k')\Big] \tag{7.4.25}$$

と一括して書ける．

§6.4 のときと同様に，$T_\mu{}^{(\mathrm{V})}$ は

$$[T_\mu{}^{(\mathrm{V})}, A_\nu(x)]=i\partial_\mu A_\nu(x), \qquad [T_\mu{}^{(\mathrm{V})}, B_1(x)]=i\partial_\mu B_1(x) \tag{7.4.26}$$

を満足しなければならない．それ故，

$$[T_\mu{}^{(\mathrm{V})}, a_\nu(k)]=-k_\mu a_\nu(k), \qquad [T_\mu{}^{(\mathrm{V})}, b_1(k)]=-k_\mu b_1(k) \tag{7.4.27}$$

のはずである．$b_1(k)$ に対しては，(7.4.16), (7.4.17) により，

$$[T_\mu{}^{(\mathrm{V})}, b_1(p)]=ip_\mu\theta(p)\delta(p^2)\int dk\delta(\boldsymbol{k}-\boldsymbol{p})[2|\boldsymbol{p}|p_\nu a_\nu(k)+p_4b_1(k)] \tag{7.4.28}$$

を得る．この式の右辺の括弧内の $p_\nu a_\nu(k)$ は，係数 $\theta(p)\delta(p^2)\delta(\boldsymbol{k}-\boldsymbol{p})$ のおかげで，$k_ja_j(k)+i|\boldsymbol{k}|a_4(k)\equiv\bar{k}_\nu a_\nu(k)$ に置きかえることができる．(7.4.23), (7.4.13) から

$$2\bar{k}_\nu a_\nu(k)=ib_1(k) \qquad [\bar{k}=(\boldsymbol{k}, i|\boldsymbol{k}|)] \tag{7.4.29}$$

が成立するから，(7.4.28)の右辺は，結局

$$-p_\mu(2|\boldsymbol{p}|)\theta(p)\delta(p^2)\int dk\delta(\boldsymbol{k}-\boldsymbol{p})b_1(k) \qquad (7.4.30)$$

となる．$b_1(k)$ については，(6.4.10)と同様の関係

$$2|\boldsymbol{k}|\theta(k)\delta(k^2)\delta(\boldsymbol{k}-\boldsymbol{k}')b_1(k') = \delta(k-k')b_1(k) \qquad (7.4.31)$$

が成立するから，(7.4.30)は $-p_\mu b_1(p)$ にほかならない．$a_\nu(k)$ に対しては，(7.4.15), (7.4.16)により，まず

$$\begin{aligned}[T_\mu{}^{(\mathrm{V})}, a_\nu(p)] = -p_\mu\theta(p)\int dk\delta(\boldsymbol{k}-\boldsymbol{p})\Big[2|\boldsymbol{p}|\{\delta_{\nu\alpha}\delta(p^2)\\ +p_\nu p_\alpha\delta'(p^2)\}a_\alpha(k)-ip_\nu\delta(p^2)a_4(k)+\{\delta_{\nu4}\delta(p^2)\\ +p_\nu p_4\delta'(p^2)\}b_1(k)+\frac{ip_\nu}{2|\boldsymbol{p}|}\delta(p^2)b_1(k)\Big]\end{aligned} \qquad (7.4.32)$$

を得る．$\theta(p)\delta'(p^2)$ を含む部分は，次の公式

$$\theta(k)f(k)\delta'(k^2) = \theta(k)f(\bar{k})\delta'(k^2)+\frac{\theta(k)}{2|\boldsymbol{k}|}\left\{\frac{\partial f(k)}{\partial k_0}\right\}\delta(k^2) \qquad (7.4.33)$$

と(7.4.29)を用いて変形すると，(7.4.32)は

$$-p_\mu\theta(p)\int dk\delta(\boldsymbol{k}-\boldsymbol{p})[2|\boldsymbol{p}|\delta(p^2)a_\nu(k)+i\bar{p}_\nu\left\{\frac{1}{|\boldsymbol{p}|}\delta(p^2)+2|\boldsymbol{p}|\delta'(p^2)\right\}b_1(k)] \qquad (7.4.34)$$

と書けることがわかる．$a_\mu(k)$ については，(6.4.11)に対応する関係

$$\begin{aligned}\theta(k)\delta(\boldsymbol{k}-\boldsymbol{k}')\Big[2|\boldsymbol{k}|\delta(k^2)a_\mu(k')+i\left\{\frac{1}{|\boldsymbol{k}|}\delta(k^2)+2|\boldsymbol{k}|\delta'(k^2)\right\}k_\mu'b_1(k')\Big]\\ = \delta(k-k')a_\mu(k)\end{aligned} \qquad (7.4.35)$$

が成立する．それ故，(7.4.34)は $-p_\mu a_\nu(p)$ に等しい．

(7.4.35)も，質量についての極限操作を適用することにより，導出される．Landauゲージでの電磁場の理論は，きわめて自然な形で，

$$(\Box-m^2)\Box A^{(m)}{}_\mu = 0, \qquad \partial_\mu A^{(m)}{}_\mu = 0 \qquad (7.4.36)$$

$$\Box B_1{}^{(m)} = 0 \qquad (7.4.37)$$

を満足する中性ベクトル場 $A^{(m)}{}_\mu$ と補助スカラー場 $B_1{}^{(m)}$ とから成る中性ベクトル場の理論に拡張される[63, 13]*⁾．その拡張された理論の $m\to0$ の極限が本節の場合になる．$A^{(m)}{}_\mu$ を

*) §8.2参照.

$$A^{(m)}{}_\mu(x)=\frac{1}{(2\pi)^{3/2}}\int dk[a^{(m)}{}_\mu(k)e^{ikx}+\bar{a}^{(m)}{}_\mu(k)e^{-ikx}] \quad (7.4.38)$$

と表わせば，$a^{(m)}{}_\mu(k)$ は

$$(k^2+m^2)k^2a^{(m)}{}_\mu(k)=0, \qquad k_\mu a^{(m)}{}_\mu(k)=0 \quad (7.4.39)$$

を満足する．ただし $a^{(m)}{}_\mu(k)=\theta(k)a^{(m)}{}_\mu(k)$ である．それ故，$a^{(m)}{}_\mu(k)$ に対して，

$$k_0(k^2+m^2)a_\mu(k)=|\boldsymbol{k}|(k^2+m^2)a_\mu(k) \quad (7.4.40)$$

$$k_0k^2a_\mu(k)=\omega_kk^2a_\mu(k) \qquad (\omega_k\equiv\sqrt{\boldsymbol{k}^2+m^2}) \quad (7.4.41)$$

が成立する．従って，(6.4.12), (6.4.13) に対応する次の関係

$$2|\boldsymbol{k}|\theta(k)\delta(k^2)\delta(\boldsymbol{k}-\boldsymbol{k}')(k'^2+m^2)a_\mu(k')=\delta(k-k')(k^2+m^2)a_\mu(k) \quad (7.4.42)$$

$$2\omega_k\theta(k)\delta(k^2+m^2)\delta(\boldsymbol{k}-\boldsymbol{k}')k'^2a_\mu(k')=\delta(k-k')k^2a_\mu(k) \quad (7.4.43)$$

が導かれる．(7.4.42) と (7.4.43) とを組合せて，

$$\theta(k)\delta(\boldsymbol{k}-\boldsymbol{k}')\Big[2|\boldsymbol{k}|\delta(k^2)a^{(m)}{}_\mu(k')-\frac{2}{m^2}\{\omega_k\delta(k^2+m^2)-|\boldsymbol{k}|\delta(k^2)\}k'^2a^{(m)}{}_\mu(k')\Big]$$
$$=\delta(k-k')a^{(m)}{}_\mu(k) \quad (7.4.44)$$

を得る．この式の $m\to0$ の極限が (7.4.35) である．

1体状態 $|a_\mu(k)\rangle(\equiv\bar{a}_\mu(k)|0\rangle)$, $|b_1(k)\rangle(\equiv b_1{}^\dagger(k)|0\rangle)$ に対しては，(6.4.15)～(6.4.17) と同様に，

$$(T_\mu{}^{(V)}-k_\mu)|a_\nu(k)\rangle=0, \qquad (T_\mu{}^{(V)}-k_\mu)|b_1(k)\rangle=0 \quad (7.4.45)$$

$$[T^{(V)}]^2|a_\mu(k)\rangle=k^2|a_\mu(k)\rangle=ik_\mu|b_1(k)\rangle \quad (7.4.46)$$

$$[T^{(V)}]^2|b_1(k)\rangle=0 \quad (7.4.47)$$

が成立する．(7.4.45) の第1式は

$$(T_\mu{}^{(V)}-\bar{k}_\mu)|a_\nu(k)\rangle=-\delta_{\mu4}\frac{k_\nu}{2|\boldsymbol{k}|}|b_1(k)\rangle \quad (7.4.48)$$

とも書ける．(7.4.27) のおかげで，$T_\mu(=T_\mu{}^{(V)}+T_\mu{}^{(G)})$ の固有状態は全空間にわたり完全系をはる．

(7.4.25) において，k, k' が $\boldsymbol{k}=\boldsymbol{k}'=(0,0,|\boldsymbol{k}|)$ となる場合からの寄与について考えよう．その場合，(7.4.13), (7.4.23) から，

$$|\boldsymbol{k}|a_3(k)=k_0a_0(k)=|\boldsymbol{k}|a_0(k)+\frac{i}{2}b_1(k) \quad (7.4.49)$$

$$|\boldsymbol{k}|a_3{}^\dagger(k)=k_0a_0{}^\dagger(k)=|\boldsymbol{k}|a_0{}^\dagger(k)-\frac{i}{2}b_1{}^\dagger(k) \quad (7.4.50)$$

であるから，この関係を用いて(7.4.25)の[ ]内の $a_0{}^\dagger$, a_0 を消去することができる．その結果は

$$[\ \ ] = 2|\boldsymbol{k}|\sum_{i=1,2} a_i{}^\dagger(k)a_i(k') + 2i[a_3{}^\dagger(k)b_1(k') - b_1{}^\dagger(k)a_3(k')]$$
$$-\frac{1}{|\boldsymbol{k}|}b_1{}^\dagger(k)b_1(k') \qquad (7.4.51)$$

となる．(7.4.51)と

$$T_\mu{}^{(\mathrm{G})} = \int dkdk'\delta(\boldsymbol{k}-\boldsymbol{k}')\{k_\mu \text{ または } k'_\mu\}$$
$$\times\Big[2|\boldsymbol{k}|\{b^\dagger(k)b_2(k') + b_2{}^\dagger(k)b(k')\} + \frac{\varepsilon}{|\boldsymbol{k}|}b_2{}^\dagger(k)b_2(k')\Big] \qquad (7.4.52)$$

であることから，補助条件(7.1.51)のもとでは横光子だけが期待値 $\langle\Phi_\mathrm{P}|T_\mu|\Phi_\mathrm{P}\rangle$ に寄与することが示される．

個数演算子 N および1体状態への射影演算子 P_1 は

$$N = N^{(\mathrm{V})} + N^{(\mathrm{G})} \qquad (7.4.53)$$

$$N^{(\mathrm{V})} = \int dkdk'\delta(\boldsymbol{k}-\boldsymbol{k}')[2|\boldsymbol{k}|\bar{a}_\mu(k)a_\mu(k')$$
$$+\bar{a}_4(k)b_1(k') - b_1{}^\dagger(k)a_4(k') + \frac{1}{2|\boldsymbol{k}|}b_1{}^\dagger(k)b_1(k)\Big] \qquad (7.4.54)$$

$$P_1 = P_1{}^{(\mathrm{V})} + P_1{}^{(\mathrm{G})} \qquad (7.4.55)$$

$$P_1{}^{(\mathrm{V})} = \int dkdk'\delta(\boldsymbol{k}-\boldsymbol{k}')\Big[2|\boldsymbol{k}|\,|a_\mu(k)\rangle\langle a_\mu(k')|$$
$$+|a_4(k)\rangle\langle b_1(k')| - |b_1(k)\rangle\langle a_4(k')| + \frac{1}{2|\boldsymbol{k}|}|b_1(k)\rangle\langle b_1(k')|\Big]$$
$$(7.4.56)$$

によって与えられる．$N^{(\mathrm{V})}$, $P_1{}^{(\mathrm{V})}$ は

$$[N^{(\mathrm{V})}, a_\mu(k)] = -a_\mu(k), \qquad [N^{(\mathrm{V})}, \bar{a}_\mu(k)] = \bar{a}_\mu(k) \qquad (7.4.57)$$

$$[N^{(\mathrm{V})}, b_1(k)] = -b_1(k), \qquad [N^{(\mathrm{V})}, b_1{}^\dagger(k)] = b_1{}^\dagger(k) \qquad (7.4.58)$$

$$P_1{}^{(\mathrm{V})}|a_\mu(k)\rangle = |a_\mu(k)\rangle, \qquad P_1{}^{(\mathrm{V})}|b_1(k)\rangle = |b_1(k)\rangle \qquad (7.4.59)$$

$$[P_1{}^{(\mathrm{V})}]^2 = P_1{}^{(\mathrm{V})} \qquad (7.4.60)$$

を満足する．

§7.5 スペクトル表示と漸近条件

本節では，くりこまれた，$\alpha^{(\mathrm{r})}$ ゲージの Heisenberg 演算子 ${A^{(\mathrm{r})}}_\mu$ について，$\langle\tilde{0}|[{A^{(\mathrm{r})}}_\mu(x), {A^{(\mathrm{r})}}_\nu(y)]|\tilde{0}\rangle$ のスペクトル表示を求める．そのため，まず $\langle\tilde{0}|{j^{(\mathrm{r})}}_\mu(x){j^{(\mathrm{r})}}_\nu(y)|\tilde{0}\rangle$ の構造を考えよう*)．

$\langle 0|j_\mu(x)j_\nu(y)|0\rangle$ の中間に T_μ の固有状態でつくった完全系をはさむわけであるが，そのとき，§5.7 の場合と同様に，その中間状態としては正ノルムの物理的状態だけが寄与することが示される．(7.3.24) により，1体状態 $|1\rangle$ は，はじめから $\langle 0|j_\mu(x)j_\nu(y)|0\rangle$ の中間状態にはきかない．また，(7.3.23) により，b, b_i を少なくとも1つ含むような中間状態もすべて落ちる．縦光子を含む状態は，(7.4.51) の形からも推察できるように，完全系の中で必ず b_1 の状態と対をなして，(5.7.16) のような形で現われるようにとることができるから，これも結局 $\langle 0|j_\mu(x)j_\nu(y)|0\rangle$ には寄与しない．それ故，その寄与が残るのは正ノルムの物理的状態だけからである．以上の考察から，

$$\langle 0|[j_\mu(x), j_\nu(y)]|0\rangle = i\int_0^\infty ds\pi(s)(s\delta_{\mu\nu}-\partial_\mu\partial_\nu)\Delta(x-y;s) \qquad (7.5.1)$$

$$\pi(s) \geq 0 \qquad (7.5.2)$$

を得る．ここに至る事情は，非物理的状態ベクトルの空間が dipole ghost を含むことを除いて，§5.7 の場合と全く同じである．

(7.5.1) を足掛りにして，$\langle 0|[A_\mu(x), A_\nu(y)]|0\rangle$ のスペクトル表示が求まる．(7.3.18), (7.3.8) から，

$$\begin{aligned}\langle 0|[A_\mu(x), \partial_\nu A_\nu(y)]|0\rangle &= [A_\mu(x), \partial_\nu A_\nu(y)] \\ &= i\varepsilon\alpha^2\partial_\mu D(x-y) \qquad (7.5.3)\end{aligned}$$

が成立している．これは A_μ の漸近場からの寄与，すなわち $\langle 0|[A_\mu(x), A_\nu(y)]|0\rangle$ の中間状態のうちの1体状態だけからの寄与を表わしている．それ故，残りの部分を $\sigma_{\mu\nu}(x-y)$ と書けば，$\sigma_{\mu\nu}(x)$ は

$$\partial_\mu\sigma_{\mu\nu}(x) = \partial_\nu\sigma_{\mu\nu}(x) = 0 \qquad (7.5.4)$$

を満足していなければならない．つまり，$\sigma_{\mu\nu}(x)$ は

$$\sigma_{\mu\nu}(x) = \frac{1}{(2\pi)^3}\int dk(-k^2\delta_{\mu\nu}+k_\mu k_\nu)\sigma(-k^2)e^{ikx} \qquad (7.5.5)$$

---

*) 本節で取り扱う量はすべてくりこまれた量なので，それ等に対する添字 (r) は以下では省略する．また，真空 $|\tilde{0}\rangle$ も $|0\rangle$ と略記する．

と書ける．従って，(7.5.3)をみたす$\langle 0|[A_\mu(x), A_\nu(y)]|0\rangle$は

$$\langle 0|[A_\mu(x), A_\nu(y)]|0\rangle = i\delta_{\mu\nu}D(x-y) - i(1+\varepsilon\alpha^2)\partial_\mu\partial_\nu\tilde{D}(x-y) + 2iM\partial_\mu\partial_\nu D(x-y) + \sigma_{\mu\nu}(x-y) \tag{7.5.6}$$

と書ける．ここに，$\partial_\mu\partial_\nu D(x-y)$の比例定数$M$は，(7.5.3)，(7.5.4)だけからは定まらない．

(7.5.6)の両辺に$\Box^x$を作用させ，(7.3.16)，(7.3.18)，(7.3.8)を使用すると，

$$\langle 0|[j_\mu(x), A_\nu(y)]|0\rangle = \frac{1}{(2\pi)^3}\int dk(-k^2\delta_{\mu\nu}+k_\mu k_\nu)k^2\sigma(-k^2)e^{ik(x-y)} \tag{7.5.7}$$

を得る．さらに，この両辺に$\Box^y$を作用させれば，

$$\langle 0|[j_\mu(x), j_\nu(y)]|0\rangle = \frac{1}{(2\pi)^3}\int dk(-k^2\delta_{\mu\nu}+k_\mu k_\nu)(k^2)^2\sigma(-k^2)e^{ik(x-y)} \tag{7.5.8}$$

が導かれることがわかる．(7.5.1)でs積分を消去すれば

$$\langle 0|[j_\mu(x), j_\nu(y)]|0\rangle = \frac{1}{(2\pi)^3}\int dk(-k^2\delta_{\mu\nu}+k_\mu k_\nu)\varepsilon(k)\pi(-k^2)e^{ik(x-y)} \tag{7.5.9}$$

となるから，これと(7.5.8)とを比較して，

$$\sigma(-k^2) = \frac{\varepsilon(k)}{(k^2)^2}\pi(-k^2) \tag{7.5.10}$$

を得る．(7.5.10)を(7.5.5)に代入し，$\pi(-k^2)=\int_0^\infty ds\pi(s)\delta(k^2+s)$により$s$積分の表示に移れば，結局次のスペクトル表示を得る．

$$\langle 0|[A_\mu(x), A_\nu(y)]|0\rangle = i\delta_{\mu\nu}D(x-y) - i(1+\varepsilon\alpha^2)\partial_\mu\partial_\nu\tilde{D}(x-y) + 2iM\partial_\mu\partial_\nu D(x-y) + i\int_0^\infty ds\frac{\pi(s)}{s^2}(s\delta_{\mu\nu}-\partial_\mu\partial_\nu)\Delta(x-y;s) \tag{7.5.11}$$

(7.5.11)で$x_0=y_0$ととれば，正準交換関係$[A_\mu(x), A_\nu(y)]_0=0$と(6.3.11)により，

$$M = \frac{1}{2}\int_0^\infty ds\frac{\pi(s)}{s^2} \tag{7.5.12}$$

とMが求まる．また，

$$\langle 0|[A_\mu(x), \dot{A}_k(y)]_0|0\rangle = iZ_3^{-1}\delta_{\mu k}\delta(\boldsymbol{x}-\boldsymbol{y}) \tag{7.5.13}$$

であるから，これから

$$Z_3^{-1} = 1+\int_0^\infty ds\frac{\pi(s)}{s} \tag{7.5.14}$$

によって，くりこみ定数 Z_3 が求まる．

M が 0 でないことは，A_μ の漸近条件に関して重要である．スペクトル表示 (7.5.11) は，その初めの 3 項が漸近場からの寄与であることを示している．一方，B, B_i は自由場の方程式および交換関係を満足するから，その漸近場はそれ自体と一致している．それ故，すべての場の方程式および交換関係と矛盾しない漸近条件の形は，$x_0\to-\infty$ のとき，

$$A_\mu(x) \to A^{(\mathrm{in})}{}_\mu(x)-M\partial_\mu B_1{}^{(\mathrm{in})}(x) \tag{7.5.15}$$

$$B(x) \to B^{(\mathrm{in})}(x) = B(x) \tag{7.5.16}$$

$$B_i(x) \to B_i{}^{(\mathrm{in})}(x) = B_i(x) \qquad (i=1,2) \tag{7.5.17}$$

ととればよい．ここに，$A^{(\mathrm{in})}{}_\mu, B^{(\mathrm{in})}, B_i{}^{(\mathrm{in})}$ はくりこまれた α ゲージでの自由場の条件をすべて満足するものである．すなわち，

$$\Box A^{(\mathrm{in})}{}_\mu-\partial_\mu\partial_\nu A^{(\mathrm{in})}{}_\nu = \partial_\mu B_1{}^{(\mathrm{in})} \tag{7.5.18}$$

$$\partial_\mu A^{(\mathrm{in})}{}_\mu = \varepsilon\alpha[B_2{}^{(\mathrm{in})}+\alpha B_1{}^{(\mathrm{in})}] \tag{7.5.19}$$

$$\Box B^{(\mathrm{in})} = \varepsilon[B_2{}^{(\mathrm{in})}+\alpha B_1{}^{(\mathrm{in})}] \tag{7.5.20}$$

$$\Box B_2{}^{(\mathrm{in})} = 0 \tag{7.5.21}$$

$$\begin{aligned}&[A^{(\mathrm{in})}{}_\mu(x), A^{(\mathrm{in})}{}_\nu(y)]\\ &\quad = i\delta_{\mu\nu}D(x-y)-i(1+\varepsilon\alpha^2)\partial_\mu\partial_\nu\tilde{D}(x-y)\end{aligned} \tag{7.5.22}$$

$$[A^{(\mathrm{in})}{}_\mu(x), B^{(\mathrm{in})}(y)] = i\varepsilon\alpha\partial_\mu\tilde{D}(x-y) \tag{7.5.23}$$

$$[A^{(\mathrm{in})}{}_\mu(x), B_j{}^{(\mathrm{in})}(y)] = i\delta_{j1}\partial_\mu D(x-y) \tag{7.5.24}$$

$$[B^{(\mathrm{in})}(x), B^{(\mathrm{in})}(y)] = i\varepsilon\tilde{D}(x-y) \tag{7.5.25}$$

$$[B^{(\mathrm{in})}(x), B_j{}^{(\mathrm{in})}(y)] = i\delta_{j2}D(x-y) \tag{7.5.26}$$

$$[B_i{}^{(\mathrm{in})}(x), B_j{}^{(\mathrm{in})}(y)] = 0 \tag{7.5.27}$$

が成立している．1 体状態 $|1\rangle$ に対しては

$$\langle 0|A_\mu|1\rangle = \langle 0|A^{(\mathrm{in})}{}_\mu|1\rangle-M\partial_\mu\langle 0|B_1{}^{(\mathrm{in})}|1\rangle \tag{7.5.28}$$

である．$x\to+\infty$ のときの，$A^{(\mathrm{out})}{}_\mu, B^{(\mathrm{out})}, B_i{}^{(\mathrm{out})}$ についても，全く同様の式が成立する．Yang-Feldman 方程式は

$$A_\mu(x) = A^{(\mathrm{in})}{}_\mu(x) - M\partial_\mu B_1{}^{(\mathrm{in})}(x) + \int dx' D_R(x-x') j_\mu(x') \qquad (7.5.29)$$

$$A_\mu(x) = A^{(\mathrm{out})}{}_\mu(x) - M\partial_\mu B_1{}^{(\mathrm{out})}(x) + \int dx' D_A(x-x') j_\mu(x') \qquad (7.5.30)$$

のような形をとる.

$A^{(\mathrm{in})}{}_\mu, B^{(\mathrm{in})}, B_i{}^{(\mathrm{in})}$ と $A^{(\mathrm{out})}{}_\mu, B^{(\mathrm{out})}, B_i{}^{(\mathrm{out})}$ とはそれぞれ S 行列による pseudo-unitary 変換で結ばれている. すなわち,

$$A^{(\mathrm{out})}{}_\mu = S^{-1} A^{(\mathrm{in})}{}_\mu S \qquad (7.5.31)$$

$$B^{(\mathrm{out})} = S^{-1} B^{(\mathrm{in})} S = B^{(\mathrm{in})} \qquad (7.5.32)$$

$$B_i{}^{(\mathrm{out})} = S^{-1} B_i{}^{(\mathrm{in})} S = B_i{}^{(\mathrm{in})} \qquad (7.5.33)$$

である. (7.5.32), (7.5.33) は

$$[B^{(\mathrm{in})}, S] = [B_i{}^{(\mathrm{in})}, S] = 0 \qquad (7.5.34)$$

あるいは

$$[B^{(\mathrm{out})}, S] = [B_i{}^{(\mathrm{out})}, S] = 0 \qquad (7.5.35)$$

であることを示している. それ故, 物理的状態 $|\Phi_{\mathrm{P}}\rangle$ に対して, $S|\Phi_{\mathrm{P}}\rangle$ もまた物理的状態である. S は pseudo-unitary であるが, その unitary 性は (7.5.34), (7.5.35) において明らかである. §7.1 での自由場 $A^{(0)}{}_\mu, B^{(0)}, B_i{}^{(0)}$ と $A^{(\mathrm{in})}{}_\mu, B^{(\mathrm{in})}, B_i{}^{(\mathrm{in})}$ または $A^{(\mathrm{out})}{}_\mu, B^{(\mathrm{out})}, B_i{}^{(\mathrm{out})}$ も, ある pseudo-unitary 変換で結ばれているはずである.

以上にみるように本章では, gaugeon 場を導入することによって構成される, 理論のゲージ構造の問題に重点をおいて考察した. しかし, 一度その問題が解明されれば, 量子電磁力学の取扱いに際しいつでも gaugeon 系の場を引き合いにだすことはない. ゲージの変化を問題にしないですむような場合は, 最も簡単な Landau ゲージにおいて, (A_μ, B_1) 系だけを取り扱えばすむわけである.

第8章　中性ベクトル場の理論

電磁場も中性ベクトル場も，ともにスピン1の中性粒子を記述するベクトル場であるから，両者に対して統一的理論形式が存在することが望ましい．その点については，従来の中性ベクトル場の形式は不満足といえる．その事情は，対象とする粒子の質量が0かそうでないかによって統一的記述を困難にする要素が多いことにあるが，電磁場についての Gupta-Bleuler 形式の構造にも問題があった．しかし，中性ベクトル場の形式を，その質量→0の極限が電磁場の共変ゲージ形式の場合になるように構成することは可能である．それは同時に，電磁場を含めて可換ゲージ場全般にわたる統一理論体系を構成することにもなる．§8.2からは，その新しい理論体系を考察する．

§8.1　従来の形式

質量$m\,(\neq 0)$の中性ベクトル場をU_μとし，次の Lagrangian 密度によって記述される理論形式を Proca 形式という[64].

$$\mathcal{L} = -\frac{1}{4}G_{\mu\nu}G_{\mu\nu} - \frac{1}{2}m^2 U_\mu U_\mu \tag{8.1.1}$$

ここに，$G_{\mu\nu}$は電磁場の場合の$F_{\mu\nu}$に対応して，

$$G_{\mu\nu} \equiv \partial_\mu U_\nu - \partial_\nu U_\mu \tag{8.1.2}$$

である*)．このとき，場の方程式は

$$\partial_\nu G_{\nu\mu} - m^2 U_\mu = \Box U_\mu - \partial_\mu \partial_\nu U_\nu - m^2 U_\mu = 0 \tag{8.1.3}$$

となる．質量mがあるおかげで，(8.1.3)は

$$\partial_\mu U_\mu = 0 \tag{8.1.4}$$

を導く．(8.1.4)により，U_μの独立成分の数はちょうど3つになっている．§1.3で述べたように，もし(8.1.3)で$m=0$なら，U_μはスピン1の粒子の場とはなり得ないから，Proca 形式ははじめから$m\neq 0$の場合に限られている．(8.1.3), (8.1.4)から，Klein-Gordon 方程式

---

*)　もちろん，$U_\mu \equiv (U_k, iU_0)$において$(k=1,2,3)$，$U_k{}^\dagger = U_k$，$U_0{}^\dagger = U_0$である．

$$(\square - m^2)U_\mu = 0 \tag{8.1.5}$$

を得る．

正準量子化は，U_k を正準変数に，

$$\pi_k \equiv \dot{U}_k - i\partial_k U_4 \tag{8.1.6}$$

をその正準共役変数に選ぶことによって遂行される．$U_4, \dot{U}_4$ は，(8.1.3), (8.1.6), (8.1.4) から，それぞれ

$$U_4 = \frac{i}{m^2}\partial_k \pi_k, \qquad \dot{U}_4 = -i\partial_k U_k \tag{8.1.7}$$

によって与えられる．このように，Proca 形式では，ghost の唯一の候補者である $U_4, \dot{U}_4$ が他の変数の従属変数として表わされてしまうので，量子化にあたり不定計量のベクトル空間を必要としない．つまり，それは通常の Hilbert 空間での量子論を導くので，$U_k^\dagger, U_0^\dagger$ は実は Hermite 共役 U_k^*, U_0^* のことである．これまでやってきた処方と全く同様にして，(8.1.5)～(8.1.7) を使用して，次の 4 次元交換関係を得る．

$$[U_\mu(x), U_\nu(y)] = i\left(\delta_{\mu\nu} - \frac{\partial_\mu \partial_\nu}{m^2}\right)\Delta(x-y\,;m^2) \tag{8.1.8}$$

これは (8.1.4) と両立する．(8.1.8) の $m\to 0$ の極限は存在しない．U_μ と U_ν との同時刻交換関係は一般には 0 ではなく，

$$[U_\mu(x), U_\nu(y)]_0 = \frac{1}{m^2}(\delta_{\mu 4}\partial_\nu + \delta_{\nu 4}\partial_\mu)\delta(\boldsymbol{x}-\boldsymbol{y}) \tag{8.1.9}$$

となる．

相互作用がある場合は，相互作用表示での U_μ は (8.1.8) と同じ形の交換関係を満足する．ところが (8.1.9) のために，$j_\mu U_\mu$ のような形の相互作用項でも微分を含む相互作用と同様の効果をもたらすことになるので，S 行列は (5.7.57) における T^* 法によって求めることになる．そのとき，Feynman 伝播関数は

$$\langle 0|T^*[U_\mu(x)U_\nu(y)]|0\rangle = \left(\delta_{\mu\nu} - \frac{\partial_\mu\partial_\nu}{m^2}\right)\Delta_F(x-y\,;m^2)$$

$$= \frac{1}{(2\pi)^4 i}\int dk\left(\delta_{\mu\nu} + \frac{k_\mu k_\nu}{m^2}\right)\frac{1}{k^2+m^2-i\varepsilon}e^{ik(x-y)} \tag{8.1.10}$$

として与えられる．それ故，運動量表示における Feynman 伝播関数の振舞いは，k_μ の大きな値に対して，電磁場の場合に比して次数 2 だけ強くなっている．従って，U_μ が電磁場と同じ型の相互作用をする場合でも，次数勘定定理

により，それは一般にくりこみ不可能となる．

Proca形式のほかに，よく知られたものとしてStueckelberg形式がある[65]．この形式は，Gupta-Bleuler形式に似た次のLagrangian密度によって記述される．

$$\mathcal{L} = -\frac{1}{2}[(\partial_\nu U_\mu)(\partial_\nu U_\mu)+m^2U_\mu U_\mu+\partial_\mu C\partial_\mu C+m^2C^2] \quad (8.1.11)$$

ここに C は自己共役な補助スカラー場である*)．(8.1.11)から導かれる場の方程式は

$$(\Box-m^2)U_\mu = 0 \quad (8.1.12)$$

$$(\Box-m^2)C = 0 \quad (8.1.13)$$

である．この場合の U_μ 同士の間の正準交換関係は，Gupta-Bleuler形式の場合と全く同様であるから，U_μ, C についての4次元交換関係は

$$[U_\mu(x), U_\nu(y)] = i\delta_{\mu\nu}\Delta(x-y;m^2) \quad (8.1.14)$$

$$[U_\mu(x), C(y)] = 0 \quad (8.1.15)$$

$$[C(x), C(y)] = i\Delta(x-y;m^2) \quad (8.1.16)$$

と求まる．(8.1.14)の形が示すように，Stueckelberg形式では，U_4 の量子化を通して不定計量のベクトル空間が導入されている．

ここで，負ノルムの状態を消去すると同時に，観測にかかる全系の独立成分を3個に限定するような補助条件を設定しなければならない．そこで，改めて

$$\tilde{U}_\mu \equiv U_\mu+\frac{1}{m}\partial_\mu C \quad (8.1.17)$$

によって $\tilde{U}_\mu$ を導入する．$\tilde{U}_\mu$ に対しては

$$(\Box-m^2)\tilde{U}_\mu = 0 \quad (8.1.18)$$

$$[\tilde{U}_\mu(x), \tilde{U}_\nu(y)] = i\left(\delta_{\mu\nu}-\frac{\partial_\mu\partial_\nu}{m^2}\right)\Delta(x-y;m^2) \quad (8.1.19)$$

$$[\tilde{U}_\mu(x), C(y)] = \frac{i}{m}\partial_\mu\Delta(x-y;m^2) \quad (8.1.20)$$

を得る**)．さらに

---

*)　$-\frac{1}{2}(\partial_\nu U_\mu)(\partial_\nu U_\mu)$ は $-\frac{1}{4}G_{\mu\nu}G_{\mu\nu}-\frac{1}{2}(\partial_\mu U_\mu)^2$ で置き換えてもよい．

**)　$\tilde{U}_\mu$ と C とでLagrangian密度(8.1.11)を書き直すと，高階微分が現われて通常のLagrange形式が機能しなくなることに注意．

$$[\partial_\mu \tilde{U}_\mu(x), \tilde{U}_\nu(y)] = [\partial_\mu \tilde{U}_\mu(x), \partial_\nu \tilde{U}_\nu(y)] = 0 \tag{8.1.21}$$

が成立し，$\partial_\mu \tilde{U}_\mu$ はゼロ・ノルムの状態をつくりだす場であると解釈できる．ただし，

$$\partial_\mu \tilde{U}_\mu = \partial_\mu U_\mu + mC \neq 0 \tag{8.1.22}$$

$$[\partial_\mu \tilde{U}_\mu(x), C(y)] = im\Delta(x-y\,; m^2) \tag{8.1.23}$$

である．物理的状態ベクトルに課する補助条件は

$$[\partial_\mu \tilde{U}_\mu(x)]^{(+)}|\Phi_{\mathrm{P}}\rangle = 0 \tag{8.1.24}$$

によって設定する．これにより，$\tilde{U}_\mu$ の4成分のうちの1成分は，物理的効力のないゼロ・ノルム状態に対応することになる．(8.1.23)のため，$C(x)|\Phi_{\mathrm{P}}\rangle$ は非物理的状態になっている．この形式の内容は，次の c 数ゲージ変換

$$U_\mu \to U_\mu + \partial_\mu \Lambda, \qquad C \to C - m\Lambda \tag{8.1.25}$$

に対して不変である．ただし，Λ は

$$(\Box - m^2)\Lambda = 0 \tag{8.1.26}$$

を満足するスカラーである．特に，$\tilde{U}_\mu$ はそれ自身でゲージ不変である．

$\tilde{U}_\mu$ を用いて，ベクトル場と流れ密度 j_μ との相互作用項を $j_\mu \tilde{U}_\mu$ の形で導入する．そのとき，$\tilde{U}_\mu$ に対する場の方程式は

$$(\Box - m^2)\tilde{U}_\mu = -j_\mu \tag{8.1.27}$$

である．j_μ が保存していれば

$$(\Box - m^2)\partial_\mu \tilde{U}_\mu = 0 \tag{8.1.28}$$

が成立するから，補助条件(8.1.24)は相互作用の全時刻を通して保証される．(8.1.19)はProca形式のときの(8.1.8)と全く同型だから，Stueckelberg形式においても，Feynman伝播関数は(8.1.10)の形で与えられる．$\partial_\mu j_\mu = 0$ のときは，S 行列から(8.1.10)の $m^{-2}\partial_\mu\partial_\nu$ に比例する部分を，pseudo-unitary変換によって消去できることが示される[66]*)．それ故，Stueckelberg形式の中性ベクトル場理論は，$\tilde{U}_\mu$ が保存流れ密度と結合するときに限り，くりこみ可能となる．

もともとStueckelberg形式においては，$\tilde{U}_\mu$ よりも U_μ が基本的場である．相互作用が極小型のものであれば，すべての場の方程式から $m^{-1}\partial_\mu C$ を q 数ゲ

*) その筋道は，相互作用表示において，§4.5の場合と並行する処方で $\tilde{U}_\mu$ から U_μ への q 数ゲージ変換を適用することに当る．

ージ変換によって消去することができるので，はじめから(U_μ, C)の表示で，場の方程式

$$(\Box - m^2)U_\mu = -j_\mu, \qquad (\Box - m^2)C = 0 \tag{8.1.29}$$

と補助条件

$$(\partial_\mu U_\mu + mC)^{(+)}|\Phi_P\rangle = 0 \tag{8.1.30}$$

とで出発することができる．ただし，$\tilde{U}_\mu$がつくれるために，補助条件が(8.1.30)の形をとることが本質的である．この表示では，その$m\to 0$の極限は，一応Gupta-Bleuler形式の内容を導く．しかし，いかにも不自然なところが目立つ．補助場Cは，場の方程式や交換関係において，相互作用系から全く遊離している．そのCが(8.1.30)によって物理的状態ベクトルを制限するのである．$m=0$では，(8.1.30)のCの項は消えるから，そのときCは正ノルムの物理的場となる．しかるに，Cはもはや何の役目もしない遊びの場である．観測される独立成分の数が3つから2つに変るのは，風来坊のCを無視できるという前提に基づいている．通常そのような場が無視できるのは，いつでも$C^{(+)}(x)|\Phi_P\rangle=0$の補助条件を課すことが可能だからなのであるが，いまはそれができない．そうすると，(8.1.30)の御利益がなくなってしまうからである．これがStueckelberg形式の泣き所である．この問題は，結果的には最初に導入するベクトル場とその補助場の選び方と，それらの組合せの問題に帰着するのであるが，Stueckelberg形式と次節以降で述べる形式との根本的相違もそこにある．

以上にあげた2つの理論形式以外にも，ベクトル場の形式はまだいろいろ提出されている(例えば[67]，[68]等)．

§8.2 共変ゲージ形式の拡張

Nakanishi-Lautrup形式におけるLandauゲージの場合には，電磁場に対してきわめて自然な形で質量を導入することができる．そうして出来上った中性ベクトル場の形式をNakanishi形式と呼ぶ[63, 13]，[69]*)．しかし，同じことを他のゲージの場合についてやってみると，その質量がゲージ・パラメター

*) [69]では，直接には質量→0の極限がとれないようになっている．しかし，補助場の規格化を適当にやり直すと，Nakanishi形式の内容と同等なものが得られる．

に依存するという不都合なことが起こる．前章で述べたgaugeon形式では，この困難は解消され，すべてのゲージに対して普遍的な質量を導入することができる[70, 71]．本節では§7.1の場合を拡張した中性ベクトル場理論について述べるが[70]，ここではNakanishi形式の内容がLandauゲージの表示として含まれている．

まず，自由場の場合について考えよう．(7.1.2)を拡張したLagrangian密度は次によって与えられる．

$$\mathcal{L}_0 = -\frac{1}{4}G_{\mu\nu}G_{\mu\nu}-\frac{1}{2}m^2U_\mu U_\mu+B_1\partial_\mu U_\mu-\partial_\mu B\partial_\mu B_2-\frac{1}{2}\varepsilon\Lambda^2 \tag{8.2.1}$$

$$\Lambda \equiv B_2+\alpha B_1+\frac{1}{2}\varepsilon(1+\varepsilon\alpha^2)m^2B \tag{8.2.2}$$

ここに，$G_{\mu\nu}=\partial_\mu U_\nu-\partial_\nu U_\mu$，$m$は中性ベクトル場$U_\mu$の質量，$\varepsilon$は符号因子，$\alpha$はゲージ・パラメターである*)．

(8.2.1)から導かれる場の方程式は

$$(\Box-m^2)U_\mu-\partial_\mu\partial_\nu U_\nu = \partial_\mu B_1 \tag{8.2.3}$$

$$\partial_\mu U_\mu = \varepsilon\alpha\Lambda \tag{8.2.4}$$

$$\Box B = \varepsilon\Lambda \tag{8.2.5}$$

$$\Box B_2 = \frac{1}{2}(1+\varepsilon\alpha^2)m^2\Lambda \tag{8.2.6}$$

である．(8.2.3), (8.2.4)から，B_1に対して

$$\Box B_1 = -\, m^2\partial_\mu U_\mu = -\varepsilon\alpha m^2\Lambda \tag{8.2.7}$$

を得る．(8.2.5), (8.2.6), (8.2.7)を用いれば，Λは

$$(\Box-m^2)\Lambda = 0 \tag{8.2.8}$$

を満足することがわかる．また，

$$\Box(B_1+\varepsilon\alpha\Lambda) = 0 \tag{8.2.9}$$

である．それ故，すべての場について

$$(\Box-m^2)\Box U_\mu = 0 \tag{8.2.10}$$

$$(\Box-m^2)\Box B = 0 \tag{8.2.11}$$

---

*) ここでのU_μ, B, B_1, B_2に相当するものを，これまでは$A^{(m)}{}_\mu, B^{(m)}, B_1{}^{(m)}, B_2{}^{(m)}$と表わした．

$$(\Box - m^2)\Box B_i = 0 \qquad (i=1,2) \tag{8.2.12}$$

が成立している*). 特に,

$$(\Box - m^2)\partial_\mu U_\mu = 0 \tag{8.2.13}$$

である.

正準変数と正準共役変数との対応関係は, (7.1.15)～(7.1.18)の場合と全く同様である. それ故当然, 次の同時刻交換関係

$$[U_\mu(x), \dot{U}_k(y)]_0 = i\partial_{\mu k}\delta(\boldsymbol{x}-\boldsymbol{y}) \tag{8.2.14}$$

$$[U_\mu(x), B_1(y)]_0 = -\delta_{\mu 4}\delta(\boldsymbol{x}-\boldsymbol{y}) \tag{8.2.15}$$

$$[B_1(x), \dot{U}_k(y)]_0 = -i\partial_k\delta(\boldsymbol{x}-\boldsymbol{y}) \tag{8.2.16}$$

$$[B(x), \dot{B}_2(y)]_0 = [B_2(x), \dot{B}(y)]_0 = i\delta(\boldsymbol{x}-\boldsymbol{y}) \tag{8.2.17}$$

が成立し, また, これ以外の同時刻正準交換関係は0となる. (8.2.3), (8.2.4)により,

$$\dot{U}_4 = i\varepsilon\alpha\Lambda - i\partial_k U_k \tag{8.2.18}$$

$$\dot{B}_1 = i\triangle U_4 - \partial_k \dot{U}_k - im^2 U_4 \tag{8.2.19}$$

であるから, これを用いて, さらに

$$[U_4(x), \dot{U}_4(y)]_0 = -i\varepsilon\alpha^2\delta(\boldsymbol{x}-\boldsymbol{y}) \tag{8.2.20}$$

$$[U_\mu(x), \dot{B}_1(y)]_0 = i\partial_{\mu k}\partial_k\delta(\boldsymbol{x}-\boldsymbol{y}) \tag{8.2.21}$$

$$[B_1(x), \dot{B}_1(y)]_0 = -im^2\delta(\boldsymbol{x}-\boldsymbol{y}) \tag{8.2.22}$$

を得る. (8.2.10)～(8.2.12)の形を満足する関数$f(x)$に対する積分形は, (6.3.49)と同じく

$$f(x) = \frac{1}{m^2}\int d\boldsymbol{y} D(x-y)\overleftrightarrow{\partial^y}_0(\Box^y - m^2)f(y)$$
$$-\frac{1}{m^2}\int d\boldsymbol{y}\Delta(x-y\,; m^2)\overleftrightarrow{\partial^y}_0\Box^y f(y) \tag{8.2.23}$$

によって与えられる. 場の方程式(8.2.3)～(8.2.7)を(8.2.23)に代入すれば, U_μ, B, B_iについて

$$U_\mu(x) = -\int d\boldsymbol{y}\Delta(x-y)\overleftrightarrow{\partial^y}_0 U_\mu(y)$$
$$-\frac{1}{m^2}\int d\boldsymbol{y}[\Delta(x-y)-D(x-y)]\overleftrightarrow{\partial^y}_0\partial^y{}_\mu[B_1(y)+\varepsilon\alpha\Lambda(y)] \tag{8.2.24}$$

---

*) (8.2.10), (8.2.4), (8.2.9)の $\alpha=0$ の場合が, (7.4.36), (7.4.37)である.

$$B(x) = -\int d\boldsymbol{y} D(x-y)\overleftrightarrow{\partial}^{y}{}_{0}B(y)$$

$$-\frac{\varepsilon}{m^2}\int d\boldsymbol{y}[\varDelta(x-y)-D(x-y)]\overleftrightarrow{\partial}^{y}{}_{0}\varDelta(y) \quad (8.2.25)$$

$$B_1(x) = -\int d\boldsymbol{y} D(x-y)\overleftrightarrow{\partial}^{y}{}_{0}B_1(y)$$

$$+\varepsilon\alpha\int d\boldsymbol{y}[\varDelta(x-y)-D(x-y)]\overleftrightarrow{\partial}^{y}{}_{0}\varDelta(y) \quad (8.2.26)$$

$$B_2(x) = -\int d\boldsymbol{y} D(x-y)\overleftrightarrow{\partial}^{y}{}_{0}B_2(y)$$

$$-\frac{1}{2}(1+\varepsilon\alpha^2)\int d\boldsymbol{y}[\varDelta(x-y)-D(x-y)]\overleftrightarrow{\partial}^{y}{}_{0}\varDelta(y) \quad (8.2.27)$$

を得る．これらの積分形と上に求めた同時刻交換関係を用いて，次の 4 次元交換関係を得る．

$$[U_\mu(x), U_\nu(y)] = i\delta_{\mu\nu}\varDelta(x-y) - i\frac{(1+\varepsilon\alpha^2)}{m^2}\partial_\mu\partial_\nu[\varDelta(x-y)-D(x-y)] \quad (8.2.28)$$

$$[U_\mu(x), B(y)] = i\frac{\varepsilon\alpha}{m^2}\partial_\mu[\varDelta(x-y)-D(x-y)] \quad (8.2.29)$$

$$[U_\mu(x), B_1(y)] = i(1+\varepsilon\alpha^2)\partial_\mu D(x-y) - i\varepsilon\alpha^2\partial_\mu\varDelta(x-y) \quad (8.2.30)$$

$$[U_\mu(x), B_2(y)] = \frac{i}{2}\alpha(1+\varepsilon\alpha^2)\partial_\mu[\varDelta(x-y)-D(x-y)] \quad (8.2.31)$$

$$[B(x), B(y)] = i\frac{\varepsilon}{m^2}[\varDelta(x-y)-D(x-y)] \quad (8.2.32)$$

$$[B(x), B_1(y)] = -i\varepsilon\alpha[\varDelta(x-y)-D(x-y)] \quad (8.2.33)$$

$$[B(x), B_2(y)] = \frac{i}{2}(1+\varepsilon\alpha^2)\varDelta(x-y) + \frac{i}{2}(1-\varepsilon\alpha^2)D(x-y) \quad (8.2.34)$$

$$[B_1(x), B_1(y)] = -i(1+\varepsilon\alpha^2)m^2 D(x-y) + i\varepsilon\alpha^2 m^2\varDelta(x-y) \quad (8.2.35)$$

$$[B_1(x), B_2(y)] = -\frac{i}{2}\alpha(1+\varepsilon\alpha^2)m^2[\varDelta(x-y)-D(x-y)] \quad (8.2.36)$$

$$[B_2(x), B_2(y)] = \frac{i}{4}\varepsilon(1+\varepsilon\alpha^2)^2 m^2[\varDelta(x-y)-D(x-y)] \quad (8.2.37)$$

本節でこれまで得られたすべての式は，$m\to 0$ の極限において§7.1のそれに対応する式に移行する．特に，(8.2.28)～(8.2.37) は，(6.3.56) により，電磁場の場合の 4 次元交換関係に収束することに注意する．中性ベクトル場の場合は，(8.2.28)～(8.2.37)の形からわかるように，dipole ghostは導入されていない．$m=0$ ではじめて A_μ と B とがdipole ghost場に化けるわけである．しかし，4次元交換関係の符号は一定しないから，状態ベクトルの全空間は，やはり不定計量のベクトル空間である．

積分表示(8.2.24)～(8.2.27)において，次の置き換え

$$D(x-y) \to D^{(\pm)}(x-y), \qquad \varDelta(x-y) \to \varDelta^{(\pm)}(x-y) \tag{8.2.38}$$

を行えば，それぞれの場の正，負振動部分 $U_\mu{}^{(\pm)}(x)$, $B^{(\pm)}(x)$, $B_i{}^{(\pm)}(x)$ が得られる．この場合，$D^{(\pm)}(x)$, $\varDelta^{(\pm)}(x)$ は，$\tilde{D}^{(\pm)}(x)$ とは異なり，よく定義された超関数である．真空は

$$\begin{aligned} U_\mu{}^{(+)}(x)|0\rangle &= B^{(+)}(x)|0\rangle \\ &= B_1{}^{(+)}(x)|0\rangle = B_2{}^{(+)}(x)|0\rangle = 0 \end{aligned} \tag{8.2.39}$$

によって定義される．(8.2.24)～(8.2.27)および(8.2.38)を眺めてみれば，$U_\mu(x)$, $B(x)$, $B_1(x)$, $B_2(x)$ についての消滅演算子 $u_\mu(k)$, $b(k)$, $b_1(k)$, $b_2(k)$ は，それぞれ4次元運動量表示で

$$\begin{aligned} u_\mu(k) \equiv \frac{i}{(2\pi)^{3/2}}\theta(k)\int d\boldsymbol{x}[&\delta(k^2+m^2)e^{-ikx}\overleftrightarrow{\partial}_0 U_\mu(x) \\ &+\frac{1}{m^2}\{\delta(k^2+m^2)-\delta(k^2)\}e^{-ikx}\overleftrightarrow{\partial}_0\partial_\mu\{B_1(x)+\varepsilon\alpha\varDelta(x)\}] \end{aligned} \tag{8.2.40}$$

$$\begin{aligned} b(k) \equiv \frac{i}{(2\pi)^{3/2}}\theta(k)\int d\boldsymbol{x}[&\delta(k^2)e^{-ikx}\overleftrightarrow{\partial}_0 B(x) \\ &+\frac{\varepsilon}{m^2}\{\delta(k^2+m^2)-\delta(k^2)\}e^{-ikx}\overleftrightarrow{\partial}_0\varDelta(x)] \end{aligned} \tag{8.2.41}$$

$$\begin{aligned} b_1(k) \equiv \frac{i}{(2\pi)^{3/2}}\theta(k)\int d\boldsymbol{x}[&\delta(k^2)e^{-ikx}\overleftrightarrow{\partial}_0 B_1(x) \\ &-\varepsilon\alpha\{\delta(k^2+m^2)-\delta(k^2)\}e^{-ikx}\overleftrightarrow{\partial}_0\varDelta(x)] \end{aligned} \tag{8.2.42}$$

$$\begin{aligned} b_2(k) \equiv \frac{i}{(2\pi)^{3/2}}\theta(k)\int d\boldsymbol{x}[&\delta(k^2)e^{-ikx}\overleftrightarrow{\partial}_0 B_2(x) \\ &+\frac{1}{2}(1+\varepsilon\alpha^2)\{\delta(k^2+m^2)-\delta(k^2)\}e^{-ikx}\overleftrightarrow{\partial}_0\varDelta(x)] \end{aligned} \tag{8.2.43}$$

によって定義すればよいことがわかる．場の演算子を(8.2.40)～(8.2.43)を用いて書き表わせば，

$$U_\mu(x) = \frac{1}{(2\pi)^{3/2}}\int dk[u_\mu(k)e^{ikx}+\bar{u}_\mu(k)e^{-ikx}] \tag{8.2.44}$$

$$B(x)=\frac{1}{(2\pi)^{3/2}}\int dk[b(k)e^{ikx}+b^\dagger(k)e^{-ikx}] \tag{8.2.45}$$

$$B_i(x)=\frac{1}{(2\pi)^{3/2}}\int dk[b_i(k)e^{ikx}+b_i{}^\dagger(k)e^{-ikx}] \tag{8.2.46}$$

となる．運動量表示における真空の定義は

$$\begin{aligned} u_\mu(k)|0\rangle &= b(k)|0\rangle \\ &= b_1(k)|0\rangle = b_2(k)|0\rangle = 0 \end{aligned} \tag{8.2.47}$$

となる．生成・消滅演算子間の交換関係は，(8.2.28)～(8.2.37)を用いて求めることができる．各場の演算子の $m\to 0$ の極限は存在するから，(8.2.40)～(8.2.43)の極限もよく定義されている．(8.2.40), (8.2.41), (8.2.42), (8.2.43)の極限が，それぞれ(7.4.18)と(7.4.19)における $\hat{a}_\mu(k), b(k), b_1(k), \hat{b}_2(k)$ にほかならない．(8.2.39)あるいは(8.2.47)の真空 $|0\rangle$ は，実は $|0^{(m)}\rangle$ のことであるから，$\lim_{m\to 0}|0^{(m)}\rangle$ が§7.1での真空になっている．

物理的状態ベクトルに対する補助条件は

$$B_1{}^{(+)}(x)|\Phi_{\mathrm{P}}\rangle = B_2{}^{(+)}(x)|\Phi_{\mathrm{P}}\rangle = 0 \tag{8.2.48}$$

によって設定する．(8.2.12)のおかげで，この補助条件は任意の時空点 x_μ について成立する．それ故，(8.2.6)あるいは(8.2.7)から，

$$B^{(+)}(x)|\Phi_{\mathrm{P}}\rangle = 0 \qquad (m\neq 0) \tag{8.2.49}$$

を得る．$1+\varepsilon\alpha^2=0$ のときは，場の方程式から直接に(8.2.49)を導出することはできないが，次節で示すように B 自身はゲージ不変量なので，ある q 数ゲージにおいてそれが成立すれば，その結果はいつでも正しい．期待値 $\langle\Phi_{\mathrm{P}}|U_\mu|\Phi_{\mathrm{P}}\rangle$ は Proca 方程式を満足する．すなわち

$$(\Box - m^2)\langle\Phi_{\mathrm{P}}|U_\mu|\Phi_{\mathrm{P}}\rangle = 0, \qquad \partial_\mu\langle\Phi_{\mathrm{P}}|U_\mu|\Phi_{\mathrm{P}}\rangle = 0 \tag{8.2.50}$$

B, B_1, B_2 のすべてと交換するような B, B_1, B_2 の1次結合が存在しないことは，容易に示される．それ故，この3つの補助場だけで記述される粒子を含む状態は，すべて非物理的状態である．

U_μ と B_1 から

$$U_\mu{}^{(\mathrm{P})} \equiv U_\mu + \frac{1}{m^2}\partial_\mu B_1 \tag{8.2.51}$$

によって $U_\mu{}^{(\mathrm{P})}$ を定義すれば，(8.2.3), (8.2.4), (8.2.7)および(8.2.28), (8.2.30), (8.2.35)から，

$$(\Box - m^2)U_\mu{}^{(P)} = 0, \qquad \partial_\mu U_\mu{}^{(P)} = 0 \tag{8.2.52}$$

$$[U_\mu{}^{(P)}(x), U_\nu{}^{(P)}(y)] = i\left(\delta_{\mu\nu} - \frac{\partial_\mu \partial_\nu}{m^2}\right)\Delta(x-y) \tag{8.2.53}$$

を得る．また，(8.2.28)～(8.2.37)により，

$$[U_\mu{}^{(P)}(x), B(y)] = [U_\mu{}^{(P)}(x), B_i(y)] = 0 \tag{8.2.54}$$

が成立する．それ故，$|\Phi_P\rangle$に対し$U_\mu{}^{(P)}(x)|\Phi_P\rangle$も物理的状態となり，$U_\mu{}^{(P)}$は物理的なProca場と解釈できる．もちろん，

$$\langle \Phi_P | U_\mu | \Phi_P \rangle = \langle \Phi_P | U_\mu{}^{(P)} | \Phi_P \rangle \tag{8.2.55}$$

である．U_μは$m \to 0$の極限がよく定義されているが，$U_\mu{}^{(P)}$はそうではない．その意味からも，U_μは$U_\mu{}^{(P)}$より基本的な場である．

(8.2.51)は$m \neq 0$のときだけ意味があり，このときは観測にかかる独立な3成分の場が$U_\mu{}^{(P)}$によって与えられる．$m \to 0$のときも，補助条件(8.2.48)はそのままの形で残る．しかし，(8.2.49)は消えてなくなってしまう．その代り今度は，$m \neq 0$のときは非物理的場であったB_iが，ゼロ・ノルムの物理的場に化け，U_μの観測される独立成分は横波成分としての2つだけになる*)．

相互作用系に対しては，$\mathcal{L}_0$に相互作用項を含むLagrangian密度$\mathcal{L}_1$を追加し，全Lagrangian密度を

$$\mathcal{L} = \mathcal{L}_0 + \mathcal{L}_1 \tag{8.2.56}$$

として定式化する．ここに，$\mathcal{L}_1$は相互作用項$j_\mu U_\mu$と，j_μに含まれる別種の場に対する自由Lagrangian密度部分とから成っている．j_μは保存しているものとする．すなわち，

$$\partial_\mu j_\mu = 0 \tag{8.2.57}$$

さらに，簡単のため，j_μの中にはU_μ, B, B_iはあらわに含まれないものと仮定する．

このとき，U_μに対する場の方程式は

$$(\Box - m^2)U_\mu - \partial_\mu \partial_\nu U_\nu = \partial_\mu B_1 - j_\mu \tag{8.2.58}$$

となる．(8.2.4), (8.2.5), (8.2.6)はこの場合も成立する．(8.2.57)のため，(8.2.7)も同じである．4次元交換関係も，(8.2.28)を除いて，他は全部そのままの形で成立する．相互作用は$j_\mu U_\mu$によって導入され，かつB, B_iは自由場

*)　ghostとは器用なものである．

の方程式と交換関係とを満足しているが，この場合の B, B_i は場の方程式と交換関係とを通して U_μ と結合している．それ故，B, B_i は j_μ とも間接的に結合している Heisenberg 演算子である．この点が，この形式が Stueckelberg 形式と異なる重要な要素である．j_μ についての仮定により，j_μ は U_μ, B, B_i と同時刻で可換である．従って，(8.2.25)，(8.2.26)，(8.2.27) は

$$[j_\mu(x), B(y)] = [j_\mu(x), B_i(y)] = 0 \tag{8.2.59}$$

を導く．(8.2.57) の仮定により，補助条件も (8.2.49) の形で成立する．この場合は，(8.2.59) から，$j_\mu(x)|\Phi_{\mathrm{P}}\rangle$ も物理的状態となる．

§8.3 拡張された q 数ゲージ変換

Lagrangian 密度 (8.2.1) を形状不変にする q 数ゲージ変換は，(7.2.6)～(7.2.9) を拡張した形で，次によって与えられる．すなわち，

$$U_\mu \to \hat{U}_\mu = U_\mu + \lambda\partial_\mu B \tag{8.3.1}$$

$$B \to \hat{B} = B \tag{8.3.2}$$

$$B_1 \to \hat{B}_1 = B_1 - \lambda m^2 B \tag{8.3.3}$$

$$B_2 \to \hat{B}_2 = B_2 - \lambda B_1 + \frac{1}{2}\lambda^2 m^2 B \tag{8.3.4}$$

この q 数ゲージ変換によって，ゲージ・パラメター α は，電磁場の場合と同様に，

$$\alpha \to \hat{\alpha} = \alpha + \lambda \tag{8.3.5}$$

と変換を受ける．特に，Λ はゲージ共変，つまり

$$\Lambda = \hat{\Lambda} \equiv \hat{B}_2 + \hat{\alpha}\hat{B}_1 + \frac{1}{2}\varepsilon(1+\varepsilon\hat{\alpha}^2)m^2\hat{B} \tag{8.3.6}$$

である．ここでも，拡張された gaugeon 場 B は変換の主役である．場の方程式と交換関係も，(8.3.1)～(8.3.4) に対してゲージ共変である．相互作用系に対しては，j_μ がゲージ不変，つまり

$$\hat{j}_\mu = j_\mu \tag{8.3.7}$$

を仮定する．そうすれば，(8.2.58) も不変である．この変換によって ε の符号は変らない．つまり，

$$\hat{\mathcal{L}}_0 \equiv \mathcal{L}_0(\hat{U}_\mu, \hat{B}, \hat{B}_i; \hat{\alpha}, \varepsilon) = \mathcal{L}_0(U_\mu, B, B_i; \alpha, \varepsilon) \tag{8.3.8}$$

が成立している．q 数ゲージ変換(8.3.1)～(8.3.4)と(8.3.5)とのつくる可換ゲージ群を $G_B^{\varepsilon,m}$ と書けば，§7.2の $G_B{}^{\varepsilon}$ は $G_B^{\varepsilon,0}$ のことである*)．

ある α の q 数ゲージから Landau ゲージ $(\hat{\alpha}=0)$ に移れば，$\hat{\mathcal{L}}_0$ は (U_μ, B_1) 系と (B, B_2) 系とに完全に分離する．(U_μ, B_1) 系では

$$(\Box-m^2)U_\mu{}^{(L)}=\partial_\mu B_1{}^{(L)} \tag{8.3.9}$$

$$\partial_\mu U_\mu{}^{(L)}=0 \tag{8.3.10}$$

$$[U_\mu{}^{(L)}(x), U_\nu{}^{(L)}(y)]=i\delta_{\mu\nu}\varDelta(x-y)-\frac{i}{m^2}\partial_\mu\partial_\nu[\varDelta(x-y)-D(x-y)] \tag{8.3.11}$$

$$[U_\mu{}^{(L)}(x), B_1{}^{(L)}(y)]=i\partial_\mu D(x-y) \tag{8.3.12}$$

$$[B_1{}^{(L)}(x), B_1{}^{(L)}(y)]=-im^2D(x-y) \tag{8.3.13}$$

が成立し，(B, B_2) 系では

$$\Box B=\varepsilon\left(B_2{}^{(L)}+\frac{1}{2}\varepsilon m^2B\right) \tag{8.3.14}$$

$$\Box B_2{}^{(L)}=\frac{1}{2}m^2\left(B_2{}^{(L)}+\frac{1}{2}\varepsilon m^2B\right) \tag{8.3.15}$$

$$[B(x), B(y)]=i\frac{\varepsilon}{m^2}[\varDelta(x-y)-D(x-y)] \tag{8.3.16}$$

$$[B(x), B_2{}^{(L)}(y)]=\frac{i}{2}[\varDelta(x-y)+D(x-y)] \tag{8.3.17}$$

$$[B_2{}^{(L)}(x), B_2{}^{(L)}(y)]=\frac{i}{4}\varepsilon m^2[\varDelta(x-y)-D(x-y)] \tag{8.3.18}$$

が成立している．$U_\mu{}^{(L)}$ と $B_1{}^{(L)}$ は，B とも $B_2{}^{(L)}$ とも可換である．(8.3.9)～(8.3.13)は Nakanishi 形式の内容をそのまま再現している．一方，(8.3.14)～(8.3.18)は，(6.3.45)，(6.3.46)および(6.3.52)～(6.3.54)で $B^{(m)}=B$，$A^{(m)}=B_2{}^{(L)}$，$\lambda=\varepsilon$ ととったものになっている．これは，gaugeon 系の内容を，$m\to0$ でもとにもどるように，質量のある場合に拡張したものである．$\hat{\mathcal{L}}_0=\mathcal{L}_0{}^{(L)}$ は

$$\mathcal{L}_0{}^{(L)}=\mathcal{L}_0{}^{(V)}+\mathcal{L}_0{}^{(G)} \tag{8.3.19}$$

$$\mathcal{L}_0{}^{(V)}\equiv-\frac{1}{4}G_{\mu\nu}{}^{(L)}G_{\mu\nu}{}^{(L)}-\frac{1}{2}m^2U_\mu{}^{(L)}U_\mu{}^{(L)}+B_1{}^{(L)}\partial_\mu U_\mu{}^{(L)} \tag{8.3.20}$$

*)　拡張された gaugeon 場によるゲージ構造のさらに一般的な考察については，[71]を参照．

$$\mathcal{L}_0{}^{(G)} \equiv -\partial_\mu B \partial_\mu B_2{}^{(L)} - \frac{1}{2}\varepsilon\left(B_2{}^{(L)} + \frac{1}{2}\varepsilon m^2 B\right)^2 \tag{8.3.21}$$

となっている*).

$\mathcal{L}_0{}^{(V)}$, $\mathcal{L}_0{}^{(G)}$ はもっとおなじみの形に変形できる．Proca 場 (8.2.51) は,

$$\hat{U}_\mu{}^{(P)} = \hat{U}_\mu + \frac{1}{m^2}\partial_\mu \hat{B}_1 = U_\mu{}^{(P)} \tag{8.3.22}$$

により，ゲージ不変だから,

$$U_\mu{}^{(L)} = U_\mu{}^{(P)} - \frac{1}{m^2}\partial_\mu B_1{}^{(L)} \tag{8.3.23}$$

である．これにより，(8.3.9)～(8.3.13) から $U_\mu{}^{(L)}$ を消去すれば,

$$(\Box - m^2) U_\mu{}^{(P)} = 0, \qquad \partial_\mu U_\mu{}^{(P)} = 0 \tag{8.3.24}$$

$$\Box B_1{}^{(L)} = 0 \tag{8.3.25}$$

を得る．このとき，$\mathcal{L}_0{}^{(V)}$ は

$$\mathcal{L}_0{}^{(V)} = -\frac{1}{4}G_{\mu\nu}{}^{(P)}G_{\mu\nu}{}^{(P)} - \frac{1}{2}m^2 U_\mu{}^{(P)}U_\mu{}^{(P)} + \frac{1}{2m^2}\partial_\mu B_1{}^{(L)}\partial_\mu B_1{}^{(L)} \tag{8.3.26}$$

と変形される．(B, B_2) 系についても,

$$B = \frac{\varepsilon}{m^2}(\Lambda - \Lambda_0), \qquad B_2{}^{(L)} = \Lambda - \frac{1}{2}\varepsilon m^2 B \tag{8.3.27}$$

によって，$B, B_2{}^{(L)}$ を Λ と Λ_0 とで書き直せば，(8.3.14)～(8.3.18) は

$$(\Box - m^2)\Lambda = 0 \tag{8.3.28}$$

$$\Box \Lambda_0 = 0 \tag{8.3.29}$$

$$[\Lambda(x), \Lambda(y)] = i\varepsilon m^2 \Delta(x-y) \tag{8.3.30}$$

$$[\Lambda(x), \Lambda_0(y)] = 0 \tag{8.3.31}$$

$$[\Lambda_0(x), \Lambda_0(y)] = -i\varepsilon m^2 D(x-y) \tag{8.3.32}$$

となる．このとき，$\mathcal{L}_0{}^{(G)}$ は

$$\mathcal{L}_0{}^{(G)} = -\frac{\varepsilon}{2m^2}[\partial_\mu \Lambda \partial_\mu \Lambda + m^2 \Lambda^2] + \frac{\varepsilon}{2m^2}\partial_\mu \Lambda_0 \partial_\mu \Lambda_0 \tag{8.3.33}$$

となる．それ故 $\mathcal{L}_0{}^{(V)}$ は質量 m の Proca 場と質量 0 で負ノルムの場 $m^{-1}B_1{}^{(L)}$ とで，また $\mathcal{L}_0{}^{(G)}$ は質量 m でノルム ε の場 $m^{-1}\Lambda$ と質量 0 でノルム $-\varepsilon$ の場

*) この分離は，もともと独立成分の数の勘定について辻褄が合っているので，なんら矛盾を生じない．

$m^{-1}\Lambda_0$ とで，それぞれ書き表わされる．しかし，それは $m\neq 0$ でのことであり，その表示では $m\to 0$ の極限は定義されない．その極限が明確に定義されるためには，(8.3.23)や(8.3.27)の1次結合の形ではじめて定義される，$(U_\mu{}^{(L)}, B_1{}^{(L)})$ と $(B, B_2{}^{(L)})$ とを基本的な場として出発しなくてはならないのである．それ故，電磁場を含めた中性ベクトル場の統一体系としては，(8.3.26), (8.3.33)ではなく，(8.3.20), (8.3.21)の形をとらねばならない．

エネルギー運動量演算子 T_μ は，$G_B^{\varepsilon, m}$ に対して不変である．(8.3.8)をより正確に書けば，

$$\hat{\mathcal{L}}_0 = \mathcal{L}_0 + \partial_\mu K_\mu \tag{8.3.34}$$

$$K_\mu \equiv -\lambda[m^2 B(U_\mu + \lambda\partial_\mu B) - B_1\partial_\mu B] \tag{8.3.35}$$

となる．それ故，

$$\begin{aligned} t_{\mu\nu} &\equiv \hat{T}_{\mu\nu} - T_{\mu\nu} \\ &= \lambda\partial_\rho(G_{\nu\rho}\partial_\mu B) + \lambda\partial_\mu[m^2 B(U_\nu + \lambda\partial_\nu B) - B_1\partial_\nu B] + \delta_{\mu\nu}(\hat{\mathcal{L}}_0 - \mathcal{L}_0) \end{aligned} \tag{8.3.36}$$

を得る．この $t_{\mu\nu}$ は次のように書き改められる．

$$t_{\mu\nu} = \lambda\partial_\rho f_{\mu\nu\rho}, \qquad \partial_\nu t_{\mu\nu} = 0 \tag{8.3.37}$$

$$\begin{aligned} f_{\mu\nu\rho} &= -f_{\mu\rho\nu} \\ &\equiv G_{\nu\rho}\partial_\mu B + \delta_{\mu\rho}[m^2 B(U_\nu + \lambda\partial_\nu B) - B_1\partial_\nu B] \\ &\quad -\delta_{\mu\nu}[m^2 B(U_\rho + \lambda\partial_\rho B) - B_1\partial_\rho B] \end{aligned} \tag{8.3.38}$$

従って，$m\neq 0$ の場合も $\int d\sigma_\nu t_{\mu\nu}$ は0となり，

$$\hat{T}_\mu = T_\mu \equiv \int d\sigma_\nu T_{\mu\nu} \tag{8.3.39}$$

を確認できる．

Lagrangian 密度(8.2.1)は，次の c 数ゲージ変換

$$U_\mu \to U_\mu - \partial_\mu \xi \tag{8.3.40}$$

$$B \to B + \zeta \tag{8.3.41}$$

$$B_1 \to B_1 + m^2\xi \tag{8.3.42}$$

$$B_2 \to B_2 + m^2\eta \tag{8.3.43}$$

に対して不変である．ただし，ξ, ζ, η は次の関係を満足する c 数である．

$$\Box\xi = -\varepsilon\alpha m^2 R \tag{8.3.44}$$

$$\Box\zeta = \varepsilon m^2 R \tag{8.3.45}$$

$$\Box\eta = \frac{1}{2}(1+\varepsilon\alpha^2)m^2 R \tag{8.3.46}$$

$$R \equiv \eta + \alpha\xi + \frac{1}{2}\varepsilon(1+\varepsilon\alpha^2)\zeta \tag{8.3.47}$$

この c 数ゲージ変換によってつくられる可換ゲージ群を $G_c^{\varepsilon,\alpha,m}$ と書く．場の方程式も交換関係も $G_c^{\varepsilon,\alpha,m}$ に対して不変である．§7.2 で述べた c 数ゲージ変換の群 G_c は $G_c^{\varepsilon,\alpha,0}$ のことである．

電磁場の場合は，任意の q 数ゲージにおいて，理論を不変にする q 数ゲージ変換の群 G_{B_2} が存在した．中性ベクトル場の場合には，そのような群は見当らない．

§8.4 Heisenberg 演算子のくりこみとくりこみ項

自由場の交換関係(8.2.28)により，$U_\mu(x)$ と $U_\nu(y)$ との時間順序積の真空期待値は

$$\langle 0|T[U_\mu(x)U_\nu(y)]|0\rangle = \frac{1}{(2\pi)^4}\int dk\Delta_{\mu\nu}(k;\alpha)e^{ik(x-y)} \tag{8.4.1}$$

$$\Delta_{\mu\nu}(k;\alpha) \equiv \delta_{\mu\nu}\Delta_F(k) + (1+\varepsilon\alpha^2)\frac{k_\mu k_\nu}{m^2}[\Delta_F(k) - D_F(k)] \tag{8.4.2}$$

となる．相互作用表示における Feynman 伝播関数は，この形によって与えられる．(8.4.2)の第2項は，k_μ の大きな値に対して，$\sim k_\mu k_\nu/(k^2)^2$ のように振舞うから，Feynman 積分において $\Delta_{\mu\nu}(k;\alpha)$ は光子の Feynman 伝播関数 $D_{\mu\nu}(k;\alpha)$ と同様の効果を示す．それ故，次数勘定定理の適用にあたって，A_μ と U_μ とは同次数の場となる．相互作用 Lagrangian 密度 $j_\mu A_\mu$ がくりこみ可能なものならば，$j_\mu U_\mu$ もまたくりこみ可能である．この意味でのくりこみ可能性は，j_μ が保存流れ密度であるなしによらず明白である．一方，S 行列の unitary 性の方は，j_μ が保存しているときに限り保証される．

中性ベクトル場理論のくりこみの場合は，当然ベクトル場の質量のくりこみも加味される．(8.2.56)の Lagrangian 密度には，質量のくりこみのために必要なくりこみ項が付加されていない．そのくりこみ項を $\mathcal{L}_2$ とすれば，全 Lagrangian 密度は

$$\mathcal{L} = \mathcal{L}_0 + \mathcal{L}_1 + \mathcal{L}_2 \tag{8.4.3}$$

となる．$\mathcal{L}_2$は，以下にみるように，くりこみによるゲージ構造の不変性の要請により決定される．はだかの質量をm_0，くりこまれた物理的質量をmと表わせば，自己質量は

$$m^2 \equiv m_0{}^2 + \delta m^2 \tag{8.4.4}$$

によって定義される*)．Heisenberg 演算子に対しては波動関数のくりこみ

$$U_\mu = Z^{1/2} U^{(r)}{}_\mu \tag{8.4.5}$$

$$B = K^{1/2} B^{(r)} \tag{8.4.6}$$

$$B_i = K_i{}^{1/2} B_i{}^{(r)} \qquad (i=1,2) \tag{8.4.7}$$

を行う．このとき，$\mathcal{L}$はくりこまれたHisenberg 演算子についての次のq数ゲージ変換に対して，ゲージ共変であると要請する．

$$U^{(r)}{}_\mu \rightarrow \hat{U}^{(r)}{}_\mu = U^{(r)}{}_\mu + \lambda \partial_\mu B^{(r)} \tag{8.4.8}$$

$$B^{(r)} \rightarrow \hat{B}^{(r)} = B^{(r)} \tag{8.4.9}$$

$$B_1{}^{(r)} \rightarrow \hat{B}_1{}^{(r)} = B_1{}^{(r)} - \lambda m^2 B^{(r)} \tag{8.4.10}$$

$$B_2{}^{(r)} \rightarrow \hat{B}_2{}^{(r)} = B_2{}^{(r)} - \lambda B_1{}^{(r)} + \frac{1}{2}\lambda^2 m^2 B^{(r)} \tag{8.4.11}$$

$$\varphi^{(r)} \rightarrow \hat{\varphi}^{(r)} = \exp[i\lambda g^{(r)} B^{(r)}]\varphi^{(r)} \tag{8.4.12}$$

ただし，φはU_μと極小相互作用をする場を代表して表わしたものである**)．$\mathcal{L}_1$は$\mathcal{L}_1[\varphi, (\partial_\mu - igU_\mu)\varphi]$のような構造であるから，結合定数のくりこみ

$$g^{(r)} = Z^{1/2} g \tag{8.4.13}$$

により，それ自身でゲージ不変である．$\mathcal{L}_2$には場の演算子の微分は含まれないとする．

(8.4.5)～(8.4.7)を$\mathcal{L}_0$に代入し，(8.4.8)～(8.4.11)を遂行すれば***)，$\mathcal{L}_0$の最初の4項の変換前後の差は

$$\delta\left[-\frac{Z}{2} m_0{}^2 U^{(r)}{}_\mu U^{(r)}{}_\mu + (ZK_1)^{1/2} B_1{}^{(r)} \partial_\mu U^{(r)}{}_\mu - (KK_2)^{1/2} \partial_\mu B^{(r)} \partial_\mu B_2{}^{(r)}\right]$$

---

*)　$\mathcal{L}_0$に含まれる質量は，m^2ではなく$m_0{}^2$である．

**)　φに対しても，もちろん$\varphi = L_\varphi{}^{1/2}\varphi^{(r)}$であるが，そのくりこみ定数$L_\varphi$は，ゲージ構造に関して本質的ではない．極小相互作用の場合は，いつでも(8.2.59)が証明される．

***)　ゲージ・パラメターは変換しない．

$$= \lambda[Zm_0{}^2-(ZK_1)^{1/2}m^2]B^{(\mathrm{r})}\partial_\mu U^{(\mathrm{r})}{}_\mu-\lambda[(ZK_1)^{1/2}$$
$$-(KK_2)^{1/2}]\partial_\mu B^{(\mathrm{r})}\partial_\mu B_1{}^{(\mathrm{r})}-\frac{1}{2}\lambda^2[Zm_0{}^2-2(ZK_1)^{1/2}m^2$$
$$+(KK_2)^{1/2}m^2]\partial_\mu B^{(\mathrm{r})}\partial_\mu B^{(\mathrm{r})} \tag{8.4.14}$$

となっていることがわかる．ただし，無意味な4次元発散項は落した．それ故，まず

$$m^2 = (ZK_1{}^{-1})^{1/2}m_0{}^2 \tag{8.4.15}$$

$$ZK_1 = KK_2 \tag{8.4.16}$$

が成立しなければならない．一方，$\mathcal{L}_0$ の最後の項については，変換後 Λ は

$$\hat{\Lambda} = K_2{}^{1/2}\Big[B_2{}^{(\mathrm{r})}+\{(K_1K_2{}^{-1})^{1/2}\alpha-\lambda\}B_1{}^{(\mathrm{r})}+\frac{1}{2}\varepsilon\{\varepsilon\lambda^2m^2$$
$$-2\varepsilon(K_1K_2{}^{-1})^{1/2}\alpha\lambda m^2+(1+\varepsilon\alpha^2)(KK_2{}^{-1})^{1/2}m_0{}^2\}B^{(\mathrm{r})}\Big] \tag{8.4.17}$$

となっている．(8.4.15), (8.4.16) により，これは

$$\hat{\Lambda} = K_2{}^{1/2}\Big[B_2{}^{(\mathrm{r})}+\{(K_1K_2{}^{-1})^{1/2}\alpha-\lambda\}B_1{}^{(\mathrm{r})}+\frac{1}{2}\varepsilon\{\varepsilon\lambda^2$$
$$-2\varepsilon(K_1K_2{}^{-1})^{1/2}\alpha\lambda+(1+\varepsilon\alpha^2)K_1K_2{}^{-1}\}m^2B^{(\mathrm{r})}\Big] \tag{8.4.18}$$

と書き直せる．それ故，$\mathcal{L}$ がゲージ共変であるためには，

$$-\frac{1}{2}\varepsilon\hat{\Lambda}^2+\hat{\mathcal{L}}_2 = -\frac{1}{2}\varepsilon(\hat{\Lambda}')^2 \tag{8.4.19}$$

が成立していなければならないことがわかる．ただし，

$$\hat{\Lambda}' \equiv K_2{}^{1/2}\Big[B_2{}^{(\mathrm{r})}+\{(K_1K_2{}^{-1})^{1/2}\alpha-\lambda\}B_1{}^{(\mathrm{r})}$$
$$+\frac{1}{2}\varepsilon[1+\varepsilon\{(K_1K_2{}^{-1})^{1/2}\alpha-\lambda\}^2]m^2B^{(\mathrm{r})}\Big] \tag{8.4.20}$$

である．(8.4.19), (8.4.20) で $\lambda=0$ にとれば，

$$\mathcal{L}_2 = -\frac{1}{2}\varepsilon[(\Lambda')^2-\Lambda^2] \tag{8.4.21}$$

を得る．$\mathcal{L}_0$ の第4項

$$-\partial_\mu B\partial_\mu B_2 = -(KK_2)^{1/2}\partial_\mu B^{(\mathrm{r})}\partial_\mu B_2{}^{(\mathrm{r})} \tag{8.4.22}$$

と(8.4.20)とを比較すれば，ゲージ共変性の要請は

$$K = K_2 = (ZK_1)^{1/2} \tag{8.4.23}$$

を導く*). (8.4.15), (8.4.16), (8.4.23)を用いて，Λ'をくりこみ前の量で書き直せば，

$$\Lambda' = B_2+\alpha B_1+\frac{1}{2}\varepsilon[(ZK_1^{-1})^{1/2}+\varepsilon\alpha^2]m_0{}^2B$$

$$= \Lambda+\frac{1}{2}\varepsilon\delta m^2 B \qquad (8.4.24)$$

を得る．それ故，$\mathcal{L}_2$は

$$\mathcal{L}_2 = -\frac{1}{2}\varepsilon\delta m^2 B\left(\Lambda+\frac{1}{4}\varepsilon\delta m^2 B\right) \qquad (8.4.25)$$

となる．以上の考察から，ゲージ・パラメターαは

$$\alpha^{(\mathrm{r})} = (K_1K_2{}^{-1})^{1/2}\alpha = (Z^{-1}K)^{1/2}\alpha \qquad (8.4.26)$$

によってくりこまれることもわかる．

自己質量に関するくりこみ項の導入により，場の方程式は

$$(\Box-m_0{}^2)U_\mu-\partial_\mu\partial_\nu U_\nu = \partial_\mu B_1-j_\mu \qquad (8.4.27)$$

$$\partial_\mu U_\mu = \varepsilon\alpha\Lambda' \qquad (8.4.28)$$

$$\Box B = \varepsilon\Lambda' \qquad (8.4.29)$$

$$\Box B_2 = \frac{1}{2}(m^2+\varepsilon\alpha^2 m_0{}^2)\Lambda' \qquad (8.4.30)$$

となる．B_1に対しては，(8.2.57), (8.4.27), (8.4.28)から，

$$\Box B_1 = -m_0{}^2\partial_\mu U_\mu = -\varepsilon\alpha m_0{}^2\Lambda' \qquad (8.4.31)$$

を得る．(8.4.29), (8.4.30), (8.4.31)は

$$(\Box-m^2)\Lambda' = 0 \qquad (8.4.32)$$

を導く．それ故，

$$(\Box-m^2)\partial_\mu U_\mu = 0 \qquad (8.4.33)$$

$$(\Box-m^2)\Box B = (\Box-m^2)\Box B_i = 0 \qquad (8.4.34)$$

が成立している．(8.4.5)～(8.4.7)と(8.4.27)とから，くりこまれた$U^{(\mathrm{r})}{}_\mu$に対して

$$(\Box-m^2)U^{(\mathrm{r})}{}_\mu-\partial_\mu\partial_\nu U^{(\mathrm{r})}{}_\nu = \partial_\mu B_1{}^{(\mathrm{r})}-j^{(\mathrm{r})}{}_\mu \qquad (8.4.35)$$

$$j^{(\mathrm{r})}{}_\mu \equiv Z^{1/2}j_\mu-(1-Z)[(\Box-m^2)U^{(\mathrm{r})}{}_\mu-\partial_\mu\partial_\nu U^{(\mathrm{r})}{}_\nu]$$
$$+Z\delta m^2 U^{(\mathrm{r})}{}_\mu+[1-(ZK_1)^{1/2}]\partial_\mu B_1{}^{(\mathrm{r})} \qquad (8.4.36)$$

---

*)　最後の関係は(8.4.16)による．

を得る．くりこまれた流れ密度 $j^{(r)}{}_\mu$ は

$$j^{(r)}{}_\mu = Z^{-1/2}j_\mu + \delta m^2 U^{(r)}{}_\mu + [1-(Z^{-1}K_1)^{1/2}]\partial_\mu B_1{}^{(r)} \tag{8.4.37}$$

とも書ける．(8.4.28)～(8.4.30)は，(8.4.15), (8.4.23), (8.4.24)のもとで，

$$\partial_\mu U^{(r)}{}_\mu = \varepsilon(Z^{-1}K_2)^{1/2}\alpha\Lambda^{(r)} = \varepsilon\alpha^{(r)}\Lambda^{(r)} \tag{8.4.38}$$

$$\Box B^{(r)} = \varepsilon(K^{-1}K_2)^{1/2}\Lambda^{(r)} = \varepsilon\Lambda^{(r)} \tag{8.4.39}$$

$$\Box B_2{}^{(r)} = \frac{1}{2}(m^2+\varepsilon\alpha^2 m_0{}^2)\Lambda^{(r)} = \frac{1}{2}[1+\varepsilon\{\alpha^{(r)}\}^2]m^2\Lambda^{(r)} \tag{8.4.40}$$

となる．ただし

$$\Lambda^{(r)} \equiv B_2{}^{(r)} + (K_1K_2{}^{-1})^{1/2}\alpha B_1{}^{(r)} + \frac{1}{2}\varepsilon(m^2+\varepsilon\alpha^2 m_0{}^2)(KK_2{}^{-1})^{1/2}B^{(r)}$$

$$= B_2{}^{(r)} + \alpha^{(r)}B_1{}^{(r)} + \frac{1}{2}\varepsilon[1+\varepsilon\{\alpha^{(r)}\}^2]m^2 B^{(r)} \tag{8.4.41}$$

である．(8.4.31)は

$$\Box B_1{}^{(r)} = -\varepsilon(K_1{}^{-1}K_2)^{1/2}\alpha m_0{}^2\Lambda^{(r)} = -\varepsilon\alpha^{(r)}m^2\Lambda^{(r)} \tag{8.4.42}$$

となる．(8.4.36)あるいは(8.4.37)は，(8.2.57), (8.4.38), (8.4.42)および(8.4.15)のおかげで，

$$\partial_\mu j^{(r)}{}_\mu = 0 \tag{8.4.43}$$

を導く．以上のように，すべての場の方程式は，それをくりこまれた量によって表現すれば，ゲージ構造を保存した形をとっている．

くりこみにより，Lagrangian 密度(8.4.3)は

$$\mathcal{L} = -\frac{Z}{4}G^{(r)}{}_{\mu\nu}G^{(r)}{}_{\mu\nu} - \frac{Z}{2}m^2U^{(r)}{}_\mu U^{(r)}{}_\mu + KB_1{}^{(r)}\partial_\mu U^{(r)}{}_\mu$$

$$-K\partial_\mu B^{(r)}\partial_\mu B_2{}^{(r)} - \frac{K}{2}\varepsilon m^2[\Lambda^{(r)}]^2 + \frac{Z}{2}\delta m^2 U^{(r)}{}_\mu U^{(r)}{}_\mu + \mathcal{L}_1 \tag{8.4.44}$$

と書かれる．くりこまれた場の演算子間の同時刻正準交換関係は，$U^{(r)}{}_\mu$ 同士に関するものを除いて，すべて自由場の場合の関係の K^{-1} 倍になっている．それ故，(8.2.29)～(8.2.37)において質量とゲージ・パラメターをそれぞれくりこまれたものに置き換えたときの4次元交換関係を $[f^{(0)}(x), g^{(0)}(y)]$ とすれば，

$$[f^{(r)}(x), g^{(r)}(y)] = K^{-1}[f^{(0)}(x), g^{(0)}(y)] \tag{8.4.45}$$

という関係が成立している*)．ここに，f, g は，それぞれ U_μ, B, B_i を代表す

*) 中性ベクトル場の場合は，$m \neq 0$ のため，§7.3 でやったように交換関係の係数までを $K=1$ ととることはできない．

るものである．(8.4.45), (8.4.15)を用いれば，(8.2.59)のもとで，

$$[j^{(\mathrm{r})}{}_{\mu}(x), B^{(\mathrm{r})}(y)] = [j^{(\mathrm{r})}{}_{\mu}(x), B_i{}^{(\mathrm{r})}(y)] = 0 \qquad (8.4.46)$$

を得る．くりこみ定数 Z, K_1, K は次節で求める．

(8.4.44)から

$$-\frac{1}{4}G^{(\mathrm{r})}{}_{\mu\nu}G^{(\mathrm{r})}{}_{\mu\nu}-\frac{1}{2}m^2U^{(\mathrm{r})}{}_{\mu}U^{(\mathrm{r})}{}_{\mu}+B_1{}^{(\mathrm{r})}\partial_{\mu}U^{(\mathrm{r})}{}_{\mu}-\partial_{\mu}B^{(\mathrm{r})}\partial_{\mu}B_2{}^{(\mathrm{r})}-\frac{1}{2}\varepsilon[\Lambda^{(\mathrm{r})}]^2 \qquad (8.4.47)$$

によって改めて自由 Lagrangian 密度部分を定義し，その残りを相互作用 Lagrangian 密度 $\mathcal{L}_{\mathrm{int}}$ として Dyson の S 行列を求めれば，自動的にくりこまれた諸結果が得られることになる．そのとき，全体としてのくりこみ項は

$$\mathcal{L}_{\mathrm{int}}-(j_{\mu})^{(\mathrm{r})}U^{(\mathrm{r})}{}_{\mu} \qquad (8.4.48)$$

になっている．ただし，$(j_{\mu})^{(\mathrm{r})}$ は，j_{μ} に含まれる結合定数や場の演算子をすべてそのままくりこまれたもので置き換えたものである*).

§8.5 スペクトル表示とその極限

本節では，§7.5と並行して，$\langle\tilde{0}|[U^{(\mathrm{r})}{}_{\mu}(x), U^{(\mathrm{r})}{}_{\nu}(y)]|\tilde{0}\rangle$ に対するスペクトル表示を求め，それによってくりこみ定数を決定すると同時に，その $m\to 0$ の極限が§7.5での結果に一致することを示す**).

これまで述べた中性ベクトル場 $(m\neq 0)$ の場合の状態ベクトルの空間は pole 型の ghost 状態を含まないので，その構造は電磁場の場合に比して単純である．補助条件(8.2.48), (8.2.49)のもとでは，物理的状態 $|\Phi_{\mathrm{P}}\rangle$ は正ノルムの状態だけに限られ，$|\Phi_{\mathrm{P}}\rangle$ はすべての非物理的状態と直交している．$j_{\mu}(x)|0\rangle$ は物理的状態であるから***)，$\langle 0|j_{\mu}(x), j_{\nu}(y)|0\rangle$ の中間に完全系をはさんだときの中間状態には，正ノルムの物理的状態だけが寄与する．また，U_{μ}, B, B_i の1体状

*) $(j_{\mu})^{(\mathrm{r})}$ と $j^{(\mathrm{r})}{}_{\mu}$ とを混同しないように．

**) 本節でも，くりこみ添字(r)は特に必要がない限り省略し，$|\tilde{0}\rangle$ も $|0\rangle$ と略記する．

***) (8.4.37)の $j^{(\mathrm{r})}{}_{\mu}$ は

$$j^{(\mathrm{r})}{}_{\mu} = Z^{-1/2}j_{\mu}+\delta m^2\left[U^{(\mathrm{r})}{}_{\mu}+\frac{1}{m^2}\partial_{\mu}B_1{}^{(\mathrm{r})}\right]$$

と書けることに注意．

態 $|1\rangle$ に対しては

$$\langle 0|j^{(\mathrm{r})}{}_{\mu}|1\rangle = 0 \tag{8.5.1}$$

のはずだから，その中間状態には $|1\rangle$ はきかない．それ故，$\langle 0|[j_{\mu}(x), j_{\nu}(y)]|0\rangle$ に対して，§7.5のときと同様に，

$$\langle 0|[j_{\mu}(x), j_{\nu}(y)]|0\rangle = i\int_{a}^{\infty} ds\Pi(s)(s\delta_{\mu\nu}-\partial_{\mu}\partial_{\nu})\varDelta(x-y\,;s) \tag{8.5.2}$$

$$\Pi(s) \geq 0 \qquad (\infty > s \geq a) \tag{8.5.3}$$

を得る．ここに，s 積分の下限 a は，質量0の物理的状態が存在しないとすれば，0でないある値をとる．

$\langle 0|[U_{\mu}(x), U_{\nu}(y)]|0\rangle$ については

$$\langle 0|[U_{\mu}(x), \partial_{\nu}U_{\nu}(y)]|0\rangle = [U_{\mu}(x), \partial_{\nu}U_{\nu}(y)]$$
$$= i\varepsilon K^{-1}\alpha^{2}\partial_{\mu}\varDelta(x-y\,;m^{2}) \tag{8.5.4}$$

が成立している．これは $\langle 0|[U_{\mu}(x), U_{\nu}(y)]|0\rangle$ の中間状態のうちの1体状態だけからの寄与によるから，Lorentz 共変性，並進不変性，局所可換性により，$\langle 0|[U_{\mu}(x), U_{\nu}(y)]|0\rangle$ を

$$\langle 0|[U_{\mu}(x), U_{\nu}(y)]|0\rangle = i\left(\delta_{\mu\nu}-\frac{L}{m^{2}}\partial_{\mu}\partial_{\nu}\right)\varDelta(x-y\,;m^{2})$$
$$+i\frac{N}{m^{2}}\partial_{\mu}\partial_{\nu}D(x-y)+i\int ds\sigma(s)(s\delta_{\mu\nu}-\partial_{\mu}\partial_{\nu})\varDelta(x-y\,;s) \tag{8.5.5}$$

と書くことができる．多体中間状態からの寄与は最後の項に集約されている．(8.5.4)により，

$$L = 1+\varepsilon K^{-1}\alpha^{2} \tag{8.5.6}$$

である．(8.5.5)の両辺に $\Box^{x}-m^{2}$ を作用させ，(8.4.35)，(8.5.4)，(8.4.45)を使用すれば，

$$\langle 0|[j_{\mu}(x), U_{\nu}(y)]|0\rangle = iK^{-1}(KN-1-\varepsilon\alpha^{2})\partial_{\mu}\partial_{\nu}D(x-y)$$
$$-i\int ds(s-m^{2})\sigma(s)(s\delta_{\mu\nu}-\partial_{\mu}\partial_{\nu})\varDelta(x-y\,;s) \tag{8.5.7}$$

を得る．さらに，$\Box^{y}-m^{2}$ をこの両辺に作用させれば，

$$\langle 0|[j_{\mu}(x), j_{\nu}(y)]|0\rangle = iK^{-1}(KN-1-\varepsilon\alpha^{2})m^{2}\partial_{\mu}\partial_{\nu}D(x-y)$$
$$+i\int ds(s-m^{2})^{2}\sigma(s)(s\delta_{\mu\nu}-\partial_{\mu}\partial_{\nu})\varDelta(x-y\,;s) \tag{8.5.8}$$

となる．それ故，ほかに質量0の物理的1体状態が存在しないとすれば，(8.5.

8), (8.5.2)から,

$$N=K^{-1}(1+\varepsilon\alpha^2) \tag{8.5.9}$$

$$\sigma(s)=\frac{\Pi(s)}{(s-m^2)^2} \qquad (\infty>s\geq a) \tag{8.5.10}$$

を得る．従って，(8.5.5)は

$$\langle 0|[U_\mu(x), U_\nu(y)]|0\rangle = i\Big[\delta_{\mu\nu}-\frac{1}{m^2}(1+\varepsilon K^{-1}\alpha^2)\partial_\mu\partial_\nu\Big]\Delta(x-y;m^2)$$
$$+i\frac{K^{-1}}{m^2}(1+\varepsilon\alpha^2)\partial_\mu\partial_\nu D(x-y)+i\int_a^\infty ds\frac{\Pi(s)}{(s-m^2)^2}(s\delta_{\mu\nu}-\partial_\mu\partial_\nu)\Delta(x-y;s) \tag{8.5.11}$$

となる．

§7.5のときと同様に，(8.5.11)に同時刻の正準交換関係を適用すれば，Z, Kは

$$Z^{-1}=1+\int_a^\infty ds\frac{s\Pi(s)}{(s-m^2)^2} \tag{8.5.12}$$

$$K^{-1}=1+m^2\int_a^\infty ds\frac{\Pi(s)}{(s-m^2)^2} \tag{8.5.13}$$

と求まる．K_1は(8.5.12), (8.5.13)と(8.4.23)とから,

$$K_1=\Big[1+m^2\int_a^\infty ds\frac{\Pi(s)}{(s-m^2)^2}\Big]^{-2}\Big[1+\int_a^\infty ds\frac{s\Pi(s)}{(s-m^2)^2}\Big] \tag{8.5.14}$$

である．(8.5.11)は，(8.5.13)を用いて,

$$\langle 0|[U_\mu(x), U_\nu(y)]|0\rangle = i\delta_{\mu\nu}\Delta(x-y;m^2)-i\frac{(1+\varepsilon\alpha^2)}{m^2}\partial_\mu\partial_\nu[\Delta(x-y;m^2)$$
$$-D(x-y)]+2i(1+\varepsilon\alpha^2)M(m)\partial_\mu\partial_\nu D(x-y)-2i\varepsilon\alpha^2M(m)\partial_\mu\partial_\nu\Delta(x-y;m^2)$$
$$+i\int ds\frac{\Pi(s)}{(s-m^2)^2}(s\delta_{\mu\nu}-\partial_\mu\partial_\nu)\Delta(x-y;s) \tag{8.5.15}$$

のように整理される．ただし,

$$M(m)\equiv\frac{1}{2}\int_a^\infty ds\frac{\Pi(s)}{(s-m^2)^2} \tag{8.5.16}$$

である．(8.4.15), (8.4.23)から,

$$K^{-1}=Z^{-1}\frac{m^2}{m_0^2} \tag{8.5.17}$$

であるから，(8.5.13)を

$$\frac{1}{m_0{}^2} = Z\left[\frac{1}{m^2}+2M(m)\right] \tag{8.5.18}$$

と書くこともできる．$\Pi(s)$ の $m\to 0$ での極限値を $\pi(s)$ とすれば，(7.5.12), (7.5.14)により，

$$\lim_{m\to 0} Z^{-1} = Z_3{}^{-1} = 1+\int_0^\infty ds\frac{\pi(s)}{s} \tag{8.5.19}$$

$$\lim_{m\to 0} M(m) = M = \frac{1}{2}\int_0^\infty ds\frac{\pi(s)}{s^2} \tag{8.5.20}$$

$$\lim_{m\to 0} K_1 = Z_3{}^{-1} \tag{8.5.21}$$

$$\lim_{m\to 0} K = \lim_{m\to 0} K_2 = 1 \tag{8.5.22}$$

を得る．U_μ の極限を A_μ で表わせば，(8.5.15)は

$$\begin{aligned}\lim_{m\to 0}\langle 0|[U_\mu(x), U_\nu(y)]|0\rangle &= \langle 0|[A_\mu(x), A_\nu(y)]|0\rangle \\ &= i\delta_{\mu\nu}D(x-y)-i(1+\varepsilon\alpha^2)\partial_\mu\partial_\nu\tilde{D}(x-y)+2iM\partial_\mu\partial_\nu D(x-y) \\ &\quad +i\int ds\frac{\pi(s)}{s^2}(s\delta_{\mu\nu}-\partial_\mu\partial_\nu)\varDelta(x-y\,;s)\end{aligned} \tag{8.5.23}$$

となり，これは(7.5.11)にほかならない．Z と $M(m)$ の極限は存在するから[(8.5.19), (8.5.20)]，(8.5.18)は，はだかの質量 m_0 が 0 なら，くりこまれた物理的質量 m も 0 でなければならないことを示している．(8.5.18)によるこの結論を Johnson の定理という．Johnson の定理は，もともとは Proca 形式に基づいて導かれたもので[72]，そこで $m\to 0$ の極限に言及するには矛盾があった[73]．しかし，本章での理論形式によれば，その極限をとることには厳密な論理性がある．われわれの場合は，何も(8.5.18)の形で Johnson の定理を主張しなくても，それは(8.4.15), (8.5.21)により明白なことなのである．

次に漸近条件について考察しよう．(8.5.1)により，1体状態 $|1\rangle$ に対しては

$$(\Box-m^2)\langle 0|U^{(\mathrm{r})}{}_\mu|1\rangle-\partial_\mu\partial_\nu\langle 0|U^{(\mathrm{r})}{}_\nu|1\rangle = \partial_\mu\langle 0|B_1{}^{(\mathrm{r})}|1\rangle \tag{8.5.24}$$

が成立している．ところで，質量 m, ゲージ・パラメター $\alpha^{(\mathrm{r})}$ のときの自由場の方程式と交換関係をみたす，漸近場を $U^{(\mathrm{in})}{}_\mu$, $B^{(\mathrm{in})}$, $B_i{}^{(\mathrm{in})}$ $[U^{(\mathrm{out})}{}_\mu$, $B^{(\mathrm{out})}$, $B_i{}^{(\mathrm{out})}]$ としよう．$U^{(\mathrm{in})}{}_\mu[U^{(\mathrm{out})}{}_\mu]$ に対しては

$$(\Box-m^2)U^{(\mathrm{in})}{}_\mu-\partial_\mu\partial_\nu U^{(\mathrm{in})}{}_\nu = \partial_\mu B_1{}^{(\mathrm{in})} \tag{8.5.25}$$

である．(8.4.44), (8.4.45)の形から，$B^{(\mathrm{r})}$, $B_i{}^{(\mathrm{r})}$ に対しては

$$B^{(r)}=K^{-1/2}B^{(in)}=K^{-1/2}B^{(out)} \tag{8.5.26}$$

$$B_i^{(r)}=K^{-1/2}B_i^{(in)}=K^{-1/2}B_i^{(out)} \tag{8.5.27}$$

を得る．それ故，(8.5.24), (8.5.25), (8.5.27)から，

$$\begin{aligned}\langle 0|U^{(r)}{}_\mu|1\rangle &= \langle 0|U^{(in)}{}_\mu|1\rangle-\frac{K^{-1/2}-1}{m^2}\partial_\mu\langle 0|B_1{}^{(in)}|1\rangle \\ &= \langle 0|U^{(out)}{}_\mu|1\rangle-\frac{K^{-1/2}-1}{m^2}\partial_\mu\langle 0|B_1{}^{(out)}|1\rangle\end{aligned} \tag{8.5.28}$$

が成立する．つまり，$U^{(r)}{}_\mu$ に対する漸近条件は

$$U^{(r)}{}_\mu(x) \to U^{(in)}{}_\mu(x)-\frac{K^{-1/2}-1}{m^2}\partial_\mu B_1{}^{(in)}(x) \qquad (x_0\to -\infty) \tag{8.5.29}$$

$$U^{(r)}{}_\mu(x) \to U^{(out)}{}_\mu(x)-\frac{K^{-1/2}-1}{m^2}\partial_\mu B_1{}^{(out)}(x) \qquad (x_0\to +\infty) \tag{8.5.30}$$

ととればよい．スペクトル表示(8.5.15)において最後の積分項以外は，$U^{(r)}{}_\mu$ の漸近場からの寄与を表わしている．実際に，次の交換関係

$$\left[\left\{U^{(in)}{}_\mu(x)-\frac{K^{-1/2}-1}{m^2}\partial_\mu B_1{}^{(in)}(x)\right\}, \left\{U^{(in)}{}_\nu(y)-\frac{K^{-1/2}-1}{m^2}\partial_\nu B_1{}^{(in)}(y)\right\}\right] \tag{8.5.31}$$

を求めてみれば，(8.5.13), (8.5.16)により，それは確かに(8.5.15)のはじめの4項を与えていることがわかる．$m\to 0$ では，

$$\lim_{m\to 0}\frac{K^{-1/2}-1}{m^2}=M \tag{8.5.32}$$

により，(8.5.29)は(7.5.15)を導く．S 行列の unitary 性は(8.5.26), (8.5.27)において明らかである．

§8.6　自発的対称性の破れ I——Goldstone の定理

電磁場の共変ゲージ形式をいわゆる Higgs 現象に適用することにより，1つの中性ベクトル場理論が生まれ，その枠内で Goldstone boson の消去の問題が明白に Lorentz 共変な形で解決されると同時に，Goldstone boson 場のゲージ場としての性格が明確になることを次節で述べる．本節はそこに至る準備段階である．

場の量子論においては，場の方程式や交換関係がある種の対称性を保存していても，なおかつ全体としてはその対称性が破れているとする取扱いも可能である．そうするには，真空をその対称性を破る元凶として，状態ベクトルの側に破れの責任を負わせてしまえばよい．そうすれば，真空が不変である場合の状態ベクトルの空間とは異なった別の空間が生まれる．そのようにして対称性が破れている場合を自発的対称性の破れ(spontaneous breakdown of symmetry)という．自発的対称性の破れが起き得るのは，場の量子論における状態ベクトルの空間の自由度が無限大であるからである．有限自由度の空間では，同じ交換関係をみたす演算子は互いに unitary 変換で結ばれるので，決して自発的対称性の破れはおき得ない．自発的対称性の破れの問題は，場の量子論の枠内での新しい可能性として注目されてきた[74, 75, 76]．特に最近は，非可換ゲージ(non-Abelian gauge)理論にその問題を適用して，電磁相互作用と弱い相互作用についてのくりこみ可能な統一的体系を得ようとする試みがいろいろとなされている[77]．考える対称性は，空間反転や荷電共役変換のように離散的変換に対するものでも，また Lorentz 変換やゲージ変換のように連続変換に対するものでもよいが，次に述べるように，特に連続変換の場合に興味がある．

連続変換に対して自発的対称性の破れがおきていると，かなり一般的条件のもとで，質量 0 でスピン 0 の粒子が存在しなければならないことが推論される[75, 76]．この粒子のことを Nambu-Goldstone boson(あるいは単に Goldstone boson)と呼ぶ．自発的対称性が破れているというだけでは条件が漠然としているから，Goldstone boson の存在を厳密に主張しようとすると，その前提条件の具体的なとり方についていろいろ可能性がでてくる．しかし，とにかく Goldstone boson の存在を主張し得ている定理を総称して Goldstone の定理と呼んでいる．ここでは，Goldstone の定理として，次の 3 つの前提条件を採用する．場の演算子は一般に $\phi_a(x)\,(a=1, 2, \cdots, n)$ とする．もちろん，Lorentz 共変性，並進不変性の要請ははじめからある．いま考えている連続変換 T とは，$\phi_a(x)$ を pseudo-unitary 変換 $U_T(\alpha)$ により

$$\phi_a(x) \to \phi_a'(x) = U_T(\alpha)\phi_a(x)U_T^{-1}(\alpha), \qquad U_T(\alpha) \equiv e^{i\alpha G_T} \tag{8.6.1}$$

$$[G_T, \phi_a(x)] = T_{ab}\phi_b(x) \qquad (T_{ab}\ \text{は定数}) \tag{8.6.2}$$

とするものである．$\phi_a(x)$ は

$$[T_\mu, \phi_a(x)] = i\partial_\mu \phi_a(x) \tag{8.6.3}$$

を満足している．さて，3つの前提条件とは，

1. generator の並進不変性：(8.6.2) における G_T は

$$[T_\mu, G_T] = 0 \tag{8.6.4}$$

を満足するスカラーである

2. 漸近場の完全性：漸近場を $\varphi_k(x)$ ($k=1, 2, \cdots, N$) とすると*)，すべての演算子は $\phi_a(x), \varphi_k(x)$ のいずれによっても展開できる

3. 自発的対称性の破れ：漸近場 $\varphi_k(x)$ に対し

$$\langle 0|[G_T, \varphi_k(x)]|0\rangle \neq 0 \tag{8.6.5}$$

であるような $\varphi_k(x)$ が少なくとも1つは存在する

である．以上の3つが満足されれば，Goldstone boson の存在が証明できるが，その前に，それらの意味するところを考察しよう．

(8.6.2), (8.6.3), (8.6.4) から，

$$[G_T, \partial_\mu \phi_a] = T_{ab}\partial_\mu \phi_b \tag{8.6.6}$$

を得るから，

$$\partial_\mu G_T = 0 \tag{8.6.7}$$

である．通常の Lagrange 形式に基づく理論においては，1. の内容はさらに具体的となる[78]．τ を無限小のパラメターとするとき，無限小 T 変換

$$\delta\phi_a(x) = \tau T_{ab}\phi_b(x) \tag{8.6.8}$$

に対し，Lagrangian 密度 $\mathcal{L}$ が不変ならば，G_T は次のように求められる．すなわち，

$$J_\mu \equiv -i\frac{\partial \mathcal{L}}{\partial(\partial_\mu \phi_a)} T_{ab}\phi_b \tag{8.6.9}$$

によって定義される保存流れ密度 J_μ が存在し，そのとき

$$G_T = \int dx J_0(x) \tag{8.6.10}$$

である．$J_\mu(x)$ は

$$\partial_\mu J_\mu(x) = 0, \qquad [T_\mu, J_\nu(x)] = i\partial_\mu J_\nu(x) \tag{8.6.11}$$

---

*) 束縛状態がなければ，$n=N$ である．

を満足するから，(8.6.10)は(8.6.4)，(8.6.7)を導く．

2. の漸近場の完全性は，場の量子論でつねに仮定しているものである．漸近場は自由場の方程式と交換関係を満足するから，一般に不定計量の量子論では

$$\prod_{i=1}^{M}(\Box-\mu_i{}^2)^{m_i}\varphi_k(x)=0 \qquad \left(\sum_{i=1}^{M}m_i\leq N, m_i\neq 0\right) \tag{8.6.12}$$

$$[\varphi_k(x), \varphi_l(y)]=c\,\text{数} \tag{8.6.13}$$

が成立している．(8.6.12)は φ_k が質量 μ_i の m_i 次の multipole ghost を M 組記述する場の一員であることを示している．$\varphi_k(x)$ も(8.6.3)の形を満足する．

3. において，束縛状態が存在しなければ，(8.6.5)を

$$\langle 0|[G_T, \phi_a(x)]|0\rangle\neq 0 \tag{8.6.14}$$

と置き換えてもよい．このときは，

$$\phi_a(x) \rightarrow \varphi_a(x) \qquad (x_0\rightarrow\pm\infty) \tag{8.6.15}$$

の1対1対応がある．(8.6.2)，(8.6.3)から，

$$\langle 0|[T_\mu, [G_T, \phi_a(x)]]|0\rangle=iT_{ab}\partial_\mu\langle 0|\phi_b(x)|0\rangle \tag{8.6.16}$$

であるが，$T_\mu|0\rangle=0$ のためこの左辺は0である．それ故 $T_{ab}\langle 0|\phi_b(x)|0\rangle$ すなわち $\langle 0|[G_T, \phi_a(x)]|0\rangle$ は定数であり，(8.6.15)により，それは $\langle 0|[G_T, \varphi_a(x)]|0\rangle$ に等しい．(8.6.14)は

$$\langle 0|\phi_a(x)|0\rangle=\text{定数}\neq 0 \tag{8.6.17}$$

$$G_T|0\rangle\neq 0 \tag{8.6.18}$$

を意味する．束縛状態が存在するときは，$\phi_a(x)$ と $\varphi_k(x)$ との1対1対応がすべての k については成立しないから，(8.6.5)と(8.6.14)とは等価ではない．例えば，$\langle 0|\phi_a(x)|0\rangle=0$ であっても，$\langle 0|\phi_a(x)\phi_b(y)|0\rangle=\text{定数}\neq 0$ かも知れない．このようなときは一般に，$\phi_a(x)$ の束縛状態としての Goldstone boson が現われる*)．普通は，$\phi_a(x)\phi_b(y)$ のような演算子の積は，正規積 $:\phi_a(x)\phi_b(y):$ であると解釈して取り扱うので，自発的対称性の破れに当面しないが，それは理論の組み立て方の問題である．

以上のように，漸近場によって自発的対称性の破れを表現する方がより一般性があることがわかる[80]．(8.6.5)からでも，(8.6.18)は結論される．Gold-

---

*) その実例は，Nambu-Jona-Lasinio 模型[75]における chiral ゲージ不変性の自発的破れの場合にみられる[79].

stoneの定理が具体的にどんな形をとっても，(8.6.18)は必ず結論される．自発的対称性の破れの最も普遍的な定義は(8.6.18)とされている[81]*)．

上にあげた前提条件1,2,3のもとで，Goldstone bosonの存在は次のようにして証明される．漸近場$\varphi_k(x)$は無限小T変換によって

$$\varphi_k'(x) = \varphi_k(x)+\tau[G_T, \varphi_k(x)] \tag{8.6.19}$$

に変換する．$\varphi_k'(x)$も(8.6.12), (8.6.13)を満足しなければならない．(8.6.13)から，$[G_T, \varphi_k(x)]$は$\varphi_k(x)$について非線形ではあり得ない．すなわち，

$$[G_T, \varphi_k(x)] = \sum_l t_{kl}\varphi_l(x)+t_k \tag{8.6.20}$$

でなければならない．ここに，t_{kl}, t_kはc数で，t_{kl}は(8.6.13)の並進不変性によりx_μを含まない(微分演算子であってもよい)．また，lについての和は，$\varphi_k(x)$と同じ統計性と質量系のものについてのみとれば十分である．変換前の漸近場については，つねに$\langle 0|\varphi_k(x)|0\rangle=0$であるから，

$$\langle 0|[G_T, \varphi_k(x)]|0\rangle = t_k \tag{8.6.21}$$

が成立する．この両辺をx_μについて微分すれば，(8.6.7)により，

$$\langle 0|[G_T, \partial_\mu\varphi_k(x)]|0\rangle = \partial_\mu t_k \tag{8.6.22}$$

を得る．Jacobiの恒等式

$$[T_\mu,[G_T, \varphi_k]]+[G_T,[\varphi_k, T_\mu]]+[\varphi_k,[T_\mu, G_T]] = 0 \tag{8.6.23}$$

と(8.6.3), (8.6.4)から，(8.6.22)の左辺は0である．それ故，t_kは定数である．$t_k\neq 0$である$\varphi_k(x)$が1つでもあれば，それを$\chi(x)$とすると，$\chi(x)$は(8.6.21)によりスカラーであり(G_Tはスカラーであるから)，Tに対して

$$\chi(x) \to \chi'(x) = \chi(x)+\sum_l t_{kl}\varphi_l(x)+t \qquad (t=\text{定数}\neq 0) \tag{8.6.24}$$

と変換する．$\chi'(x)$も(8.6.12)をみたすためには，

$$\mu_i = 0 \qquad (m_i\neq 0) \tag{8.6.25}$$

でなければならない．つまり，質量0, スピン0の粒子が存在する．(証明終)**)

通常，変換のgeneratorは場の演算子の2次形式によって与えられるが，Goldstone bosonが存在する場合はそうではない．(8.6.13), (8.6.21)からわかるように，G_Tは$\chi(x)$についての1次の項を含むわけである．

---

*) [81]は自発的対称性の破れについての代表的総合報告である．

**) この証明の骨子は，参考書(10)p. 146による．

電磁場の場合における c 数ゲージ変換は，自発的対称性の破れの場合とよく似た形をしている．例えば§2.5で述べた c 数ゲージ変換(2.5.1)の generator $G(\Lambda)$ は

$$G(\Lambda)|0\rangle \neq 0, \qquad [G(\Lambda), A_\mu(x)] = i\partial_\mu \Lambda(x) \tag{8.6.26}$$

を満足している．この場合，質量0でスピン0の粒子は $\partial_\mu A_\mu$ によって記述されるゼロ・ノルムの ghost であるが，これを Goldstone boson とはいわない．この $G(\Lambda)$ は $\partial_\mu G(\Lambda)=0$ ではあるが，$[T_\mu, G(\Lambda)]\neq 0$ であるから，それは Goldstone の定理の前提条件を満足していない．その理由は，$G(\Lambda)$ が場の演算子と定数とだけによって構成されていないで，よそものの関数 $\Lambda(x)$ を含んでいるからである．自発的対称性の破れによって生ずる状態ベクトルの空間は，破れがない場合の空間と全く別ものであるが，c 数ゲージ変換によって移り変る真空 $|\hat{0}\rangle$ はもとの空間内に存在する．

Goldstone の定理を具体的に示す最も簡単な例は，次の Lagrangian 密度によって与えられる Goldstone 模型である[76].

$$\mathcal{L} = -\partial_\mu\phi^\dagger\partial_\mu\phi - \frac{1}{2}u\phi^\dagger\phi - \frac{1}{2}\lambda^2(\phi^\dagger\phi)^2 \tag{8.6.27}$$

ここに，ϕ は複素スカラー場を表わし，u, λ は実数である．$\phi, \phi^\dagger$ を

$$\phi \to e^{i\theta}\phi, \qquad \phi^\dagger \to e^{-i\theta}\phi^\dagger \tag{8.6.28}$$

のように相変換をする generator Q は，(8.6.9), (8.6.10)により

$$Q = \int d\boldsymbol{x} J_0(x) \tag{8.6.29}$$

$$J_\mu \equiv i[(\partial_\mu\phi^\dagger)\phi - \phi^\dagger\partial_\mu\phi] \tag{8.6.30}$$

である．同時刻の正準交換関係により，Q は

$$[Q, \phi(x)] = -\phi(x), \qquad [Q, \phi^\dagger(x)] = \phi^\dagger(x) \tag{8.6.31}$$

を満足する．

$u>0$ であれば，(8.6.27)は何の変哲もない複素スカラー場の理論の1例を与えるに過ぎない．しかし，$u<0$ のときは事情が一変する．いま，

$$\sqrt{2}\phi(x) \equiv v + \varphi(x) + i\chi(x) \tag{8.6.32}$$

によって，$\phi, \phi^\dagger$ を φ, χ で表わすことにしよう．ただし，v は

$$\sqrt{-u} = \lambda v > 0 \tag{8.6.33}$$

によって与えられる定数である．$u<0$のときは，このようなvを選ぶことができる．(8.6.32)を(8.6.27)に代入し(8.6.33)を用いて整理すれば，

$$\mathcal{L} = -\frac{1}{2}(\partial_\mu\varphi\partial_\mu\varphi - u\varphi^2) - \frac{1}{2}\partial_\mu\chi\partial_\mu\chi$$
$$-\frac{1}{2}\lambda\sqrt{-u}\varphi(\varphi^2+\chi^2) - \frac{1}{8}\lambda^2(\varphi^2+\chi^2)^2 + \frac{u^2}{8\lambda^2} \tag{8.6.34}$$

を得る．これは，φ, χがそれぞれ質量$\sqrt{-u}$, 0の中性スカラー場であることを示している．φ, χについて通常の正準量子化を行い，

$$\langle 0|\varphi(x)|0\rangle = \langle 0|\chi(x)|0\rangle = 0 \tag{8.6.35}$$

とすれば，ϕに対しては

$$\langle 0|\phi(x)|0\rangle = v/\sqrt{2} \neq 0 \tag{8.6.36}$$

である．(8.6.29), (8.6.31), (8.6.36)はまさにGoldstoneの定理の前提条件を満たしているから，Goldstone bosonは存在し，それを記述する場がχにほかならない．(8.6.34)の最後の定数項は，その逆符号のものが0点エネルギーに相当するが，量子論的には無意味であるから落してしまってよい．

自発的対称性の破れがおきていると，どうしてもGoldstone bosonが存在してしまう．しかし，自然界には，質量0でスピン0の粒子は発見されていないので，このような粒子がこの世に出現するような理論は，物理学としての現実性に欠ける．そこで，自発的対称性の破れの理論においては，いかにしてこのGoldstone bosonを消去するかが最大の関心事となる．それが次節の問題である．

§8.7 自発的対称性の破れII——Higgs機構

Goldstone bosonを消去するための例題として，Higgs模型と呼ばれるものがある[82]．この模型は，Goldstone模型(8.6.27)において，電磁場と同じ構造の質量0のゲージ場A_μを極小相互作用によって導入したものである．すなわち，Higgs模型のLagrangian密度は

$$\mathcal{L} = \mathcal{L}_0 + \mathcal{L}_\phi \tag{8.7.1}$$

$$\mathcal{L}_0 = -\frac{1}{4}F_{\mu\nu}F_{\mu\nu} \qquad (F_{\mu\nu}=\partial_\mu A_\nu - \partial_\nu A_\mu) \tag{8.7.2}$$

$$\mathcal{L}_\phi = -(\partial_\mu + igA_\mu)\phi^\dagger(\partial_\mu - igA_\mu)\phi + \frac{1}{2}\kappa^2\phi^\dagger\phi - \frac{1}{2}\lambda^2(\phi^\dagger\phi)^2 \qquad (8.7.3)$$

である*)．ここに，$\mathcal{L}_0$ が(8.7.2)で与えられるため，A_μ は Coulomb ゲージで量子化される．ゲージ場 A_μ に対する場の方程式

$$\partial_\nu F_{\nu\mu} = -j_\mu \qquad (8.7.4)$$

における，流れ密度 j_μ は

$$j_\mu \equiv \frac{\partial \mathcal{L}_\phi}{\partial A_\mu} = ig[(\partial_\mu\phi^\dagger)\phi - \phi^\dagger\partial_\mu\phi] - 2g^2\phi^\dagger\phi A_\mu \qquad (8.7.5)$$

となる．A_0 は(1.2.19)の形によって与えられるから，j_0 は Coulomb ポテンシャルによる非局所性をもつ演算子である．それ故，j_μ が保存流れ密度であっても，$[T_\mu, j_0(x)] = i\partial_\mu j_0(x)$ は保証されない．つまり，(8.6.4)の欠除によって，Goldstone の定理の適用外の状況にある**)．従って，Goldstone boson が存在しなくても不思議はないというわけである．

(8.7.3)で(8.6.32)のようにおくと，(8.7.1)は

$$\begin{aligned}\mathcal{L} = & -\frac{1}{4}F_{\mu\nu}F_{\mu\nu} - \frac{1}{2}m_0{}^2\left(A_\mu - \frac{1}{m_0}\partial_\mu\chi\right)\left(A_\mu - \frac{1}{m_0}\partial_\mu\chi\right) \\ & -\frac{1}{2}(\partial_\mu\varphi\partial_\mu\varphi + \kappa^2\varphi^2) + gA_\mu(\varphi\partial_\mu\chi - \chi\partial_\mu\varphi) \\ & -gm_0A_\mu A_\mu\varphi - \frac{1}{2}g^2A_\mu A_\mu(\varphi^2 + \chi^2) \\ & -\frac{1}{2}\lambda\kappa\varphi(\varphi^2 + \chi^2) - \frac{1}{8}\lambda^2(\varphi^2 + \chi^2)^2 + \frac{\kappa^4}{8\lambda^2}\end{aligned} \qquad (8.7.6)$$

となる．ただし，

$$\kappa = \lambda v, \qquad m_0 = gv \qquad (8.7.7)$$

である．いま，v が非常に大きく，κ, m_0 が普通の大きさであるとすれば，g, λ は非常に小さい数である．それ故，(8.7.6)の最初の 3 項以外は，第 0 近似として落してよいであろう．そうすれば，

$$U_\mu = A_\mu - \frac{1}{m_0}\partial_\mu\chi \qquad (8.7.8)$$

とおいて，χ を消去することができる．$\mathcal{L}$ の最初の 2 項は質量 m_0 の Proca 場

---

*) (8.6.27)の $-u$ を κ^2 とおいた．

**) もともと，(8.6.31)の意味も不明である．

U_μ に対する Lagrangian 密度にほかならない．このように，自発的対称性の破れの理論にゲージ場を導入することにより，そのゲージ場が質量を獲得すると同時に，Goldstone boson が消去される機構を Higgs 機構(Higgs mechanism, Higgs phenomenon)という．

以上に述べた Higgs 機構は，場の量子論としてみると，不満足な点がある．それは，まず，その本質が明白な Lorentz 共変性を欠く Coulomb ゲージの形式に基づいていることである．また，第0近似として無視した相互作用項において χ はどうなるのか，その相互作用項を U_μ で表わした場合のくりこみ可能性はどうなのか等が不明である．ゲージ場を持ち込むことによって Goldstone boson が消去できるのなら，その取扱いを共変ゲージ形式でやっても可能なはずではなかろうか．いや，むしろそうあるべきである．何故なら，(8.7.7)の m_0 は原理的に任意であるから，Higgs 機構が本物であれば，それは m_0 の連続的変化に対して充分に機能し得る理論において説明されるはずだからである．ただし，その場合は，明白な局所可換性があるので，Goldstone の定理による束縛からは逃れられない．しかし，共変ゲージ形式には非物理的空間という誂え向のものが用意されてあるので，Goldstone boson が存在しても，それを含む状態をつねに非物理的空間にとじ込めることができれば成功である*)．そこで，以下では，(8.7.1)の $\mathcal{L}_0$ としては，(8.7.2)ではなく，一般の共変ゲージについての(7.1.2)を採用して出発する[84]．

A_μ に対する場の方程式は

$$\partial_\nu F_{\nu\mu} = \partial_\mu B_1 - j_\mu \tag{8.7.9}$$

によって与えられる．j_μ の定義は(8.7.5)である．(7.1.6)〜(7.1.8)はそのまま成立している．$\partial_\mu j_\mu=0$ により，(7.1.11)も同様である．ϕ に対しては

$$\left(\Box+\frac{1}{2}\kappa^2\right)\phi = \lambda^2\phi^\dagger\phi\phi+ig(\partial_\mu A_\mu)\phi+2igA_\mu\partial_\mu\phi+g^2A_\mu A_\mu\phi \tag{8.7.10}$$

を得る．正準変数と正準共役変数との対応関係は，ゲージ場の部分については(7.1.15)〜(7.1.18)であるが，$\phi, \phi^\dagger$ については

$$\phi \longleftrightarrow \dot{\phi}^\dagger - gA_4\phi^\dagger, \qquad \phi^\dagger \longleftrightarrow \dot{\phi}+gA_4\phi \tag{8.7.11}$$

---

*) それは，まず Landau ゲージにおいてなされた[83]．

となる．従って，(7.1.20)～(7.1.23)のほかに，同時刻の交換関係

$$[B_1(x), \dot{\phi}(y)]_0 = -g\phi(y)\delta(\boldsymbol{x}-\boldsymbol{y}) \tag{8.7.12}$$

$$[\phi(x), \dot{\phi}^\dagger(y)]_0 = [\phi^\dagger(x), \dot{\phi}(y)]_0 = i\delta(\boldsymbol{x}-\boldsymbol{y}) \tag{8.7.13}$$

を得る．(7.1.31), (7.1.32)を用いて4次元交換関係を求めれば，(7.1.33)～(7.1.39)および，(8.7.12)により，

$$[\phi(x), B_1(y)] = -g\phi(x)D(x-y) \tag{8.7.14}$$

$$[\phi(x), B_2(y)] = 0 \tag{8.7.15}$$

$$[\phi(x), B(y)] = -\varepsilon\alpha g\phi(x)\tilde{D}(x-y) \tag{8.7.16}$$

を得る．物理的状態ベクトルに対する補助条件は，もちろん(7.1.51)ととる．

さて，ここで(8.6.32)のようにおくと，(8.7.9)は

$$\partial_\nu F_{\nu\mu} - m_0{}^2 A_\mu = \partial_\mu(B_1 - m_0\chi) - J_\mu \tag{8.7.17}$$

$$J_\mu \equiv -g[g(\varphi^2+\chi^2)A_\mu + 2m_0 A_\mu\varphi + \chi\partial_\mu\varphi - \varphi\partial_\mu\chi] \tag{8.7.18}$$

のように書き直せる．m_0 は(8.7.7)で与えられている．(8.7.5)の j_μ は保存しているが，(8.7.18)の J_μ は

$$\partial_\mu J_\mu \neq 0 \tag{8.7.19}$$

である．(8.7.10)とその共役な式から，φ, χ に対しては，

$$(\Box - \kappa^2)\varphi = -g[\chi\partial_\mu A_\mu + 2A_\mu\partial_\mu\chi - A_\mu A_\mu(m_0 + g\varphi)] + \frac{\lambda}{2}[\kappa(3\varphi^2+\chi^2) + \lambda(\varphi^2+\chi^2)\varphi] \tag{8.7.20}$$

$$\Box\chi = m_0\partial_\mu A_\mu + g(\varphi\partial_\mu A_\mu + 2A_\mu\partial_\mu\varphi + gA_\mu A_\mu\chi) + \frac{\lambda}{2}[2\kappa\varphi + \lambda(\varphi^2+\chi^2)]\chi \tag{8.7.21}$$

を得る．κ は(8.7.7)で与えられている．(8.7.21)は，(8.7.17)からも求めることができる．(8.7.17)は，A_μ が質量 m_0 を獲得したことを表わしている．一方，(8.7.21)は，χ が Landau ゲージ以外では dipole ghost 場になっていることを示している*)．(8.7.14)～(8.7.16)は

$$[\varphi(x), B_1(y)] = -ig\chi(x)D(x-y) \tag{8.7.22}$$

$$[\chi(x), B_1(y)] = i[m_0 + g\varphi(x)]D(x-y) \tag{8.7.23}$$

$$[\varphi(x), B_2(y)] = [\chi(x), B_2(y)] = 0 \tag{8.7.24}$$

---

*) $g=0, m_0 \neq 0$ のときを考えればよい．

$$[\varphi(x), B(y)] = -i\varepsilon\alpha g\chi(x)\tilde{D}(x-y) \tag{8.7.25}$$

$$[\chi(x), B(y)] = i\varepsilon\alpha[m_0+g\varphi(x)]\tilde{D}(x-y) \tag{8.7.26}$$

を導く.

真空は

$$\langle 0|\varphi(x)|0\rangle = \langle 0|\chi(x)|0\rangle = 0 \qquad (\langle 0|0\rangle=1) \tag{8.7.27}$$

によって定義する. それ故, (8.7.22)～(8.7.26)から,

$$\langle 0|[\varphi(x), B(y)]|0\rangle = \langle 0|[\varphi(x), B_i(y)]|0\rangle = 0 \qquad (i=1, 2) \tag{8.7.28}$$

$$\langle 0|[\chi(x), B_1(y)]|0\rangle = im_0 D(x-y) \tag{8.7.29}$$

$$\langle 0|[\chi(x), B(y)]|0\rangle = i\varepsilon\alpha m_0\tilde{D}(x-y) \tag{8.7.30}$$

を得る. また, 真空期待値については

$$\langle 0|[A_\mu(x), \varphi(y)]|0\rangle = 0 \tag{8.7.31}$$

$$\langle 0|[A_\mu(x), \chi(y)]|0\rangle = i\varepsilon\alpha^2 m_0\partial_\mu\tilde{D}(x-y) \tag{8.7.32}$$

が成立する. (8.2.31), (8.2.32)の右辺は, Lorentz共変性, 並進不変性により, それぞれ$\partial_\mu f(x-y)$, $\partial_\mu g(x-y)$のような形をとるが, (7.1.6), (8.7.24), (8.7.28), (8.7.29)により, $\Box f(x)=0$, $\Box g(x)=i\varepsilon\alpha^2 m_0 D(x)$でなければならない. それ故, 局所可換性により, $f(x)=aD(x)$, $g(x)=bD(x)+i\varepsilon\alpha m_0\tilde{D}(x)$であるが, 同時刻の正準交換関係により, $f(\boldsymbol{x}, 0)=\dot{f}(\boldsymbol{x}, 0)=g(\boldsymbol{x}, 0)=\dot{g}(\boldsymbol{x}, 0)=0$であるから, $a=b=0$となる.

真空期待値$\langle 0|[A_\mu(x), A_\nu(y)]|0\rangle$は(7.5.11)とはならない. A_μは質量を獲得した場になっているから, $\langle 0|[A_\mu(x), A_\nu(y)]|0\rangle$は, 物理的質量$m$ ($m^2=m_0{}^2+\delta m^2$)をもつ中性スカラー場に対するものでなければならない. しかし(7.5.3)は依然として成立している. それ故, それは

$$\langle 0|[A_\mu(x), A_\nu(y)]|0\rangle = iN\partial_\mu\partial_\nu D(x-y) - i\varepsilon\alpha^2\partial_\mu\partial_\nu\tilde{D}(x-y) + i\int_a ds\rho(s)\left(\delta_{\mu\nu}-\frac{1}{s}\partial_\mu\partial_\nu\right)\Delta(x-y; s) \tag{8.7.33}$$

と書ける. ただし, $a>0$であり, はじめの2項には$\delta_{\mu\nu}$に比例するような項は存在しない. 何故なら, そのような項は, 質量が0でない場合の情報を一手に引き受けている最後の積分項に含まれるはずだからである. A_μはくりこまれていない場であるから, (8.7.33)における$\rho(s)$は, 物理的質量mに対して,

$$\rho(s) = Z\delta(s-m^2)+Z\sigma(s)\theta(s-b) \tag{8.7.34}$$

でなければならない．ここに，Z は A_μ の波動関数のくりこみ定数，b はある正の定数である．(8.7.34) を (8.7.33) に代入し，A_μ に対する同時刻の正準交換関係を用いると，

$$Z^{-1} = 1+\int_b ds\sigma(s), \qquad N = Z\left(\frac{1}{m^2}+\int_b ds\frac{\sigma(s)}{s}\right) \tag{8.7.35}$$

を得る．それ故，(8.7.33) は

$$\langle 0|[A_\mu(x), A_\nu(y)]|0\rangle = iZ\delta_{\mu\nu}\Delta(x-y\,;m^2)-iZ\frac{\partial_\mu\partial_\nu}{m^2}[\Delta(x-y\,;m^2)-D(x-y)]$$
$$+2iZM\partial_\mu\partial_\nu D(x-y)-i\varepsilon\alpha^2\partial_\mu\partial_\nu\tilde{D}(x-y)+iZ\int_b ds\sigma(s)\left(\delta_{\mu\nu}-\frac{1}{s}\partial_\mu\partial_\nu\right)\Delta(x-y\,;s) \tag{8.7.36}$$

となる．ただし，

$$M = \frac{1}{2}\int_b ds\frac{\sigma(s)}{s} \tag{8.7.37}$$

である．

(8.7.28)～(8.7.32) の右辺および (8.7.36) の右辺の最初の 4 項は自由場の交換関係になっている．それ故，それらは，それぞれの Heisenberg 演算子の漸近場の交換関係が（真空期待値ではなく，4 次元交換関係そのものが）満たすべき形を与えている．A_μ の漸近条件は，§7.5, §8.5 の場合と同様に，$x_0\to-\infty$ のとき

$$A_\mu(x) \to Z^{1/2}[U^{(\mathrm{in})}{}_\mu(x)-M\partial_\mu B_1{}^{(\mathrm{in})}(x)] \tag{8.7.38}$$

の形をとる．(8.7.38) は，$[U^{(\mathrm{in})}{}_\mu(x), U^{(\mathrm{in})}{}_\nu(y)]$ が (8.7.36) および (7.1.37)～(7.1.39) と矛盾することなく正準交換関係を満足するために必要な漸近形になっている．B, B_i に対するくりこみについては，§7.3 の場合と全く同様であるから，(7.3.2), (7.3.3) におけるくりこみ定数 K, K_i は，$K=K_2=1$, $K_1=Z^{-1}$ である．それ故，B, B_i の漸近条件は

$$B(x) \to B^{(\mathrm{in})}(x) = B(x), \qquad B_2(x) \to B_2{}^{(\mathrm{in})}(x) = B_2(x) \tag{8.7.39}$$

$$B_1(x) \to Z^{-1/2}B_1{}^{(\mathrm{in})}(x) = B_1(x) \tag{8.7.40}$$

である．χ についての漸近形は，$U^{(\mathrm{in})}{}_\mu$ と $\chi^{(\mathrm{in})}$ とが同時刻で可換になるように，

(8.7.32), (8.7.38)および(8.7.29)から,

$$\chi(x) \to L_\chi{}^{1/2}[\chi^{(\mathrm{in})}(x)+(ZL_\chi{}^{-1})^{1/2}m_0MB_1{}^{(\mathrm{in})}(x)] \qquad (8.7.41)$$

ときまる. ただし, L_χ は χ に対するくりこみ定数である. φ に対しては

$$\varphi(x) \to L_\varphi{}^{1/2}\varphi^{(\mathrm{in})}(x) \qquad (8.7.42)$$

とする.

(8.7.38)～(8.7.42)と(8.7.28)～(8.7.32)とから, 漸近場に対する4次元交換関係

$$[\varphi^{(\mathrm{in})}(x), U^{(\mathrm{in})}{}_\mu(y)] = [\varphi^{(\mathrm{in})}(x), B^{(\mathrm{in})}(y)] = [\varphi^{(\mathrm{in})}(x), B_i{}^{(\mathrm{in})}(y)] = 0 \qquad (8.7.43)$$

$$[\chi^{(\mathrm{in})}(x), B_1{}^{(\mathrm{in})}(y)] = i(ZL^{-1})^{1/2}m_0D(x-y) \qquad (8.7.44)$$

$$[\chi^{(\mathrm{in})}(x), B_2{}^{(\mathrm{in})}(y)] = 0 \qquad (8.7.45)$$

$$[\chi^{(\mathrm{in})}(x), B^{(\mathrm{in})}(y)] = i\varepsilon L^{-1/2}\alpha m_0\tilde{D}(x-y) \qquad (8.7.46)$$

$$[U^{(\mathrm{in})}{}_\mu(x), \chi^{(\mathrm{in})}(y)] = i\varepsilon(ZL)^{-1/2}\alpha^2m_0\partial_\mu\tilde{D}(x-y) \qquad (8.7.47)$$

を得る*). ここに, α はくりこみ前のゲージ・パラメターで, くりこみ後の $\alpha^{(\mathrm{r})}$ とは

$$\alpha^{(\mathrm{r})} = Z^{-1/2}\alpha \qquad (8.7.48)$$

の関係にある. (8.7.36), (8.7.38)からは

$$[U^{(\mathrm{in})}{}_\mu(x), U^{(\mathrm{in})}{}_\nu(y)] = i\delta_{\mu\nu}\Delta(x-y\,;m^2)$$
$$-i\frac{\partial_\mu\partial_\nu}{m^2}[\Delta(x-y\,;m^2)-D(x-y)]-i\varepsilon Z^{-1}\alpha^2\partial_\mu\partial_\nu\tilde{D}(x-y) \qquad (8.7.49)$$

を得る. $U^{(\mathrm{in})}{}_\mu$, $B^{(\mathrm{in})}$, $B_i{}^{(\mathrm{in})}$ の間での4次元交換関係は, (8.7.49)以外は, §7.5の場合と同様である.

$U^{(\mathrm{in})}{}_\mu$, $\chi^{(\mathrm{in})}$ に対する場の方程式は, 上の交換関係から, 次のように定まる. (8.7.49)から, $U^{(\mathrm{in})}{}_\mu$ の中には, 物理的質量 m をもつ成分のほかに, 質量0の成分が含まれていることがわかる. それ故,

$$(\Box-m^2)U^{(\mathrm{in})}{}_\mu = a\partial_\mu B_1{}^{(\mathrm{in})}+b\partial_\mu B_2{}^{(\mathrm{in})}+c\partial_\mu B^{(\mathrm{in})}+d\partial_\mu\chi^{(\mathrm{in})} \qquad (8.7.50)$$

とおく. この両辺について, $B_2{}^{(\mathrm{in})}$ との交換関係を求めれば, $c=0$ を得る. (8.7.49)から,

---

*) L_χ を L と略記した.

$$[(\Box-m^2)U^{(\mathrm{in})}{}_\mu(x),\, U^{(\mathrm{in})}{}_\nu(y)]$$
$$=-i(1+\varepsilon Z^{-1}\alpha^2)\partial_\mu\partial_\nu D(x-y)+i\varepsilon Z^{-1}\alpha^2 m^2\partial_\mu\partial_\nu\tilde{D}(x-y) \qquad (8.7.51)$$

であるが，この左辺は，(8.7.50)により，

$$-ia\partial_\mu\partial_\nu D(x-y)-id\varepsilon(ZL)^{-1/2}\alpha^2 m_0\partial_\mu\partial_\nu\tilde{D}(x-y) \qquad (8.7.52)$$

に等しい．従って，$a=1+\varepsilon Z^{-1}\alpha^2$, $d=-(Z^{-1}L)^{1/2}m^2/m_0$ を得る．また，

$$[(\Box-m^2)U^{(\mathrm{in})}{}_\mu(x),\, B^{(\mathrm{in})}(y)]=i\varepsilon\alpha^{(\mathrm{r})}\partial_\mu D(x-y)-i\varepsilon\alpha^{(\mathrm{r})}m^2\partial_\mu\tilde{D}(x-y)$$
$$=ib\partial_\mu D(x-y)+id\varepsilon L^{-1/2}\alpha m_0\partial_\mu\tilde{D}(x-y) \qquad (8.7.53)$$

から，$b=\varepsilon\alpha^{(\mathrm{r})}=\varepsilon Z^{-1/2}\alpha$ である．それ故，$U^{(\mathrm{in})}{}_\mu$ は

$$\partial_\nu G^{(\mathrm{in})}{}_{\nu\mu}-m^2U^{(\mathrm{in})}{}_\mu=\partial_\mu B_1{}^{(\mathrm{in})}-(Z^{-1}L)^{1/2}\frac{m^2}{m_0}\partial_\mu\chi^{(\mathrm{in})} \qquad (8.7.54)$$

$$\partial_\mu U^{(\mathrm{in})}{}_\mu=\varepsilon\alpha^{(\mathrm{r})}[B_2{}^{(\mathrm{in})}+\alpha^{(\mathrm{r})}B_1{}^{(\mathrm{in})}] \qquad (8.7.55)$$

を満足する．ここに，$G^{(\mathrm{in})}{}_{\mu\nu}=\partial_\mu U^{(\mathrm{in})}{}_\nu-\partial_\nu U^{(\mathrm{in})}{}_\mu$ である．(8.7.54)から，$\chi^{(\mathrm{in})}$ に対して

$$\Box\chi^{(\mathrm{in})}=(ZL^{-1})^{1/2}m_0\partial_\mu U^{(\mathrm{in})}{}_\mu \qquad (8.7.56)$$

を得る．以上の結果を用いて，(8.7.50)の両辺について $\chi^{(\mathrm{in})}$ との交換関係を求めれば

$$[\chi^{(\mathrm{in})}(x),\,\chi^{(\mathrm{in})}(y)]=iZL^{-1}\left(\frac{m_0}{m}\right)^2 D(x-y)+i\varepsilon L^{-1}\alpha^2 m_0{}^2\tilde{D}(x-y) \qquad (8.7.57)$$

を得る．

自由場を記述するために必要なパラメターは，質量とゲージ・パラメターである．(8.7.38)～(8.7.42)で定義される(in)場が，物理的質量 m とくりこまれたゲージ・パラメター $\alpha^{(\mathrm{r})}$ とで書かれるためには，くりこみ定数 L は

$$m=(ZL^{-1})^{1/2}m_0 \qquad (8.7.58)$$

を満足しなければならない．(8.7.58), (8.7.48)のもとでは(8.7.44), (8.7.46), (8.7.47)の右辺は，それぞれ $imD(x-y)$, $i\varepsilon\alpha^{(\mathrm{r})}m\tilde{D}(x-y)$, $i\varepsilon[\alpha^{(\mathrm{r})}]^2m\partial_\mu\tilde{D}(x-y)$ となる．(8.7.54), (8.7.56), (8.7.57)は

$$\partial_\nu G^{(\mathrm{in})}{}_{\nu\mu}-m^2U^{(\mathrm{in})}{}_\mu=\partial_\mu B_1{}^{(\mathrm{in})}-m\partial_\mu\chi^{(\mathrm{in})} \qquad (8.7.59)$$

$$\Box\chi^{(\mathrm{in})}=m\partial_\mu U^{(\mathrm{in})}{}_\mu \qquad (8.7.60)$$

$$[\chi^{(\mathrm{in})}(x),\,\chi^{(\mathrm{in})}(y)]=iD(x-y)+i\varepsilon[\alpha^{(\mathrm{r})}]^2m^2\tilde{D}(x-y) \qquad (8.7.61)$$

である．

(8.7.50)は

$$\Box U^{(\mathrm{in})}{}_{\mu} = m^2 U_{\mu}{}^{(\mathrm{in})} + [1+\varepsilon\{\alpha^{(\mathrm{r})}\}^2]\partial_{\mu}B_1{}^{(\mathrm{in})} + \varepsilon\alpha^{(\mathrm{r})}\partial_{\mu}B_2{}^{(\mathrm{in})} - m\partial_{\mu}\chi^{(\mathrm{in})} \tag{8.7.62}$$

と書ける．それ故，これと(8.7.60)から，

$$\Box^2 U^{(\mathrm{in})}{}_{\mu} = m^4\left[U^{(\mathrm{in})}{}_{\mu} + \frac{1}{m^2}\partial_{\mu}B_1{}^{(\mathrm{in})} - \frac{1}{m}\partial_{\mu}\chi^{(\mathrm{in})}\right] \equiv m^4 U_{\mu}{}^{(\mathrm{P})} \tag{8.7.63}$$

を得る．$U^{(\mathrm{in})}{}_{\mu}$ の中の dipole ghost 場を含む質量0の成分は，$U_{\mu}{}^{(\mathrm{P})}$ では全部消去されていて，そこには質量 m の成分だけが残る．$U_{\mu}{}^{(\mathrm{P})}$ が§8.2に述べた Proca 場に相当し，それは $B^{(\mathrm{in})}, B_i{}^{(\mathrm{in})}, \chi^{(\mathrm{in})}$ のいずれとも可換であることは容易に確かめられる．補助条件(7.1.51)のもとでは，$U_{\mu}{}^{(\mathrm{P})}|\Phi_{\mathrm{P}}\rangle$ は物理的状態である．(8.7.43)により，$\varphi^{(\mathrm{in})}$ も物理的場である．しかるに，(8.7.44)のため，$\chi^{(\mathrm{in})}|\Phi_{\mathrm{P}}\rangle$ は非物理的状態となり，Goldstone boson は確かに非物理的状態に幽閉されていることがわかる．また，(8.7.49)の形からみて，ゲージ場 A_{μ} を含む理論のくりこみ可能性も電磁場の場合と全く同様であることが明白である．(8.7.60)，(8.7.61)が示すように，Goldstone boson 場が，Landau ゲージ以外では，dipole ghost 場になることは注目すべきである[84, 85]．

さて，いまの場合の Lagrangian 密度は，q 数ゲージ変換(7.2.6)～(7.2.9)および

$$\phi \to \hat{\phi} = e^{i\lambda gB}\phi, \qquad \phi^{\dagger} \to \hat{\phi}^{\dagger} = \phi^{\dagger}e^{-i\lambda gB} \tag{8.7.64}$$

に対して形状不変である．このとき，α は $\hat{\alpha}=\alpha+\lambda$ に変る．この q 数ゲージ変換は，漸近場の表示では

$$U^{(\mathrm{in})}{}_{\mu} \to \hat{U}^{(\mathrm{in})}{}_{\mu} = U^{(\mathrm{in})}{}_{\mu} + \lambda\partial_{\mu}B^{(\mathrm{in})}, \qquad B^{(\mathrm{in})} \to \hat{B}^{(\mathrm{in})} = B^{(\mathrm{in})} \tag{8.7.65}$$

$$B_1{}^{(\mathrm{in})} \to \hat{B}_1{}^{(\mathrm{in})} = B_1{}^{(\mathrm{in})}, \qquad B_2{}^{(\mathrm{in})} \to \hat{B}_2{}^{(\mathrm{in})} = B_2{}^{(\mathrm{in})} - \lambda B_1{}^{(\mathrm{in})} \tag{8.7.66}$$

$$\varphi^{(\mathrm{in})} \to \hat{\varphi}^{(\mathrm{in})} = \varphi^{(\mathrm{in})}, \qquad \chi^{(\mathrm{in})} \to \hat{\chi}^{(\mathrm{in})} = \chi^{(\mathrm{in})} + \lambda mB^{(\mathrm{in})} \tag{8.7.67}$$

と表わすことができる．このとき $\alpha^{(\mathrm{r})}$ は

$$\alpha^{(\mathrm{r})} \to \hat{\alpha}^{(\mathrm{r})} = \alpha^{(\mathrm{r})} + \lambda \tag{8.7.68}$$

と変換される．(8.7.65)〜(8.7.67)に対して，(8.7.43)〜(8.7.47), (8.7.49), (8.7.55), (8.7.59)〜(8.7.61)等はすべてゲージ共変である．それ故，Landau ゲージのときの Goldstone boson 場の漸近場を $\chi^{(\mathrm{L,in})}$ とすれば，一般の場合の $\chi^{(\mathrm{in})}$ は

$$\chi^{(\mathrm{in})}=\chi^{(\mathrm{L,in})}+\alpha mB \qquad (8.7.69)$$

と表わされる．$\chi^{(\mathrm{L,in})}$ は dipole ghost 場ではない．すなわち，$\chi^{(\mathrm{in})}$ の dipole ghost 場としての特性は，すべて gaugeon 場 B によってもたらされていることがわかる．(8.7.65)〜(8.7.67)によってはじめの変換(8.7.64)が実現されるためには，ϕ は

$$\phi=\exp\left[i\frac{g}{m}\chi^{(\mathrm{in})}\right]F[U^{(\mathrm{in})}{}_{\mu}, B^{(\mathrm{in})}, B_i{}^{(\mathrm{in})}, \varphi^{(\mathrm{in})}, \chi^{(\mathrm{in})}] \qquad (8.7.70)$$

のような形で表わされるはずである．ここに，F はあるゲージ不変な汎関数である．この形は，(8.6.28)の相変換に対して $\chi^{(\mathrm{in})}$ が

$$\chi^{(\mathrm{in})}\to\chi^{(\mathrm{in})}+\frac{m}{g}\theta \qquad (8.7.71)$$

と変換することを示している．(8.7.71)の generator は，いまの場合は，(8.7.14)から，

$$Q=\int d\boldsymbol{x}\partial_0 B_1(x) \qquad (8.7.72)$$

によって与えられることがわかる．Q は

$$[Q,\phi(x)]=g\phi(x), \qquad [Q,\chi^{(\mathrm{in})}]=-im \qquad (8.7.73)$$

を満足し，その他の場の演算子とは可換である．

Higgs 機構によって質量 0 のゲージ場 A_μ は物理的質量 m を獲得した．この事実は，Johnson の定理と矛盾するようにみえるが，そうではない．(8.7.5)の j_μ は，自発的対称性の破れの場合は，(8.7.17)により，

$$j_\mu=m_0\partial_\mu\chi-m_0{}^2A_\mu+J_\mu \qquad (8.7.74)$$

であるが，これは 1 体状態 $|1\rangle$ に対して明らかに

$$\langle 0|j_\mu|1\rangle\neq 0 \qquad (8.7.75)$$

である．Johnson の定理に言及する場合には，A_μ にはじめからはだかの質量(m_0 のことではない)をもたせて議論をせねばならないが，そうすると，(8.7.75)が示唆するように，B_i と可換な質量 0 の場が χ と B_1 との 1 次結合によっ

て作られてしまうことがわかっている[83]．それ故，質量0の物理的状態が存在し，§8.5の議論が成立しなくなってしまうのである．Johnsonの定理は，自発的対称性の破れがある場合には適用できない．

なお，Nambu-Jona-Lasinio模型におけるchiralゲージ不変性の自発的破れの場合にも，本節の場合と同様にして，共変ゲージ形式を適用することができる[86,87]．そのときも，理論のゲージ構造は本節の場合と全く同じものになり，Goldstone boson場のゲージ依存性も(8.7.69)のように与えられることがわかっている[87]*)．自発的対称性の破れによって得られた中性ベクトル場の形式は，§8.2～§8.5で述べた内容とやや形を異にするが，中性ベクトル場のゲージ構造についてのさらに一般的な考察によれば，両方とも同種のゲージ構造に分類される[71]．

---

*)　この場合のGoldstone bosonはスピノル場の束縛状態として現われるが，それはFeynmanゲージでもdipole ghostとなり，従来の束縛状態の取扱い[79]に改良が必要となる[88]．

参考書と引用文献

参考書　量子電磁力学に関する書物は，欧米のものを含めると大変な数になるが，その中で本書の内容に則して参考的と思われるものをあげる．ただし，電磁場の量子論的記述については，以下にあげたものを含めてこれまでのほとんどの教科書が，Gupta-Bleuler 形式を基調として書かれている．電磁場を新しい共変ゲージ形式の立場で記述しているものは，参考書(10)ただ1つである．

(1)　W. Heitler: *Quantum Theory of Radiation*, 3rd ed. (Oxford Univ. Press, Oxford, 1954)[沢田克郎訳“輻射の量子論，上・下”(物理学叢書)，吉岡書店(1958)]

(2)　N.N. Bogoliubov and D.V. Shirkov: *Introduction to the Theory of Quantized Fields* (Interscience Publ., New York, 1959)

(3)　S.S. Schweber: *An Introduction to Relativistic Quantum Field Theory* (Harper & Row Publ., New York, 1962)

(4)　J.D. Bjorken and S.D. Drell: *Relativistic Quantum Mechanics* (McGraw-Hill Book Co., New York, 1964)

J.D. Bjorken and S.D. Drell: *Relativistic Quantum Fields* (McGraw-Hill Book Co., New York, 1965)

(5)　A.I. Akhiezer and V.B. Berestetskii: *Quantum Electrodynamics* (Interscience Publ., New York, 1965)

(6)　K. Nishijima: *Fields and Particles* (Benjamin Inc., New York, 1969)

(7)　V.B. Berestetskii, E.M. Lifshitz and L.P. Pitaevskii: *Relativistic Quantum Theory*, Vol. 4 (Pergamon Press, Oxford, 1971)[井上健男訳“相対論的量子学 1”(ランダウ・リフシッツ物理学教程)，東京図書(1971)]

(8)　G. Källén: *Quantum Electrodynamics* (Springer-Verlag, Berlin, 1972)

(9)　西島和彦：相対論的量子力学(培風館，東京，1973)

(10)　中西襄：場の量子論(培風館，東京，1975)

(11)　J.M. Jauch and F. Rohrlich: *The Theory of Photons and Electrons*, 2nd expanded ed. (Springer-Verlag, New York, 1976)

引用文献　量子電磁力学や場の量子論に関する文献もおびただしく多いが，本書で引用した文献はその筋道上無視できぬもの，または大変参考的なものに限った．引用しなかった論文の中で，さらにくわしい考察に対しては必要なもの，また本書の筋

道を離れたところでは重要であるもの，なども多い．それ等の文献を知りたい読者は

日本物理学会編：量子電磁力学(新編物理学選集 65, 1977)

の解説と文献を参照されたい．

[1] W.Heisenberg und W. Pauli: Zeits. f. Phys. **56** (1929), 1; *ibid.* **59** (1930), 168.

[2] P.A.M. Dirac: *The Principles of Quantum Mechanics*, 3rd ed. (Oxford Univ. Press, Oxford, 1947).

[3] F. Strocchi: Phys. Rev. **162** (1967), 1429; *ibid.* **D2** (1970), 2334.

[4] S.N. Gupta: Proc. Phys. Soc. **A63** (1950), 681.

[5] K. Bleuler: Helv. Phys. Acta **23** (1950), 567.

[6] E. Fermi: Rev. Mod. Phys. **4** (1932), 87.

[7] F. Strocchi and A.S. Wightman: J. Math. Phys. **15** (1974), 2198.

[8] P.A.M. Dirac: Proc. Roy. Soc. **A180** (1942), 1.

[9] W. Pauli: Rev. Mod. Phys. **15** (1943), 175.

[10] L.K. Pandit: Nuovo Cim. Suppl. **11** (1959), 157.

[11] K.L. Nagy: Nuovo Cim. Suppl. **17** (1960), 92.

[12] K.L. Nagy: *State Vector Spaces with Indefinite Metric in Quantum Field Theory* (P. Noordhoff, Groningen, 1966).

[13] N. Nakanishi: Progr. Theor. Phys. Suppl. **51** (1972), 1.

[14] T.D. Lee: Phys. Rev. **95** (1954), 1329.

G. Källén and W. Pauli: K. Danske Vidensk. Selk. Mat.-fis. Medd. **30** (1955), no. 7.

W. Heisenberg: Nucl. Phys. **4** (1957), 532.

[15] W. Pauli and F. Villars: Rev. Mod. Phys. **21** (1949), 434.

[16] S. Sunakawa: Progr. Theor. Phys. **19** (1958), 221.

[17] J. Schwinger: Phys. Rev. **75** (1949), 651.

[18] C.N. Yang and D. Feldman: Phys. Rev. **79** (1950), 972.

[19] H. Lehmann, K. Symanzik und W. Zimmermann: Nuovo Cim. **1** (1955), 205.

R. Haag: Nuovo Cim. Suppl. **14** (1959), 131.

[20] W. Zimmermann: Nuovo Cim. **10** (1958), 597.

K. Nishijima: Phys. Rev. **111** (1958), 995.

[21] S. Tomonaga: Progr. Theor. Phys. **1** (1946), 27.

Z. Koba, T. Tati and S. Tomonaga: Progr. Theor. Phys. **2** (1947), 101; *ibid.* **2** (1947), 198.

[22] J. Schwinger: Phys. Rev. **74** (1948), 1439; *ibid.* **76** (1949), 790.

[23] F.J. Dyson: Phys. Rev. **75** (1949), 486; *ibid.* **75** (1949), 1736.

[24] G.C. Wick: Phys. Rev. **80** (1950), 268.

[25] R.P. Feynman: Phys. Rev. **76** (1949), 769.

[26] M. Gell-Mann and F.E. Low: Phys. Rev. **84** (1951), 350.

[27] K. Yokoyama: Progr. Theor. Phys. **40** (1968), 160.

[28] L.D. Landau and I.M. Khalatnikov: J. Exper. Theor. Phys. USSR **29** (1955), 89. [Soviet Phys.-JETP **2** (1956), 69]

[29] H.M. Fried and D.R. Yennie: Phys. Rev. **112** (1958), 1391.

[30] H.S. Green: Proc. Phys. Soc. **A66** (1953), 873.

[31] E.S. Fradkin: J. Exper. Theor. Phys. USSR **29** (1955), 258. [Soviet Phys.-JETP **2** (1956), 361]

[32] Y. Takahashi: Nuovo Cim. **6** (1957), 371.

[33] J.C. Ward: Phys. Rev. **78** (1950), 182.

[34] N. Nakanishi: Progr. Theor. Phys. **17** (1957), 401. [素粒子論研究 **12** (1956), 217]; J. Math. Phys. **4** (1963), 1385.
S. Weinberg: Phys. Rev. **118** (1960), 838.
Y. Hahn and W. Zimmermann: Comm. Math. Phys. **10** (1968), 330.
W. Zimmermann: Comm. Math. Phys. **11** (1968), 1.

[35] J.C. Ward: Proc. Phys. Soc. **A64** (1951), 54; Phys. Rev. **84** (1951), 897.

[36] A. Salam: Phys. Rev. **82** (1951), 217; *ibid.* **84** (1951), 426.

[37] N.N. Bogoliubov and O.S. Parasuik: Acta Math. **97** (1957), 227.

[38] K. Hepp: Comm. Math. Phys. **2** (1966), 301.

[39] O.I. Zav'yalov and B.M. Stepanov: Yad. Fiz. **1** (1965), 922. [J. Nucl. Phys. **1** (1965), 658]

[40] W. Zimmermann: Comm. Math. Phys. **15** (1969), 208.

[41] T. Appelquist: Ann. Phys. **54** (1969), 27.

[42] S.A. Anikin, O.I. Zav'yalov and M.K. Polivanov: Teor. Mat. Fiz. **17** (1973), 189. [Theor. Math. Phys. **17** (1974), 1082].

[43] M.C. Bergère and J.B. Zuber: Comm. Math. Phys. **35** (1974), 113.

[44] G. Velo and A.S. Wightman: *Renormalization Theory* (Proceedings of the NATO Advanced Sudy Institute) (D. Reidel, Dordrecht, Holland, 1976).

[45] B. Lautrup: K. Danske Vidensk. Selk. Mat.-fis. Medd. **35** (1967), no. 11.

[46] M. Hayakawa and K. Yokoyama: Progr. Theor. Phys. **44** (1970), 533.

[47] G. Källén: Helv. Phys. Acta **25** (1952), 417.

[48] R.S. Willey: Ann. Phys. **45** (1967), 268.

[49] H. Rollnik, B. Stech und E. Nunnemann: Z. Phys. **159** (1960), 482.

[50] P.T. Matthews: Phys. Rev. **76** (1949), 684.

[51] T. Gotō and T. Imamura: Progr. Theor. Phys. **14** (1955), 396.

[52] J. Schwinger: Phys. Rev. Letters **3** (1959), 296.

[53] K. Johnson: Nucl. Phys. **25** (1961), 431.
J. Schwinger: Phys. Rev. **130** (1963), 406.

[54] J.W. Moffat: Nucl. Phys. **16** (1960), 304.

[55] M. Froissart: Nuovo Cim. Suppl. **14** (1959), 197.

[56] K. Yokoyama and R. Kubo: Progr. Theor. Phys. **41** (1969), 542.

[57] J. Lukierski: Nuovo Cim. Suppl. **5** (1967), 739.

[58] N. Nakanishi: Progr. Theor. Phys. **51** (1974), 952.

[59] K. Yokoyama and S. Yamagami: Progr. Theor. Phys. **55** (1976), 910.

[60] N. Nakanishi: Progr. Theor. Phys. **35** (1966), 1111; *ibid.* **38** (1967), 881.

[61] K. Yokoyama: Progr. Theor. Phys. **51** (1974), 1956.

[62] K. Yokoyama and R. Kubo: Progr. Theor. Phys. **52** (1974), 290.

[63] N. Nakanishi: Phys. Rev. **D5** (1972), 1324.

[64] A. Proca: J. Phys. radium **7** (1936), 347.

[65] E.C.G. Stueckelberg: Helv. Phys. Acta **11** (1938), 299.

[66] H. Umezawa: *Quantum Field Theory* (North-Holland, Amsterdam, 1956), Chap. XV.

[67] R.J. Duffin: Phys. Rev. **54** (1938), 1114.
N. Kemmer: Proc. Roy. Soc. **A173** (1939), 91.

[68] G. Feldman and P.T. Matthews: Phys. Rev. **130** (1963), 1633.
Y. Fujii and S. Kammefuchi: Nuovo Cim. **33** (1964), 1639.
Y. Fujii: Phys. Rev. **138** (1965), B423.

[69] P. Ghose and A. Das: Nucl. Phys. **B41** (1972), 299.

[70] K. Yokoyama: Progr. Theor. Phys. **52** (1974), 1669.

[71] K. Yokoyama and R. Kubo: Progr. Theor. Phys. **53** (1975), 871.

[72] K. Johnson: Nucl. Phys. **25** (1961), 435.

[73] J. Schwinger: Phys. Rev. Letters **19** (1967), 1264.

[74] N.N. Bogoliubov: J. Exper. Theor. Phys. USSR **34** (1958), 58; 73. [Soviet Phys.-JETP. **34** (1958), 41; 51]

[75] Y. Nambu and G. Jona-Lasinio: Phys. Rev. **122**(1961), 345; *ibid.* **124**(1961), 246.
[76] J. Goldstone: Nuovo Cim. **19** (1961), 154.
[77] S. Weinberg: Phys. Rev. Letters **19** (1967), 1264.
A. Salam and J. Strathdee: Nuovo Cim. **11A** (1972), 397.
その他の文献については,
日本物理学会編: 場の理論III(物理学論文選集 **189**, 1975)
の参考文献参照.
[78] J. Goldstone. A. Salam and S. Weinberg: Phys. Rev. **127** (1962), 965.
[79] Y. Freundlich and D. Lurié: Nucl. Phys. **B19** (1970), 557.
[80] H. Umezawa: Nuovo Cim. **40** (1965), 450.
R.N. Sen and H. Umezawa: Nuovo Cim. **50** (1967), 53.
[81] A. Katz and Y. Frishman: Nuovo Cim. Suppl. **5** (1967), 749.
[82] P.W. Higgs: Phys. Letters **12** (1964), 132; Phys. Rev. **145** (1966), 1156.
[83] N. Nakanishi: Progr. Theor. Phys. **49** (1973), 640.
[84] K. Yokoyama and R. Kubo: Progr. Theor. Phys. **54** (1975), 848.
[85] N. Nakanishi: Progr. Theor. Phys. **54** (1975), 840.
[86] N. Nakanishi: Progr. Theor. Phys. **50** (1973), 1388.
[87] K. Yokoyama, S. Yamagami and R. Kubo: Progr. Theor. Phys. **54**(1975), 1532.
[88] N. Nakanishi and K. Yokoyama: Progr. Theor. Phys. **55** (1976), 604.

なお，紙数の関係上，本書では赤外発散についての項目を省略したが，それについての主な文献を紹介しておく．赤外発散を除去する処方は，大別して，**1** コヒーレント状態法，2 摂動論的相殺法，3 相因子抽出法，の 3 つに分類される．**1** は，光子のコヒーレント状態(coherent state)を組み上げることにより軟光子(soft photons)の寄与から生ずる赤外発散を消去する処方で，Bloch–Nordsieck[89]に始まり，その後さまざまな改良が加えられた[90〜94]．[94]はコヒーレント状態法の決定版といえる．[95]はこの分野の総合報告である．コヒーレント状態法については参考書(11)に詳しい．**2** は，摂動計算の各次数で，1 つの反応に対するすべての Feynman 図を遷移確率の形で整理することにより赤外発散を除去する処方である[96, 97]．**3** は，赤外発散の部分の寄与を摂動の全次数からまとめて相因子として抽出する処方で，Yennie 流ともいえる．[98]はこの処方の代表的なもので，[99]はそれを更に改良し，見透しのよい形にしたものである．[100]はこの分野の総合報告で，Yennie 流の集大成である．

[89] F. Bloch and A. Nordsieck: Phys. Rev. **52** (1937), 54.
[90] R. J. Glauber: Phys. Rev. **131** (1963), 2766.

[91] J. D. Dollard: J. Math. Phys. **5** (1964), 729.

[92] V. Chung: Phys. Rev. **140** (1965) B 1110.

[93] T. W Kibble: Phys. Rev. **173** (1968), 1527; *ibid.* **174** (1968), 1882; *ibid.* **175** (1968), 1624.

[94] P. P. Kulish and L. D. Faddeev: Teor. Mat. Fiz. **4** (1970), 153. [Theor. Math. Phys. **4** (1970) 745]

[95] N. Papanikolaou: Phys. Reports **24 C** (1976), 229.

[96] T. Kinoshita: Progr. Theor. Phys. **5** (1950), 1045.

[97] N. Nakanishi: Progr. Theor. Phys. **19** (1958), 159. [素粒子論研究 **15** (1957), 344]

[98] D. R. Yennie, S. C. Frautschi and H. Suura: Ann. Phys. **13** (1961), 379.

[99] G. Grammer, Jr. and D. R. Yennie: Phys. Rev. **D 8** (1973), 4332.

[100] C. P. Korthals Altes and E. de Rafael: Nucl. Phys. **B 106** (1976), 237.

索　　引

配列はヘボン式ローマ字のつづり方による

■岩波オンデマンドブックス■

量子電磁力学——ゲージ構造を中心として

1978年9月6日 第1刷発行
2008年6月25日 第3刷発行
2017年8月9日 オンデマンド版発行

著 者 横山寛一（よこやまかんいち）

発行者 岡本 厚

発行所 株式会社 岩波書店
〒101-8002 東京都千代田区一ツ橋2-5-5
電話案内 03-5210-4000
http://www.iwanami.co.jp/

印刷／製本・法令印刷

ISBN 978-4-00-730652-5 Printed in Japan